数据密集型环境下的科学数据管理服务

王丹丹　著

本书受2015年度河南省高校科技创新人才计划　　资助

科学出版社

北京

内 容 简 介

本书阐释了数据、数据服务相关的重要问题——数据出版与数据引用；总结图书馆数据管理服务的构建问题，包括基本构建要素、用户需求识别方法、服务的实施过程与要点，并辅以典型案例进行说明；以现阶段数据管理服务中最普遍的、具有滚雪球效应的一个点——科学数据管理计划支持服务为例，进行深入分析；介绍科学数据服务及其平台可持续发展的问题。本书将科学数据管理服务的理论研究成果和图书馆科学数据管理服务的实践经验相结合，系统梳理科学数据管理服务的相关问题，提供有价值的参考信息源并提供具有可操作性的具体方案。

本书可以帮助图书馆员快速了解这一领域，同时也可供图书情报专业的学生，以及科学数据管理方向的科研人员阅读。

图书在版编目（CIP）数据

数据密集型环境下的科学数据管理服务 /王丹丹著. —北京：科学出版社，2018.2

ISBN 978-7-03-054154-3

Ⅰ. ①数… Ⅱ. ①王… Ⅲ. ①数据管理-研究 Ⅳ. ①TP274

中国版本图书馆 CIP 数据核字（2017）第 196249 号

责任编辑：马　跃　李　嘉 / 责任校对：刘文娟

责任印制：吴兆东 / 封面设计：无极书装

科学出版社出版

北京东黄城根北街 16 号

邮政编码：100717

http://www.sciencep.com

北京京华虎彩印刷有限公司 印刷

科学出版社发行　各地新华书店经销

*

2018 年 2 月第　一　版　开本：720×1000　B5

2018 年 2 月第一次印刷　印张：15

字数：303 000

定价：106.00 元

（如有印装质量问题，我社负责调换）

作 者 简 介

王丹丹，女，中国科学院文献情报中心图书馆学博士、中国科学技术信息研究所博士后、新加坡南洋理工大学访问学者、河南省优秀青年社科专家、河南省高校科技创新人才、河南科技大学青年学术带头人。主要研究方向是网络化信息服务、科学数据管理。在CSSCI来源期刊发表论文20余篇，主持国家社会科学基金青年项目1项、省部级项目3项，出版学术专著1部，获省部级奖3项。

前　言

近年来，随着数据采集设备逐渐普及、数据采集成本逐年降低，科学原始数据呈爆发式增长，科研活动围绕数据进行，科学研究在经历第一范式实验科学、第二范式理论科学、第三范式模拟科学之后进入了以数据为核心的数据密集型科学研究范式时代[1]。在这一科研范式下，数据不仅是科学研究的成果，同时也是科学研究的对象和工具，科研人员基于数据进行研究。科学数据根据来源可分为实验室采集数据、个人观察数据、互联网数据等。虽然数据一直以来都被认为是科学研究活动的重要构成要素，但大多被用于生成期刊论文，当前环境下的科学交流仍然以科学期刊等文献为核心。随着进入数据密集型科学研究范式时代，科研活动的设计和实施将围绕数据进行，数据的采集、过滤、计算、存储和共享成为科学研究的主题，数据成为科研机构、科研人员学术交流的基本单元[2]。

在这种大环境下，社会知识服务机构的图书馆，特别是为用户提供科研、教学支撑的学术研究型图书馆向用户提供科学数据服务，能有效保护数据使其免于丢失、提高数据曝光度、传播和出版成果、实现数据共享、公开科学质疑、鼓励观点多样性、节约科研成本、达到研究资助机构的要求等[3]。大学与研究图书馆联盟（Association of College and Research Libraries，ACRL）不断强调科学数据管理（research data management，RDM）已成为一种重要趋势[4]，新媒体联盟《地平线报告》也指出这是一种长期趋势，是学术研究型图书馆必须适应的一种趋势[5]。

鉴于此，本书对过去几年有关科学数据管理服务的理论研究和实践进展进行系统梳理和客观总结，从四个方面介绍数据密集型科学环境下科学数据管理服务的相关问题：首先，回顾现状，阐释与科学数据服务相关的数据出版与数据引用等关键问题，对应本书第一章、第二章、第三章、第四章的内容；其次，总结学术研究型图书馆数据服务的构建问题，具体包括第五章的基本构建要素，第六章的用户需求识别方法，第七章的实施过程与要点，第八章、第九章和第十章的典型案例分析；再次，在上述两部分研究的基础上，以现阶段科学数据服务中最普遍的、具有滚雪球效应的科学数据管理服务的一种类型——科学数据管理计划

（data management plan，DMP）为例，进行深入分析，包括第十一章的科学数据管理计划的应用价值、第十二章的科学数据管理计划评价量表、第十三章的科学数据管理计划支持服务案例；最后，介绍了科学数据管理服务平台及科学数据管理服务的可持续发展，对应本书第十四章和第十五章。

本书各章节的主要内容如下。

第一章介绍科学数据管理服务产生的背景，回顾和总结研究现状。

第二章从总结数据出版的三种模式入手，分析数据论文出版机制产生的背景，揭示数据论文出版机制的本质特征；从现有实践出发，阐述数据论文的基本构成要素，结合数据出版的基本要素，分析数据论文出版模式的关键问题及其在推进过程中面临的难题。

第三章从数据出版模式入手，选取每一种出版模式下的典型案例，归纳总结其数据质量控制的实践和标准，进行不同模式间的对比分析，总结异同并发现问题；总结数据质量控制目前面临的挑战和相关责任者现状，揭示数据质量控制的发展趋势与特征。

第四章借鉴国内外相关研究及实践经验，从数据规范引用价值认同入手，从如何引用、引用什么和何时引用三方面阐述数据规范引用的基本问题与难点，并以此为基础，分析数据规范引用给相关利益群体带来的机遇和提出的要求。

第五章介绍构建数据服务的基本要素，从政策、策略和业务规划，科学数据管理计划，管理项目过程中的科学数据，科学数据选择和转移，共享和保存科学数据，指南、培训和支持六个方面对要素的构建要点进行阐述，并从起步和发展两个阶段介绍科学数据管理服务构建过程中可以参考的资源。

第六章从用户研究方法的角度对近几年国外有关数据管理实践和服务需求研究的文献进行分析，总结基于数据管理计划内容分析挖掘识别用户需求、使用数据监管档案工具进行结构化访谈捕获需求信息以及基于大规模问卷调查收集用户需求信息三种主要方法的应用场景以及优势和局限性，并以新加坡南洋理工大学（Nanyang Technological University，NTU）为例，总结图书馆开展科学数据管理服务用户需求研究的经验与体会。

第七章选取七所科研密集型大学，梳理其图书馆实施数据管理服务的历程，总结科学数据管理服务建设的六个要点，即营造科学数据管理服务动力、构建科学数据管理服务合作网络、评价科学数据管理服务需求、建设科学数据管理服务能力、规划科学数据管理服务战略、打造科学数据管理服务特色。

第八章、第九章和第十章分别选取了一个典型案例，以案例分析的方式介绍科学数据管理服务推进的协同合作策略、全面规划策略和国家策略。

第十一章总结了数据管理计划内容挖掘与应用的三个方向，即作为一种信息资源，帮助深入了解所在机构科研人员的数据管理实践与行为特征；作为一种反馈渠道，为图书馆当下服务的改进、潜在服务的开发提供启发；作为一个根植于实践的培训平台，使图书馆员的数据服务知识和技能得以有效提升。

第十二章收集面向美国和英国主要科研资助机构的科学数据管理计划评价量表，从评价量表的设计依据和应用目的、各项评价要素的选择以及评价等级与等级描述三个主要设计要素入手，分析不同评价量表的共性和差异，为相关机构设计评价量表提供参考。

第十三章选取不同学科领域开展科学数据管理计划支持服务的案例进行分析，引导图书馆思考如何更好地利用科学数据管理计划支持服务的滚雪球效应来全面促进和提升本机构的科学数据管理服务。

第十四章对科学数据管理服务现有技术平台进行调研，结合新加坡南洋理工大学科研人员的情景化访谈和对Dataverse平台的使用测试分析，总结数据管理、出版平台的基本功能要求和用户体验要求，为相关机构设计平台或选用现有平台提供参考。

第十五章从图书馆开展科学数据管理服务的类型、整体规划、资金来源，以及赢得科研人员和高层管理者关注和支持的策略等方面总结图书馆服务的可持续发展问题。

通过这样的内容组织，本书希望帮助科学数据管理服务相关利益群体理解实现数据规范引用需要解决的基本问题和重点、难点问题，以及相关利益群体在这一过程中需要承担的责任和未来努力的方向；理解不同数据出版过程中数据质量控制的特点、数据质量控制当前的挑战和相关责任者现状，以及数据质量控制的发展趋势与特征；了解数据管理计划评价量表的制定意义及设计要点。为构建科学数据管理服务，图书馆应有效开展数据管理服务用户需求研究，更好地利用数据管理计划来提升其服务，遵循最佳实践构建适合自身需求的数据管理服务模式，开发数据管理计划评价量表，合理选择或开发数据服务平台，从而有效、持续地推进科学数据管理服务的发展。

王丹丹

2017年8月30日

目录

插 图 目 录

列 表 目 录

第一章　数据密集型环境与科学数据管理服务

第一节　科学数据管理服务产生的背景

一、数据密集型科研范式

随着科学研究工作向数据密集型科学研究范式转变，科学研究已不再独立观察某一实验或领域的数据，学科间交叉合作研究和学科内继续研究成为科研发展的新趋势。科研人员开始认识到数据成为连接人和思想的新载体，它取代了媒体曾经承担的某些任务[6]。科学数据是可以以数字形式存储的任何信息，包括文本、数字、图像、视频、电影、音频、软件代码、算法、方程式或化学反应式、模型、动画等[7]。从来源看，科学数据既包括科研、实验过程中的实验数据，计算机中的存储数据等数字化数据，如实验记录数据等，又包括原始的非数字形式数据，如神经图像等；从数据组成类型与格式看，科学数据既包括传统的结构化数据，如数值型数据、多媒体数据，也包括大数据时代的非结构化数据、半结构化数据，如文本数据、HTML 数据、社交数据等[8, 9]。

网络对大量数据的承载能力，以及今天高速发展的信息和交流技术基础设施，促使科研人员对自然科学、社会科学以及艺术人文领域数据研究产生热情[10]。事实上，科研人员并不是对原始数据以及数据存储感兴趣，而是对数据的使用和再使用及其嵌入的情景感兴趣。科研人员需要对大量的数据进行收集、分析、管理、保存和共享。这给科研人员带来了数据管理上的困难，一方面科研人员缺少时间和经费来管理数据，另一方面担心别人滥用其共享的数据；与此同时，资助机构要求项目方案包含 DMP 的新规定，又使科研人员产生更迫切的数据管理需求。如何对数据进行合理描述？如何有效组织管理数据？

如何设置共享数据的限定条件等？这使数据管理服务成为图书馆未来主要的服务方向之一。

二、科研人员的态度和行为

数据密集型科学的成功与否取决于参与其中的科研人员的行为。数据共享是数据密集型科学的核心概念。数据共享就是出版数据以供其他人使用。制度因素、技术因素和个人因素三个方面的因素促使科研人员共享数据。共享数据是获取他人数据的条件，是接受资助的先决条件，不同的资助机构开始对其提出不同程度的要求[11]。更确切地说，对数据开放获取的要求，在不同的国家、机构和学科也存在差异。对科研人员数据共享实践及其观点的调查结果表明，来自不同学科的大多数科研人员对数据共享持积极的态度，虽然真实情况是只有一少部分科研人员有共享数据的经历[12]。

Cox 等指出，在英国，数据管理的需求在最近几年涌现，因为英国科研资助机构开始关注改善数据管理的质量[13]。Kruse 和 Thestrup 介绍了丹麦大学存储、保存和提供数据获取的情况[14]。Vlaeminck 和 Wagner 介绍了社会科学研究可重复性低的几个问题[15]。数据共享毫无疑问是个复杂的问题，因为科研人员可能出于多种原因，如对数据进行记录和描述需要花费很多时间和精力而不进行数据共享。然而，主要的原因是缺乏兴趣，因为在大多数领域，学术奖励不是针对数据管理，而是针对论文发表[16]。更大程度的开放性很明显需要科研人员从永久性资产控制，转向避免误用和曲解数据。另外，每一个学科有本身的数据文化，一些学科的数据可能格式一致，因此相对于其他一些格式差异较大的学科而言，更容易实现数据共享。安全和可控问题也是一个重要因素。整体而言，资助机构和出版商对数据共享的要求可能存在冲突，同时技术和文化的障碍也阻碍这些数据的共享。然而，学术社区正在为不断改进数据获取而努力，这一进展影响着科研过程的每一个方面[17]。

科研人员开始学习数据的管理和监管知识。然而，在数据管理实践方面，大部分科研人员尚未接受过正式的培训，尽管他们对自己数据管理方面的专业知识并不满意。只有少数的科研人员考虑对所持有的数据进行长期保存。尤其是处于职业生涯早期阶段的那些科研人员，由于出版相关的需求不断增多，所以被迫考虑长期数据监管的问题。与此同时，只有当元数据和记录文档对科研人员完成论文有帮助时，他们才会产生数据管理的意愿。然而，几乎没有科研人员意识到图书馆可以提供数据管理服务，因为在他们的观念里图书馆只是保存图书和论文的地方[18]。

一些研究尝试使科研人员的数据管理，成为更有目的性的而不是自然发生的过程。例如，Goodman 提出数据管理的几个原则[19]，指导科研人员确保他们的数据和分析有价值，他给出的建议包括：在进行研究时要考虑数据一定程度的再使用；尽可能地建立数据与出版物的链接；支持让数据产生者从数据中获得荣誉，并描述这是如何发生的；对共享数据的科研人员进行奖励；为了促使数据的解释和再使用，出版对处理过程进行描述的文档；宣传和使用数据知识库；使用永久标识符共享数据。Buckland 指出这些被认定为激励的行为可以通过数据共享所需的不同步骤进行补充，具体包括：如果有合适的数据集的存在，确保其具有可发现性；指出它的位置；分析复本是否可用；澄清是否允许使用；确保互操作性，如是否是标准化的、是否可以通过一定的努力被再次使用；判断其描述是否足够清楚、是否表明具体的数据集中所展示的信息；确保可信性；确定对于某些目的、给定的数据集而言，是否是可用的[20]。

三、科学数据管理

科研人员的态度和行为是他们管理科学数据的基础，也是参与该过程和使用科学数据管理服务的基础。数据密集型研究范式所需要的科学数据服务成为图书馆服务的一部分[21]。科学数据服务包括数据管理（data management）和数据监管（data curation）。这两者虽然不同，但是又不能被完全割裂。可以把数据管理和数据服务比作竞技场，不同的利益相关者汇聚在这里，对新涌现的工作范围进行博弈。Verban 和 Cox 的研究表明，图书馆是这一领域中唯一声称具有管辖权的组织，把数据服务看作其现有的开放获取服务和信息素养教育的延伸[22]。数据监管的目的是使所选择的数据可获取、可使用以及在整个数据生命周期内具备有用性。它属于数字保存的范畴，通过补充性的描述文档、描述性元数据等提供情景信息[23]。

数据监管提出了与数据所有权相关的问题，如它的保留、维护、获取、开放性以及成本等。在这一情境下，数据监管者必须能够回答以下问题，即谁拥有数据，其他人（如资助机构和出版商）提出了哪些要求，哪些数据应该被保留，数据应该被保留多长时间，如何对数据进行保存，与其相关的道德问题有哪些，需要进行哪些风险管理，如何获取数据，数据的开放程度如何，可负担的成本是多少，本地数据管理还存在哪些选择[24]。数据监管者参与一系列活动，具体包括：详细说明数字监管政策、程序和实践，规划、实施并监督数字监管对象和服务；选择进行长期保存的数字文档；与现有或潜在的利益相关者交流数字监管的价值；诊断并解决问题，确保数字对象的长期可获取；监测文件格式、硬件、软件的过时性，并开发相应的新的文件格式、硬件、软件；识别确保不同的应用系统和保存技术可以互操作的方法和技术；证实并记录需要保存的数据的出处；建立并维护与不同利益相关者之间的合作关系；组织并管理元数据标准、访问控制和使用流程；组织员工向其提供教育、培训和其他支持，使其适应数据监管的新发展。与这些职责类似，他们应该熟悉不同数字对象的数据结构，评价数据对象权威程度、完整性和一段时期内准确性的方式，存储和保存政策、程序和实践，相关的质量保证标准，信息丢失的风险，对信息基础设施的要求，以确保合适的获取、存储和数据恢复[25]。

第二节　科学数据管理服务相关研究回顾

一、科学数据管理服务类型

李慧芳将图书馆的数据服务总结为检索服务、发现服务、申请服务、获取服务、管理服务、关联服务、传递服务和存储服务 8 种类型[26]。张凯勇、肖潇等将其划分为开发服务、存储服务、检索服务、咨询服务、分析服务[27，28]。Tenopir等将其划分为信息或咨询类服务和技术型或实际动手操作型服务。信息或咨询类服务包括：给教师、员工和学生提供 DMP 的咨询；给教师、员工和学生提供有关数据和元数据标准的咨询；扩大服务范围，与校园内外的其他数据服务提供者合作；为发现和引用数据及数据集提供参考和支持；创建有关数据、数据集和数据知识库的网页指南和发现帮助；与其他的图书馆员、学院的其他工作人员以及数据服务专家讨论数据服务。技术型或实际动手操作型服务包括：为数据服务系统提供技术支持（如知识库、获取和发现系统）；删除或交换知识库中的数据；准备存储到数据知识库中的数据；为数据创建元数据；识别可能会存储到校内外知识库中的数据；作为项目团队的成员直接和科研人员合作[21]。

二、科学数据管理服务实践

Peters 和 Dryden 发现科研人员最需要的服务主要是一些定向型的服务，如为研究资助提供支持服务[29]。Bach 等发现大多数生物多样性知识库只对用户提供低层次的服务[30]。就图书馆和图书馆员在提供服务方面的角色调查发现，有近三分之一的被调查者认为在五年内管理来自 e-science 项目的数据集是图书馆员的主要责任[31]。MacColl 建议图书馆员应该参与到整个研究过程中去[32]。Peters 和 Dryden 针对来自美国和加拿大的研究图书馆协会（Association of Research

Libraries，ARL）成员开展的一项调查中，86 个回应者中只有 9 个（约 10%）将数据管理和保存作为支持科研人员成功研究和学术交流的重要服务[29]。Cheek 和 Bradigan 等对 134 个美国和加拿大学术健康科学图书馆的调查发现，只有 12.2%的图书馆提供数据保存支持[33]。研究图书馆联盟在 2009 年对北美图书馆的调查中发现，一半机构内有数据服务相关部门[4]；Steinhart 等发现很少有图书馆真正参与数据管理活动[34]。Tenopir 等展示了图书馆的技术基础设施开发活动以及咨询和支持服务[35，36]。Corrall 等报告了澳大利亚、新西兰、爱尔兰和英国 2012 年第一季度实施数据管理的基本情况，指出技能和知识差距给服务带来的限制[37]。同时，好的实践已经开始涌现，如英国的爱丁堡大学（University of Edinburgh）[38]和牛津大学[39]、美国的普渡大学[40]和约翰·霍普金斯大学（John Hopkins University，JHU）[41]。此外，在国家层面也出现了对科学数据管理方法的相应探索[42]。

三、科学数据管理服务理论研究

Whyte 和 Tedds 认为科学数据管理的是组织数据，从它进入研究生命周期开始到传播和存储有价值的结果为止[43]。Cox 和 Pinfield 观察到数据管理由一系列与数据生命周期相关的不同活动和过程构成，包括设计数据、创建数据、存储数据、数据安全、长期保存数据、检索数据、共享数据和数据再使用，所有这些都需要考虑技术能力、道德和法律问题以及监管框架[44]。尽管存在这些挑战，但是人们不断意识到广泛地共享科学数据会带来很多益处[11]。大学和其他研究机构制定了各种不同类型的科学数据管理方法，使不同的利益相关者参与进来。大学图书馆也开始涉足这一领域，并且作为数据活动的主要贡献者，尤其是设计规划者[9，45，46]。早期的贡献者分析了图书馆参与的案例[47~49]。后来进一步讨论了图书馆和图书馆员一系列可能扮演的角色[50，51]；同时指出了图书馆的机遇，以及在实施科学数据管理过程中面临的挑战[52]。Procter 等强调图书馆员应该和信息技术部门（isolutions）员工合作[53]。Jones 等提出了数据管理支持要素模型[54]。Pryor 等提出服务可能经过规划、发起、发现、设计、实施与评价六个步骤[55]。Mayernik 等根据约翰·霍普金斯大学的研究成果，提供了一个数据保护模型，既包含技术方面（如软件和基础设施）也包含组织方面（如政策和资助策略）[56]。

四、学术研究型图书馆的角色

图书馆员必须为科学数据的获取提供帮助[57]。Perry 等注意到出版文献和科学数据之间的边界正在消失，这为图书馆员创建、维护和发展整合的信息资源带来了机遇[58]。Tenopir 等指出，图书馆员应该出现在研究规划过程中的所有阶段，提供专业知识[35]。美国研究图书馆协会（Association of Research Libraries，ARL）强调图书馆员应熟悉科研人员的数据需求，并已经参与掌握管理科学数据的必要能力[59]。Soehner 等认为图书馆员在馆藏开发、信息管理、资源发现、知识库管理以及数字保存方面的知识是极其有用的[4]，图书馆员可以参与研究过程并促使科学数据的出版[60]。除此之外，图书馆在提供科学数据质量评价方面具有先天的优势[23]。Seadle 提出了不同的观点[61]。在 2012 年，欧洲研究图书馆联盟（Association of European Research Libraries，LIBER）工作组宣布图书馆应该帮助教师将数据管理整合到课堂当中。为此，数据馆员和相关人员必须进行技能重建[62]。尽管其所需要领域知识的程度和技术能力需要进一步调查，但是所需要的技能范畴已经达成一致[63]。此外，必须意识到这不仅是图书馆员的机会，也是机构知识库管理者及数据监管专家的机遇[64]。

五、数据引用与数据质量

Mooney 和 Newton 在对数据引用标准和实践进行回顾之后，指出充分引用科学数据还没有成为学术写作中的规范行为[65]。Altman 和 Crosas 认为数据引用快速成为一个关键实践，但对科学数据引用的最佳实践缺乏统一的认识[66]。DataCite（http://www.datacite.org/）和 Dataverse Network（http://thedata.org/）为此进行了大量的工作。国际科学联合会理事会（International Council of Scientific Unions，ICSU）和科学技术数据委员会（Committee on Data for Science and Technology，CODATA）也对数据引用标准和实践进行了研究[67]，发表了《国际社会科学信息服务与技术协会科学数据引用指南》[68]、《科学数据引用原则联合声明》[69]。尽管强调数据引用需要人和机器都可读，但是这些原则并不是综合的，只是鼓励社区发展体现这些原则的实践和建议的工具[70]。作为主要的商业性信息提供商，汤森路透（Thomson Reuters）也看到了科学数据引用的重要性，其发布了科学数据引用索引[71]。Peroni 等描述了开放引文语料库的可能前景和优势[72]。也有研究者认为图书馆应致力于成为高质量的资源中心，关注科学数据质量评价。其难点在于对科学数据进行评价，需要较深的学科知识；除此之外，人工评价科学数据集不仅耗时而且成本高，同时自动化的方法刚刚起步[73]。

六、科学数据素养研究

数据素养具体包括理解科学数据的含义、恰当地解读图表、从数据中得出正确的结论、当数据被错误和不恰当地使用时能够辨识出来。Schield 认为素养取决于批判性思维[74]。Bidgood 等将数据素养与信息素养进行比较，认为数据素养是能够获取、评价、操弄、总结并呈现数据的能力[75]。Qin 和 D'Ignazio 提出了一个模型来解决数据管理生产方面的问题，他们称之为科学数据素养，具体指理解、使用、管理科学数据的能力[76]。数据素养也可以被简单定义为“理解并有效使用数据辅助决策的能力”[77]。Calzada-Prado 和 Marzal 认为数据素养使个人获取、解释、评判性地评价、管理、处理和合理使用数据[78]。大学与研究图书馆联盟认为数据素养关注如何发现和评价数据，强调既定数据集的版本、负责人，同时不忽略引用数据和合理使用数据的问题[79]。Johnson 认为数据素养是处理、分类和过滤大量定量信息的能力，需要知道如何检索、如何过滤和处理信息，从而产生数据并综合数据[80]。Koltay 介绍了表示数据素养的几个不同的概念和术语，如数据信息素养、科学数据素养和研究数据素养[81]。

第三节　本章小结

科学数据管理已经逐渐成为许多学科的核心研究内容，也逐渐成为图书馆研究和服务的重点领域以及未来的发展趋势。虽然科学数据管理并不是图书馆的传统工作领域，但是，由于图书馆长期以来在处理各种类型文献信息方面有着独特的经验和优势，社会上也越来越认可图书馆承担科学数据管理的职能与能力。与此相对应，在国际上，国际图书馆协会与机构联合会（International Federation of Library Associations，IFLA）、联机计算机图书馆中心（Online Computer Library Center，OCLC）等相关组织纷纷把科学数据管理作为重要的会议议题或是研究主题。例如，2011 年欧洲的数字图书馆理论与实践国际会议（International Conference on Theory and Practice of Digital Libraries，TPDL）把科学数据管理列为研究主题之一；中国台湾大学图书馆于 2011 年 5 月举办了“e-research：新时代学术研究之利器”研讨会；等等。此外，随着 e-science 的不断发展及科学研究过程中对科学数据价值的重视与深入挖掘，出现了一些专门的机构。例如，英国的数字监管中心（Digital Curation Center，DCC），致力于科学数据管理的理论与实战研究，启动了一些专门的项目；美国自然科学基金会（National Science Foundation，NSF）于 2007 年启动 DataNet 计划。在上述科学数据管理和服务的研究和实践中，图书馆（以大学图书馆和研究型图书馆为主）扮演着重要的角色，为 e-science 和 e-research 的数据支撑提供了大量的跨界、嵌入、动态的服务。

第二章 数据集的独立出版与共享模式

在科学技术飞速发展的今天，科学数据迅速积累并在科学研究中发挥越来越重要的作用。促进数据有效利用的前提条件是实现分散在不同国家、科研机构、研究项目以及科研人员手中的数据的共享。在早期，数据共享强调的是数据收集与整合，国家经费的支持与相关政策的约束是保证数据共享长期可持续发展的必要条件。吸纳科研人员参与数据的管理与发现，使科研人员与数据中心共同推动数据共享，成为数据共享工作发展的新目标[82]。目前，数据出版作为有望解决这一问题的有效方法，成为出版界和数据共享界共同积极探索的新领域。

数据未出版的一个主要原因是缺乏激励机制，科研人员参与创造和管理数据的积极性不高[83, 84]。准备用于出版的数据是一个非常耗时的活动，如果不能得到同行的认可，几乎不会有人愿意去出版数据。因此，基于目前成熟的科学声誉系统出现了三种促进数据共享的出版模式[85]：一是将数据作为一个独立的信息对象存储在数据知识库中；二是以数据论文的形式，将数据作为文本性文档进行出版；三是将数据作为论文的附录和论文一起出版，作为注释文本内容的材料，以丰富出版物内容为用途，作为一种说明文件得以发表，“使得出版物丰富化”[86]。本章重点讨论数据论文出版模式，总结数据论文机制，揭示数据论文的基本要素，并分析数据论文模式实施所面临的问题和潜在的障碍。

第一节 数据出版概述

数据出版是指将科学数据作为一种重要的科研成果，从科学研究的角度对数据进行同行审议和公开发布，创建标准且永久的数据引用信息，供其他研究性文章引证[87]。数据出版从搜索和浏览数据开始，科研人员获取数据后，首先要熟悉、学习、审核并处理数据。其次，通过开展新型实验或从不同角度处理数据，从而获得新的数据，并展开新的研究。科研人员编写数据文件对这些简单的数据进行解释或注释，以吸引其他科研人员，同时增加元数据，使数据具备可检索和再利用的能力。再次，类似于学术论文的质量保障，对于要出版的数据文件来说，也需要对其数据及元数据的质量进行相应的控制，使其达到要求的格式或科学的质量标准。最后，在数据文件及其元数据和附加文件的质量得到保证后，对数据进行出版和存储。从数据出版的整个流程来看，科研人员是数据共享的重要参与者，其态度在较大程度上也决定着数据共享的发展和进程。因此，对于任何形式的数据出版，只有当科研人员认为其有价值的时候，才可能得到长期可持续发展。

传统的数据出版模式将数据作为一个独立的信息对象存储在数据知识库中，是指论文出版时要求必须把相关数据提交到数据知识库中，并为其分配一个可长期使用的标识符号，如 DOI（digital object identifier，即数字对象唯一标识）或 URN（uniform resource name，即统一资源名称）等。常见的数据知识库主要分为机构数据知识库、学科数据知识库、多学科数据知识库以及特定项目数据知识库四类[88]。存储在数据知识库中的数据，通过数据描述符或引用与学术论文建立关联。例如，《自然》（*Nature*）杂志给出了一个建议的数据知识库列表，要求作者将数据存储到建议的知识库中。在《自然》上发表的论文必须明确标识数据集的访问控制号、链接或 DOI 号，并将数据集列入参考文献列表。

传统数据出版模式的核心目的是帮助作者出版内容以促进科学价值的体现和数据集的再利用，所以并没有很好地控制对数据的检索，因此需要将数据上传到搜索引擎或者知识库目录以实现其可检索性。此后，数据将被锁定（不可改变），且只能通过再发布新版本来修正数据。这就带来了数据维护的问题，在缺乏约束的情况下，很多作者并不对数据进行更新。在实际操作过程中，数据公开程度主要依赖于期刊编辑的提醒和约束，一些作者虽然承诺数据公开发布，但论文发表后，往往以种种借口不进行实际的数据公开。

传统数据出版模式在生命科学领域已经相当完善，该领域的学科数据知识库 GenBank、多学科数据知识库 Dryad（http://datadryad.org/）已经具备一定的影响力。使用和传播 GenBank 的数据没有限制条件，而在创作共同许可协议下也可以实现 Dryad 数据的获取和使用。将数据作为论文的附录和论文一起出版直接解决了论文和数据的关联问题。这里数据是作为论文的支撑材料提交的，其目标是构建并维持一种技术环境，围绕一篇论文关联所有的信息对象，以便于创建一种知识空间，在这一空间中作为论文基础的数据可以免费获取。

以数据论文的形式将数据作为文本性文档进行出版，其作为一种鼓励作者主动更新数据的机制，开始获得越来越多的关注。它允许作者出版数据，并通过传统的引用过程得到认可。作为一种期刊出版物，数据论文的主要目的是描述数据，而不是报告研究调查。因此，它包含有关数据的事实，而不包含基于这些数据产生的假设和论证，正如在传统论文中所看到的那样[89]。在地球和生态学领域已经出现了数据论文出版的实践。目前，这一模式已经扩展到数据期刊，主要集中在生物学、地球科学、化学化工和物理学领域。

《地球系统科学数据》（*Earth System Science Data*，ESSD）2008 年发布了地球数据的描述规则，2009 年开始专门发表数据论文，要求将相关的数据集存储在其他数据知识库中。其定位是出版有关原始数据集的论文，推动对地球科学有益的高质量数据的重复利用。《地球化学、地球物理学、地球系统》（*Geochemistry Geophysics Geosystems*，G3）出版数据摘要。Wiley 公司与皇家气象学会合作推出开放存取期刊《地理科学数据》（*Geoscience Data Journal*，GDJ），在线出版简短的地理数据论文，并关联已存储在数据中心的数据以及授权 DOI 的数据集等。

第二节　数据论文出版模式

相对于前两种模式而言，有关数据论文出版模式的内容目前还比较模糊，研究较少。是否可以将数据论文作为促进数据有效利用、保证数据共享长期可持续发展的重要机制和有效手段，尚无定论。邱春艳认为数据论文从数据收集、数据处理过程、所用软件工具以及数据文件格式等方面对一个数据集进行描述。而数据期刊则是一类以描述一个或一组数据集为首要目标的出版物，既可以只出版短的数据论文，如《地球科学期刊》（*Journal of earth science*），又可以创建一种工作流与框架，借助导航式的自动出版过程将写作、审稿、出版、存储、分发、互操作、收集与数据再利用集成完成，如《生物多样性数据期刊》（*Biodiversity Data Journal*）[90]。Vishwas Chavan 认为数据论文的目的有以下三点：提供一种可引用的期刊出版物为数据出版商带来学术认可；以结构化的人可读的形式描述数据；使数据的存在吸引学术社区的注意力[89]。Ree 分析了数据重用需要解决的一系列难题，认为数据论文如果设置足够合理，可以解决这些问题，如保持作者发布数据的热情[91]。将科学数据与期刊论文进行对比（表 2-1），发现在当前的学术体系中数据的地位类似于“二等公民”，因此迫切需要一种机制来体现数据在学术系统中的价值。

表 2-1　科学数据与期刊论文的对比分析

科学数据	期刊论文
项目资助终止以后科学数据难以管理	多数图书馆和档案馆都保存期刊论文
不明确谁拥有科学数据	多数图书馆拥有期刊论文
不清楚如何得到科学数据	图书馆共享期刊论文
无法评价科学数据的影响	可以通过相应指标监测期刊论文的影响力
无法定位科学数据	期刊论文可以定位
无法获取科学数据	期刊论文可以获取
无法体现科学数据出版给科研人员个人带来的益处	发表期刊论文与职称晋升、学术职位的评审密切相关

笔者认为，数据论文的主要目的是实现劳动的分工，将那些拥有资源和技能、能够完成实验和观察以收集潜在感兴趣的数据集的人的劳动分离出来，使每一个有独立背景和数据分析能力的科研人员或机构，在看到合适的数据时，都可以使用它。最重要的是，通过数据论文的发表以及其他人对数据论文的引用，能够使生产科学数据的那些人得到单独的认可（图 2-1）。类似于传统研究论文的方法部分，数据论文描述数据获取的过程，但是描述程度更详尽，同时包含有关试验设计的原理、动机和相关考虑的讨论，但不提供任何数据的分析过程和分析结果；类似于论文的发表，数据论文也需要经历同行评议的过程，以确保数据获取使用方法得当、数据质量可靠、有关数据的描述准确且完整。数据期刊出版专门针对数据的数据论文，不以数据的详细分析为内容，只对数据的题名、数据创建日期、数据创建者、摘要、永久识别符、存档资源的链接或者实验条件、设施、环境要求等要素进行描述。

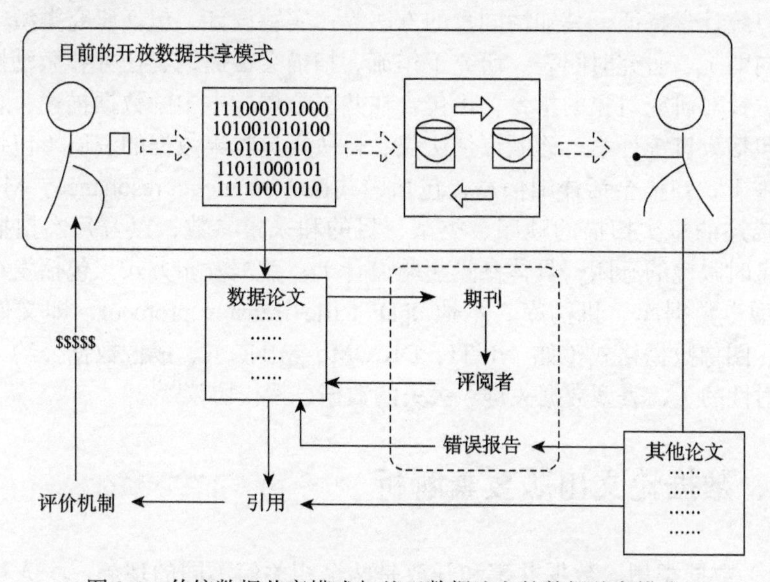

图 2-1　传统数据共享模式与基于数据论文的数据共享模式

第三节 数据论文基本内容及出版要素解析

一、数据论文基本内容

全面且细致的数据规范是数据论文效用得以实现的先决条件，是避免错误理解和使用数据集的有效手段。数据论文应该给数据用户提供在更详细程度上理解数据集所需要的信息。为了实现数据集的有效共享和再利用，需要对研究动机和设计思路进行清晰而综合的描述，同样需要说明所认为的重要的备选设计方案及其被拒绝的理由。缺乏这些内容，会导致用户的分析和解释产生偏见（如招聘和采样），限制结果的有效性和普遍性。用户需要充分了解实验过程中做出的决策，以充分估计其产生的影响。因此，每一篇数据论文都应该明确指出科研人员收集数据的动机。即使发布的只是数据的一个子集，在数据论文中也应包括没有发布的数据的信息（数据论文中应该包含所有的情景信息）。另外，截至论文发表日期，使用目前数据的所有论文都应列为参考文献，以使未来的数据用户了解使用这些数据可以预期获得哪些结果。

Gorgolewski 等研究了神经影像学研究社群的特点，认为该领域的数据论文包括以下几部分内容：研究概述，指出创建数据样本的明确目标及研究设计指导原则；参与者（研究对象）描述，包括样本规模、招募策略、入选和排除标准、样本的人口统计学特征、其知情同意的方法等；实验设计，包括研究类型（横向的还是纵向的）、研究时间表、研究工作流、扫描会话提纲、任务和激励描述、陈述法则、针对研究对象的指令，不包含在共享数据样本中的数据描述；表型评估协议，包括人口统计学、诊断评估协议、科研人员收集数据的资质（包括测度信度的措施）；扫描会话详细信息，包括磁共振（magnetic resonance，MR）协议指南中描述的每次扫描的顺序、类型、目的和采集参数，以及每次扫描的条件（如休息时眼镜的开闭，具体参见实验设计）；数据发布方式，包括发布站点、发布类型［数据库、机构库、本地 FTP（file transfer protocol，即文件传输协议）］、图像数据格式（如 NIFTI、DICOM、MINC）、成像数据公约（如神经的或放射性的）、表型数据关键、丢失的数据、授权协议[92]。

二、数据论文出版要素解析

（1）数据类型。数据共享和开放是两个相关但不同的现象。个人可以选择在有限的一组合作者之间或者在更广泛的社区内共享数据。即使是打算开放获取的数据，在其同意使用数据前也必须保护参与者的隐私。重要的是，出版严格受限数据的数据论文应该分享有关试验设计的见解，或者提供一种潜在渠道鼓励科学社区的成员联系数据生产者并寻求合作。从引用的角度，选择发表数据论文的作者若不与人分享的话，其论文被引用的可能性就比较低，除非他们共享有潜在价值的研究设计；相比之下，开放获取数据集被频繁引用的可能性更大。因此，数据论文出版的内容不应该仅仅局限于开放获取数据集。然而，对于作者而言最重要的是必须清楚指明他们所遵从的数据共享政策。

（2）发布时间。过去一些期刊如《科学》和《美国国家科学院院刊》等尽管没有明确的数据出版机制和数据共享时间表，但会有一段声明指出论文中所使用的数据将会开放共享。对期刊而言，一旦承诺后却未能及时地用合适方式共享数据的话，会破坏用户对期刊的信任。同样，数据论文也应该明确说明在什么时候会以什么方式共享数据。例如，指出在数据论文出版时实现数据共享，或在一个具体的时滞期后开放获取或者限制获取。总之，无论共享政策是什么，评阅者均有权获取数据以验证其一致性，同时也为数据共享做好准备。

（3）共享规范。尽管伦理委员会号召关于共享的标准达成共识，但各领域仍存在显著差异，如 FCP/INDI（functional connectomes project/international neuro-imaging data-sharing initiative）要求共享数据遵从美国《健康保险隐私及责任法案》（*Health Insurance Portability and Accountabiling Act*，HIPAA）的隐私规则[93]。遵从 HIPAA 规则不需要事先征得参与者的同意，但是并非所有的数据都可以满足 HIPAA 的隐私规则。即使完全去除身份信息，一些综合信息或者潜在的判别信息仍然会增加数据共享的风险。另外，不同国家之间的隐私规定可能会存在差异。因此，在数据论文中必须明确说明征得共享同意的过程（所获取数据的国家的立法背景），证明共享的合适性，证明数据共享符合当地伦理委员会的要求，并提供一项违反隐私的风险评估内容。

（4）作者或声誉。数据论文的一个主要激励机制是确保参与研究的所有人都得到合适的认可。数据论文提供给那些最直接参与设计和生产数据的人一个机会使他们可以得到合适的认可，避免真正的贡献者淹没在冗长的作者列表中。此外，也减少了分析导向型论文的认知压力，使研究论文的方法部分所占的篇幅可以大幅压缩，不需要再详尽描述整个数据获取过程。

（5）同行评议。与传统论文类似，数据论文的质量保证也需要进行高质量的同行评议。如果评阅者不能直接检查作者准备发布的数据，证明所发布的数据具有可读性，就会快速破坏数据共享的过程和数据论文的可信性。需要说明的是，评阅者不是人工检查每一个共享的数据项，评阅者的工作是评价研究设计和特定样本的收集程序、选择共享的位置、评价共享报告的可读性。应该通过期刊将数据论文和清晰的检查明细提供给评阅者，以确保数据论文达到基本标准。

（6）错误纠正。数据发布后需要对数据进行更新和更正。科学数据共享允许外部的调查者使用最初数据创建者没有考虑到的方式评审数据，并发现数据中的错误。应该提供简单快捷的错误报告和纠正渠道，如小的错误通过系统的评论实现，更实质性的修订由编辑者来操作。重要的是，应该积极地鼓励发布数据错误更正报告，并由期刊推动该行为。使用勘误表（首选）或资料误差修正更新补充机制避免对作者产生消极影响，使其愿意报告错误情况。

第四节 本 章 小 结

出版数据论文的目的是获得相关专业的认可，并经过同行评议使数据质量得到控制。数据论文对作者荣誉的划分更详细，这使数据生产者在研究设计、执行和维护中所付出的努力得到适当的认可，也创造了一种与他人合作的机会。数据论文实现了独立于分析的数据质量评价，使科研人员通过基于出版物影响力的计量指标得到对共享数据的认可，有助于实现数据共享的可持续性，促进数据的可获取性。

尽管数据论文方法在理论上非常有效，但推广这一机制仍然有较大困难。首先是数据出版者方面的困难。例如，在生物多样性领域有三类收集和共享数据的组织：一是以自然历史博物馆为代表的公共资助机构，共享数据是它们的基本责任，它们主要关注如何使数据直接在线可利用[94]；二是科研人员，他们对数据论文很感兴趣，但是多数不熟悉出版机制；三是问题驱动型的专业调研人员，他们大多数不愿意出版未经分析的原始数据，而且只有在相关的研究论文发表之后，才能再谈发表“数据论文”的问题共享数据。对于第三类用户来说，首先要解决如何将数据集作为研究论文的一部分出版的问题。其次，通过设置数据论文基本内容标准，确保数据论文的完整性和效用存在困难。对于什么样的数据论文才是合格的、谁该为数据文件的发布买单是存在争议的。最后，使用集中、联合还是独立的数据存储平台也是未解决的难题。目前没有集中式的数据托管机制，正在努力实现的数据资源联合共享方案，如 INCF（International Neuroinformatics Coordinating Facility，即国际神经信息学协调委员会）数据空间（http://incf.org/resources/data-space/）正在开发阶段，不清楚学科领域的科研人员是否愿意接受这样一个平台。愿意共享数据的科研人员可以将其数据放入现有的任何一个数据知识库中，或者自己保存数据。就自己保存数据而言，维护数据集的数据获取，既不容易又不便宜；另外，无法保证数据的持续获取性，当两个或多个平台管理同一数据集时，保持数据的一致性和同步性也存在风险。而且外部的数据知识库依赖于资助机构的资助程序或维护服务持续性的基金，要保证不给评阅者带来额外的负担比较困难。尽管出版数据论文有助于简化和澄清知识产权问题，如数据所有权和引用问题，但是对科学社区有限的评阅者而言，面向数据论文的同行评议过程给他们增加了额外的负担。因此，需要基于现有的信息计量学工具，开发半自动化的工具以减轻评阅者的工作量，帮助其快速地进行数据论文评价。

总之，通过数据论文出版并计算共享数据产生的生产力将会吸引人们对数据共享产生的价值的关注。因此，资助机构和高校必须努力出台政策，深化对产生高质量的数据科学价值及其需求的认识，以激励和奖励产生数据供科学社区使用的调查者。通过开发和优化现有的计量学工具，进一步优化数据论文的评议过程。未来，可以考虑使用共享因子而不仅仅是影响因子来评价科研人员的学术贡献，以构建一种共享的文化。不仅要评价科研成果的引用次数，也应评价科研人员对社会知识和信息共享的贡献程度。

第三章　数据出版过程中的数据质量控制

随着数据密集型科研活动的蓬勃发展，数据的进一步分析以及结果的验证越来越受到重视，越来越多的人希望获取支撑关键发现的数据。数据已不仅仅是被研究的对象，而是逐渐成为科研活动的主要产品。这一背景下，如何实现数据出版过程中的数据质量控制成为一个新的热点。有效的数据质量控制不仅有助于促进可信任数据集的产生，也有助于促进数据的再使用。然而，实现数据出版过程中的质量控制却面临许多挑战。众所周知，期刊论文的质量控制依赖于同行评议的过程，而数据是否可以进行、如何进行规范的同行评议，目前仍处于探索阶段，尚无统一的看法。鉴于此，本章从数据出版的几种形式入手，总结数据质量控制的实践，分析不同出版形式下的质量控制是如何实现的，探讨的关键问题包括数据质量控制的内容、标准流程、质控指标以及数据集的相关评议问题。

第一节　数据质量控制概述

数据质量控制是随着新型数据出版和引用的发展而发展起来的。数据出版并不是简单的数据发布，其包括数据提交、同行评议、数据发布和永久存储、数据引用、影响评价 5 个基本环节。避免数据篡改与学术造假是数据出版的重要目标之一，然而数据质量评估非常复杂，有时仅通过专家的简单浏览查看并不能确认其质量，还需要进行大量的应用和检验。因此，在数据出版过程中，数据质量控制应包括：数据发布前的同行评议，即让同行专家重点从数据完整性、与数据相关的各种信息的完整性，以及是否具备让用户正确使用数据的条件等方面来把握数据质量；数据使用后的用户反馈，即有效收集有关数据的使用信息以及用户的评价信息，将其作为其他用户使用该数据的参考[95]。

数据出版和引用的实践正在多个领域有序推进。但与期刊论文相比，数据同行评议尚无明确统一的定义。论文同行评议的重点在于作者主张、内容逻辑性、对其他出版物的规范引用以及字数限制，评议者往往是来自同一领域的专家，对评议的主题有深刻认识。而数据是庞大的，且存储方式不可能优化到使读者均相对容易接受的程度，因此数据的质量控制一般依赖于计算机辅助，如何对数据进行评议目前还处于摸索阶段。此外，数据质量保障在很大程度上还取决于数据类型及其所属领域，除了原始数据本身，还需要对元数据进行审核，这就对评议提出了更高的要求。也正因为如此，目前数据质量的控制大多不是靠同行评议，而是靠数据创建者自己[87]。换句话说，就是对数据质量不做第三方控制，没有强制要求。另外，数据同行评议极其耗时。同行评议，正面临期刊论文和资助申请爆炸性增长的现状[96]。2012 年 Golden 和 Schultz 对《每月天气评论》的评议者进行调查，发现评议者每年平均评阅 8 本论文，每次平均花费 9.6 个小时[97]。虽然尚未有研究明确表明数据同行评议需要花费多少时间和精力，但其巨大的工作量已是公认事实[98, 99]。

第二节 不同出版模式下的数据质量控制

目前数据出版主要有三种模式：一是将数据作为论文的附录和论文一起出版（作为注释文本内容的材料，以丰富出版物内容的用途，作为一种说明文件得以发表，“使得出版物丰富化”）；二是将数据作为一个独立的信息对象存储在研究数据知识库中；三是以所谓数据论文的形式，将数据作为文本性文档在数据期刊上发表。基于不同的数据出版模式，数据质量控制也出现了三种不同的情景：①内嵌于传统期刊论文的数据的质量控制；②提交到开放获取数据知识库中的数据的质量控制；③在数据期刊中发表的数据论文的质量控制。

一、内嵌于传统期刊论文的数据的质量控制

对于大多数传统期刊来说，当数据出现在论文中的时候只检查数据，关注这些数据如何影响结论，质量控制的关键是数据的持久性和长期性。一些传统的期刊也采取了新政策，要求作者实现数据集的开放获取，以促进研究发现的可靠性。例如，PLoS（the Public Library of Science，即科学公共图书馆）新的数据政策规定，作者必须在其论文发表之后，使所有数据不受限制地可获取。从 2014 年 3 月开始，所有在 PLoS 期刊发表论文的作者，要求提供一份声明，描述其他人可

以在哪里、通过什么方式获取支持其研究发现的数据集[100]。越来越多的传统期刊采用了类似的强制性或选择性要求。

为此，期刊与图书馆合作以确保出版物的长期性和持久性，一方面，要求数据和所有相关文献，都放置在可靠的数据知识库中，并提供合适的方法让用户获取；另一方面，要求使用数字对象标识符 DOI 以建立论文与数据之间的链接。未来，学术出版物与数据之间的链接将越来越普遍。随着期刊出版商和数据知识库之间元数据交换的改善，以及出版物中数据引用的增加，未来可以将论文相关的数据集作为参考文献进行编辑，以此形成研究社群内的数据同行评议。然而，必须指出的是评议支持论文的每一个数据集是不可行的，许多论文不用进行数据的同行评议就可以评价其优劣和结论。因此，对期刊而言，需要考虑社区公认的标准化科学验证方法与作者及审稿人的工作量之间的平衡。通过完善作者和评审者指南，可以反映科学领域对数据透明性和可访问性的期望，通过这些指南来支持评议者、编辑和其他科研人员的数据访问请求，以及数据同行评议。

二、提交到开放获取数据知识库中的数据的质量控制

数据的质量控制包含技术标准和科学标准两个层面。技术标准关注数据集本身的完整性和描述的充分性，而科学标准关注数据收集方法的评价、数据的合理性和再使用的价值[101]。数据知识库设置较多的是技术标准，在这一过程中验证数据的目的是确保数据从源头到目标位置的无差错传输。重点检查数据是否完整、是否存在异常。通常，数据知识库完成多步技术评阅，参与数据质量保证与控制，并且与数据提供商和科学社区合作，主要技术步骤如下：①证明数字化资产（数据文件和文档）的完整性。②评价数据的完整性。例如，美国国家大气研究中心（National Center for Atmospheric Research，NCAR）的数据知识库，提供软件来统计数据文件内容，检查每一个文件，确保数据产生和传输过程中的一致性，确保文件准确地包含期望的所有数据。③评价文档的完整性。数据文档可以是文本形式，也可以以描述性特征的形式嵌入数据文件。通过自动化处理和可视化检测确认元数据。在数据质量控制过程中，数据知识库所收集的信息，通常也作为数据馆藏补充信息或者用于支持各种获取服务，如将数据集元数据用于数据知识库检索和浏览。但是，这一过程往往需要面向具体领域的分析软件和专业知识对结果进行解释。

国家级的数据知识库，如美国国家海洋和大气管理局（National Oceanic and Atmospheric Administration，NOAA）和国家气候数据中心（National Climatic Data Center，NCDC），都通过控制程序管理数据知识库，进行数据技术评议[102]。技

术评议包括收集作者的姓名和机构，描述测度价值及存储在这笔数据知识库中的数据与其他数据集的关系，同一数据集的不同版本之间的关系，时间和空间范围，数据样本的文件格式和获取位置，数据量、预设的数据转移机制，用户社区的规模和其他元数据等。总之，通过多步骤的质量控制过程，确保其包含的数据遵从元数据要求，结构一致且在规定时间内可获取和使用[103]。

对于具有规范大数据集的科学社区，如气候模拟和高能量物理社区而言，数据往往存储在自定义知识库中，标准化的元数据和质量控制检查是数据存入知识库过程中的一部分。对于大多数研究小组而言，如果缺乏这种能够完成质量检查的具体学科的知识库，他们评价数据的唯一方式将是等待他人使用数据后进行反馈[99]。为此，知识库应提供一个反馈机制，构建用户、知识库和数据提供商之间的反馈环路。知识库工作人员必须记录被质疑数据集的任何变化和新版本，以证明被用户质疑的数据的可靠性，通过与数据提供商合作，认识问题并确定解决办法。除了提供数据外，知识库应同时建立数据管理计划，评价并测试基本的数据产品，检查其是否遵从标准和要求，以尽早发现问题并使其最终成为高质量的数据。总之，做好数据收集前的准备工作，有助于减少随后的数据质量确认和控制问题、减轻数据同行评议者和数据用户的工作量。

三、在数据期刊中发表的数据论文的质量控制

数据期刊的目的是提供基础设施和学术奖励的机会以鼓励出版数据论文[104]。数据期刊大致分为两种，一是纯粹的数据期刊，其出版对象全部为数据论文，如自然出版集团2014年出版的*Scientific Data*和*Copernicus Publications*、从2009年开始出版数据论文的*Earth System Science Data*；二是综合性数据期刊，即除了出版数据论文外，同时还出版综述、研究论文和会议报告等其他类型文献的期刊，如Springer 2012年推出的*SpringerPlus*、*Biodiversity Data Journal*、*GigaScience*，以及Wiley集团2012年推出的*Geoscience Data Journal*等[105]。

数据论文描述数据集，给出其收集、处理数据的细节、软件和文件格式，对基于数据的分析和结论没有要求。它帮助读者理解何时、如何及为何收集数据集，数据产品为何及如何获取数据[106]。数据论文提供面向数据集的高质量文档，是建立数据创建者和数据用户之间反馈环路的一个重要步骤。与期刊论文类似，数据论文也可能存在错误或遗漏，需要根据同行评议者的建议进行修订。此处选取《地球系统科学数据》、《地理科学数据》和《科学数据》三本期刊来比较其数据质量控制的实践。

《地理科学数据》期刊不同于地球系统科学数据：一是进行科学数据评议和出版之前，《地理科学数据》期刊中的论文不经历讨论阶段；二是在地理科学数

据期刊中可能出版那些不是对任何人都开放获取的科学数据集。不同于《地球系统科学数据》或《地理科学数据》期刊，《科学数据》涉及学科更为广泛。《科学数据》将其出版论文称为 data descriptors，每一个 data descriptor 都包含一个结构化的元数据成分，以供人和机器理解，除此之外还包含叙述性描述。

上述三种期刊的数据评议指南总结如表 3-1 所示。三者都强调要评价元数据的完整性、数据质量、发表价值，以及在数据采集、管理和审核过程中采用方法的有效性、标准的一致性。然而，就实际操作而言，发表价值（数据有用性）是一个难以界定的评价指标，因为对于数据创建者和评议者而言，预测数据在未来如何被使用相当困难，所以发表价值通常评价的是数据论文如何促使数据被使用、数据的复制以及再生产等。评议者重点审核稿件质量、数据质量，以及内容和元数据的一致性等问题[107]。其中，数据质量关注的重点是数据是否完整统一、是否包含了重要的科学内容、是否涵盖了足够的时间跨度和学科分类、是否值得单独发表、是否符合数据标准、是否完整记录了原始分析和使用方法、是否可复用、是否合理、是否存储在恰当的数据知识库中。论文和数据一致性关注的是是否详细描述了数据及其获取方法、数据产生方法、数据完整性、使用案例与数据的一致性，以及是否明确指出可能导致数据错误的原因等[108]。

表 3-1　数据期刊数据评议指南比较

《地球系统科学数据》	《地理科学数据》	《科学数据》
1）阅读手稿 （1）数据和方法是新的吗？ （2）数据未来的使用潜力如何？ （3）方法和材料是否描述得足够详细？（4）所引用的其他数据集或论文是否存在缺失不完整的现象？ 2）检查数据质量 （1）是否可以通过给定的标识符访问数据集？（2）数据集完整吗？ （3）是否给出了错误估计和错误来源（并且在论文中讨论）？（4）准确性、校对和处理等是否代表最近的技术发展水平？（5）是否有共同的标准可用于比较？ 3）考虑论文和数据集 （1）在这些中间是否存在不一致性、难以置信的结论、数据或显著的问题，表明数据存在错误？（2）如果可能的话，进行测试（如统计）；（3）不寻常的格式或其他情况，阻碍了这种测试，正常的情况下在该学科中会引起怀疑	1）数据描述文档 （1）用来创建数据的方法符合高科学标准吗？（2）为了使数据再使用或得到重复的验证，所提供的信息（在元数据中）是否足够？ （3）文档是否提供所有数据的全面描述？（4）数据是否为地球科学领域做出了重要和独一无二的贡献？（5）数据在地球科学领域的应用范围是什么？（6）是否所有的贡献者和现有的工作都得到了承认？（7）数据论文是否包含数据集足够的引用信息，如数据 DOI 和数据中心的名称等？ 2）元数据 （1）元数据是否建立了数据的所有权？（2）为了使数据再使用和得到重复的验证，是否提供有足够的信息（也在数据描述文献中有足够信息）？（3）数据是否以所描述的样子展示，并使用所提供的软件从注册的知识库中获取？	1）数据可信性 （1）数据是否通过严格的方法和完善的方式产生？（2）被支持的数据是否具有由技术验证实验或数据质量的统计性分析验证的令人信服的技术质量或错误？（3）这些数据的深度、覆盖范围、大小、完整性是否足够支持作者提出的所有类型的应用和研究问题？ 2）描述的完整性 （1）所描述的方法和任何数据处理步骤是否足够详细，使其他人可以重复这些步骤？（2）作者是否提供了其他人所需要的全部信息，使其可以再使用这些数据集，或将其与其他的数据进行整合？（3）数据描述符与任何数据知识库的元数据相结合，是否与相关的最少量的信息或报告标准相一致？

续表

《地球系统科学数据》	《地理科学数据》	《科学数据》
4）检查表达质量 （1）在当前的格式和规模下的数据集是否是可用的？（2）正式元数据是否合适？	3）数据自身 （1）数据是否简单可读，如它们是否使用标准和社区格式？（2）数据是否具有高质量，误差范围和质量报表是否足以评价数据符合目的的程度，空间和时间范围是否足以使数据可用？（3）数据价值在物理上是可能的并可信的？（4）遗失的数据是否影响数据集的有用性？	3）数据文件和知识库记录的完整性 （1）是否能够确认作者所存储的数据文档是完整的并与数据描述符中的描述相匹配？（2）这些数据文件是否被存放在了最合适的数据知识库中？

此外，三种期刊都强调评价数据的开放性和可获取性。每一种期刊都提供推荐或指定的数据知识库列表，同时列有一系列知识库的要求。这些要求大致都是类似的，即知识库必须给数据集分配可持续性的永久标识符、提供数据集的开放公共获取（包括允许评阅者预先出版获取）、遵守所有的方法和标准以确保数据的长期保存和获取。对于数据和数据论文而言，推荐或指定的数据知识库可进一步保证数据的质量。

第三节　比较与启示

一、相似之处

不同出版模式下的数据质量控制，具有以下共同点：第一，强调数据可访问性。只有实现数据的可访问性，才能进行数据集的同行评议。大多数数据知识库对提交的数据实施开放获取；数据期刊要求数据通过数据中心或数据知识库存档，以解决数据可获取的问题。第二，要求作者提供足够的信息以支持数据评议。传统期刊文章是数据文档和数据分析的极好来源，但是版面空间限制了作者可以提供的数据细节的多少；数据知识库依赖数据提供者提供足够的元数据以使数据被长期保存和合理使用；数据期刊使用数据论文作为数据文献的主要来源并利用由知识库提供的额外的元数据。第三，均指出需要明确数据评议指南，介绍如何完成数据评议以及应检查数据集的哪些特征。

二、差异之处

不同出版模式下的数据质量控制的差别如下：第一，最直接的差别是基于期刊的数据出版和数据知识库之间的差别。知识库中的数据评议主要关注技术方面，目的是确保数据可以被管理和恰当存储。知识库的数据评议，只是提供了一个初始指标，而数据是否能被其他人所理解，仍取决于数据创建者自身，数据的价值需要由整个科学社区来判断。第二，不同于数据期刊，大多数传统期刊目前并不要求评议支持科学发现的数据深度。在传统期刊上发表的数据论文通常对数据质量进行了仔细的科学评价，如与其他类似的数据集或已有的环境条件做比较。这种比较和验证工作是基于科学并支持数据质量的，定义了数据应该如何被使用，并明确了所展示的数据产品的不确定性。作者在发布其数据时，通常也提供数据获取链接。但传统期刊中的数据论文则需要评议者来判断存档的信息是否能够满足目标用户的需求和期望。

三、启示与建议

一般情况下，控制数据质量的第一步是验证数据的存在性、获取步骤和相关元数据的完整性。知识库中最初的数据集不可能完美。一些数据评议者会下载所有或具有代表性的数据集并使用他们自己的工具检查内容并检验完整性。然而，大规模数据集的质量控制是一大难点，因此知识库应不断提供各种在线工具，如快速查看数据评阅、允许绘制特定数据集散点图或提供一组标准的可用于评价各种数据类型的统计工具等，以提高评议效率。

而为了简化论文与数据链接的过程，期刊应与知识库合作以确保作者在提交论文的同时也向知识库提供数据。从目前来看，有两种做法：一是以生态学和进化生物学领域的 Dryad 为代表的做法。Dryad 已与 50 本期刊合作，提供了一个集成渠道用于存储与期刊论文相关的数据，该方法已被证明是有效的。二是以 Costello 等提到的评价方法（一星表示所提交的数据有基本的描述型元数据；五星表示自动的人为质量控制过程已经进行，伴随着独立的同行评议，以及相关数据论文的出版）为代表的做法，即期刊和知识库使用评价系统表明特殊的质量控制或评议过程已经发生[109]。

第四节　本 章 小 结

展示、出版和存储数据的方法不同，导致数据质量控制方法也存在较大差别。大多数期刊不提出与数据评议相关的建议和要求。知识库完成数据的技术评议，作为数据存储、保存和服务开发过程的一部分。数据期刊，拥有最详细的数据评议过程，并且与数据知识库合作进行数据的获取和存储，其做法最接近理想的数据同行评议的期望评议内容。从目前来看，数据评议主要包括以下内容：数据集是否有一个永久的标识符；是否有一个登录页面（自述文件或类似的内容）提供额外的信息或元数据，帮助用户确定这个数据集是其所寻找的数据集；数据集是否存储在可信任的知识库中；数据集是否可获取，如果不是，获取的条款和条件是否已经定义清楚。笔者认为在此基础上，还需要在以下方面深入评议：获取数据的条款和条件是否合适；数据的格式是否可接受；格式是否符合社区标准；是否可以打开文档并浏览数据；是否有打开数据所需要的专业软件，包括版本号的信息；元数据是否合适，是否准确地描述了数据；在数据标题和元数据中是否存在未解释的或不标准的缩写；是否是校对数据；如果有校对数据，是否提供了校对说明；数据是否被标记，在标记的地方是否有适当的描述；是否提供了数据集如何以及为何被收集的信息和元数据；数据集中变量的名称及其单位是否清楚且明确；提供的信息是否足够使数据被其他的科研人员再使用；科学数据对科学社区而言是否有价值；数据是否存在明显的错误；数据是否在预期的范围内；如果数据集包含多个数据变量，是否清楚说明它们是如何相互关联的；等等。

随着数据出版机构的发展，数据评议将会出现最有效的建议和实践。然而，前提是必须解决以下一些问题。

（1）可获取性问题：不开放数据就不可能实现真正意义上的同行评议。即使是极小的获取限制，如免费注册账号才能下载数据，都将阻碍评议的进行。同样，如果数据的元数据只能通过缴费的方式来获取，也会大大减少数据的可用性。

（2）数据格式问题：数据评议不可能在任何情况下都由机器快速执行，因此数据的元数据必须是开放且易于阅读的。此外，还应建立数据登录页面与其他元数据来源的链接，但是这些链接需要维护，其与数据的链接也需要维护。

（3）出版方式问题：数据量快速持续增长，采用先发表数据后同行评审的模式（即稿件先提交在网站上公开发布，然后再进行同行评审，同行评审的结果及修改意见、专家观点等实时发布在网络上，作者可以向专家咨询、解释，并与其进行辩论）既可避免其他科研人员无意义的重复，也使得这些数据可以在别人的研究中得到验证或用于新的研究发现。

总之，为了促进数据同行评议实践的发展，最关键的是要解决可获取性问题，即首先需要实现论文基本数据的可获取性。数据期刊之所以能够发展完善的评议程序，是因为它们可以和知识库建立合作伙伴关系，以确保数据极大的开放性（对评议者和用户均开放），从而有效实现数据发布前的同行评议和数据使用后的用户反馈。另外，期刊关于数据存储的政策变化较大，在制定政策的时候，同时要考虑许多竞争性利益之间的平衡，其中之一就是数据的可获取性。如果期刊论文使用准确的数据引用和可获取性标准进行同行评议，将对科学的完整性和整个过程带来综合的益处。然而，需要注意的是，与论文同行评议相比，数据同行评议群体应具有更完整的学科知识结构，除具备相关专业知识外，还应具备数据结构知识，以及元数据标准、数据收集方法和工具的专业知识等。因此，如何设置标准考核并有效地选择评议专家也非常关键。

第四章　科学数据规范引用关键问题

数据出版是指在互联网上公开数据，并且支持除数据提供者之外的科研人员或者组织机构下载、分析、再利用以及引用数据。从广义上讲，任何将数据上传到互联网或者数据库并支持其开放获取的行为都可以称为数据出版。对数据而言，数据出版是指使数据达到可引用和追溯的状态，核心内容是为数据提供标准的数据引用格式和永久访问地址[110]。因此，数据引用是实现数据出版的先决条件。

第一节　数据规范引用的意义

数据引用是提供数据参考的实践，类似于科研人员在论文中对文献的引用。因此，在很大程度上，标识数据的来源是传统出版物引用传统的延续，其目标是对数据创建者做出的贡献给予承认，并表明数据的可利用性[111]。实现数据规范引用要基于以下三个方面进行考虑。

一、承认数据创建者的贡献

在传统意义上，数据没有被出版，已出版的文献中也没有正式承认数据的作用。然而，为了使数据真正可获取，数据创建者需要花费时间和精力以提供充分的元数据、监管并保存数据。因此创建者最关心的问题是这样做能够为其带来哪些益处。数据规范引用的初衷，就是想将传统的文献评价体系引入数据领域，使用类似引文的评价方式，对数据创建者以及相关利益群体所做的贡献给予承认并量化其贡献度，即提供一种系统使所有为产生数据付出努力的人员的工作都得到认可。因此，理想的数据引用应与传统文献引用方式一样，在参考文献部分对数据进行引用标注，并将引用排名纳入科学评价体系。

二、实现数据使用的溯源

开展新的研究首先要理解先前的工作是如何产生的。引用为现有的工作提供了该领域发展进步的线索，是理解某一主题随着时间产生变化的重要途径，数据引用亦是如此。同文献引用类似，数据引用提供了一种数据定位或参考机制，有利于读者快速定位并获取数据，增加了数据重用性和共享能力，也提升了信息利用的效率与收益，加快了科学发现与创新的步伐[112]。例如，通过数据与文献的互操作，读者在阅读文献的时候，既可以访问论文的原始数据甚至重复研究的过程，也能够从数据出发找到与之相关的所有文献，由此提高科学生产力[113，114]。

三、提供验证科研过程的途径

允许其他人获取基本数据有助于对数据和假设进行重新解读，也有助于发现任何可能存在的错误或不一致。通过数据引用获取研究过程的原始数据集，按照实验步骤进行操作，可以重现研究过程，验证科学研究的结果[115]。

第二节　数据规范引用的基本问题与难点

针对数据引用的需求，一些数据中心已经制定了相应的数据引用规范。例如，以帮助研究人员发布、挖掘、访问和利用数据为目的的澳大利亚国家数据服务（Australian National Data Service，ANDS）的作者指南提供“发布我的数据”（publish my data，即帮助研究员用元数据出版研究数据）、“注册我的数据”（register my data，即给科研人员的数据提供永久标识符）、“识别我的数据”（identify my data，即协助科研人员和研究机构宣传其研究数据）、“引用我的数据”（cite my data，即提供具体的数据引用规范[116]）等服务；英国数字监管中心发布了数据引用与链接指南[117]。这两个指南都基于“如何引用、引用什么、何时引用”三个基本问题阐述了数据引用的要求[118]。

一、如何引用

如何引用的问题，具体而言就是需要制定面向数据的元数据规范、建立能够承认作者贡献的评价体系，并提供支持数据引用的参考文献管理工具。

（一）元数据

尽管数据引用是传统文献引用的延续，但是与传统文献不同，数据自身具有不同的结构和格式，因此数据作为引用对象可以有许多不同的引用方式。引用的关键内容是描述数据的信息——元数据。已经出现了一些面向数据的元数据推荐方案，如致力于数据查找、识别和引用服务的国际组织 DataCite（https://www.datasite.org/）的方案、经济合作与发展组织（Organisation for Economic Co-operation and Development，OECD）的方案以及数据文件倡议（Data Documentation Initiative，DDI）联盟的方案[119，120]。数据引用实质上是引用对象元数据的子集。对于数据集而言，数据标题和数据发布者（出版商或拥有数据的机构）对发现和获取数据集本身帮助不大，除非明确知道数据的具体位置，如在某个数据库或具体学科知识库中。因此，对于数据引用而言，提供每一条数据的位置就非常重要。网址是不可靠的，因为网站可以改变、移动甚至整个消失。但是唯一标识符是固定不变的，因此可以将其作为获取数据的永久依据，如 DataCite 提供这样的服务。在现有的引用规范中，最常用的标识符是DOI，其次是句柄系统Handles（DOI系统基于此构建）。大多数数据引用规范建议使用DOI是因为DOI已被广泛采用，实施障碍较小。标识符固然重要，但是文化观念的转变也同样重要，如天文学领域曾尝试为数据提供唯一标识符，使其可以链接到论文，但最终以失败告终。其原因一方面是科研人员缺乏这种意识，另一方面是使用这一系统的出版商和数据中心的数量不够多。

（二）承认贡献的评价体系

数据署名权是知识产权中的一项基本权利，数据引用是体现数据署名权的最佳方案。为了使数据创建者的工作得到承认，应将数据创建者作为另外一个重要的元数据元素。但是目前面临以下两个困难：一是排序问题。如果按照姓名首字母排序，那么无法突出做出最大贡献的创建者。同时，如何界定贡献的顺序也是一个很有争议的问题，因此数据中心应该就数据著作权的分配给出详细的说明。二是当融合多个数据集生成一个新的数据集时，会产生所有权叠加的问题。在这种情况下，单独引用每一个独立的数据集就不再合理，而在引用记录中列出科学数据创建者的数目也不切实际[121]。与此同时，许多数据中心也要求通过数据引用来得到承认，并证明其存在的价值。作为整合生物多样性数据的全球基础设施，GBIF（global biodiversity information facility，即全球生物多样性信息网络）

深入考虑了这一问题，其推荐的元数据不仅包括出版商也包括贡献者[122]。

（三）支持工具

目前已有许多帮助用户高效管理和快速生成参考文献的文献管理软件，可以对各种资源进行引用。其中，大多数软件都有增加新参考类型的选项，如期刊论文、专著或网站。引用所需要的元数据依据所选择的参考文献的类型而变化，写作时表现为将不同的格式增加到文献引用中。随着这些工具的广泛应用，数据作为引用选项之一将有助于科研人员更容易地引用数据。调查表明，目前很少有工具提供预先定义的数据选项，尽管许多工具允许设定个性化的字段选项来定义数据引用的格式，但很少有专门集成数据引文类型的软件[111]。

二、引用什么

不同数据对象有不同的结构和格式，即使在同一学科中也存在较大差异。这取决于研究本身，数据对象可以是图像、数值、文本数据，也可以是物理对象，从单个工具、成千上万个传感器或个人观察中所产生的少量的数据点或成千上万条记录。在这种差异下，确定需要引用什么对于科研人员而言就变得十分困难。有学者将这一问题总结为数据身份，指出为确保数据的可证实性和研究的可重复性，需要进一步明确所引用数据的身份，以实现对数据对象的准确引用[123]。然而，对数据集的界定在不同学科中存在差异，在不同方法中存在差异，在不同研究对象之间也存在差异。这就需要在制定引用规范时考虑到以下几个基本问题。

（一）数据版本

数据再生产能力是指引用数据的时候，数据对未来需要证实这一工作的科研人员也同样应该是可用的。然而，确保数据保持不变不现实，因为太多原因会造成数据的改变，如新方法或技术优化可能造成原始数据的更新，或者数据是随着观察时间的变化以不断增加的方式产生的。以社会科学领域为例，纵向的研究会收集多年的数据，因此，社会科学数据知识库 GESIS 或 UK Data 存储每一次附加或波动的数据作为单个可引用的对象。然而，对于数据知识库而言，如何维护每一个动态数据集是一个未解的难题。例如，Argo Project（http://argoproject. org/）项目用大约 3 500 个类似鱼雷的设备测量海水的温度和盐度，每年产生 10 万条数据记录。就这样的规模而言，独立版本的数据所需要的存储量远不是现有的知识库所能负担的。

目前，引用大规模的动态数据集有以下两种方法。一是英国大气数据中心（British Atmospheric Data Centre，BADC）所采用的、为完整且不可改变的数据集分配标识符的方法。在这种情况下，数据不存在版本问题。如果收集数据持续很长时间，那么在数据收集期间数据不具备可引用性。二是针对定期更新的数据，记录基础数据及随后变化的方法[124]。这种情况下，所引用的数据是基础数据和随后数据变化的结合体。但是当数据产生变化时，如何定义新版本成为一个新的难题。国家冰雪数据中心（National Snow and Ice Data Centre，NSIDC）的建议是由科研人员自己来决定什么构成了最主要和最基本的版本。英国国家资料库（UK data archives，UKDA）的指南对什么情况下需要定义新版本、什么情况下不需要定义新版本进行了详细的说明[125]。总之，就引用数据而言，版本应该是一个可以克服的问题，但是需要科研人员和数据中心协商制定有关版本和如何引用具有版本的数据的规范和方法。

（二）数据粒度

数据引用规范的政策制定者应与相关科研人员就数据引用的粒度问题达成协议。展示数据引用的粒度非常重要，因为数据集的再生产性和可发现性可能因此受到消极影响。Buneman 以国际基础与临床药理学联盟（International Union of Basic and Clinical Pharmacology，IUPHAR）数据库为例，讨论了数据粒度问题，认为属于某一个数据知识库或中心的数据集，可以被组合成复合数据集，也可以被分解为各个子集。在各种不同粒度层面上的引用需要清楚地标明数据中心及数据集的结构，因此数据中心有责任为每一个可利用的数据层面设计引用格式。在引用时，可能是一个完整的数据知识库，可能是数据知识库中的一个记录集，也可能是特定的数据记录[126]。这意味着，引用工具应支持对所需要的任何层次进行引用。地球环境科学领域的 Pangaea 设计了针对不同层次数据引用的引用格式[127]。

Altman 则认为数据粒度问题本质上是数据深度引用的问题。建议在简单的水平上进行引用，即数据子集的引用可以是引用数据集整体并且在引用具体内容中描述，类似于期刊论文的某些引用元素。例如，若引用论文中的数字，则把主要文本中给出数字的论文作为一个整体来引用。英国数字监管中心综合上述两种观点，指出数据引用的粒度应以满足科研人员需求为准，若不够确切，则在文章中引用数据的地方提供所引用数据集的细节[128]。为支持更复杂数据的获取，GBIF 正在寻找一种新的既考虑版本又考虑粒度问题的解决方案[129]。

（三）数据验证

考虑到数据引用的版本和粒度问题，对于科研人员而言，能够证实在出版物中引用的数据是同一数据也非常重要。很多科研人员强调需要引用未产生变化的数据，但是通过什么方法保证这一点却很少被提及。Altman 的建议是使用统一数字指纹（universal numeric fingerprints，UNFs）。UNF 算法产生了一个短的、对数据而言独一无二的字符串，其概括总结数据的内容，并具有独立的格式。如果数据自身的任何元素发生了变化（简单地在软件系统或操作系统间移动的情况除外），UNF 将不同。使用 UNF 不仅可以证实不同文献中所引用的数据是否是同一个，也可以满足数据隐私或匿名化处理的要求。然而 UNF 目前并没有被广泛应用。

（四）引用数据和数据论文

数据可以以原始数据集的方式出版，也可以和数据论文一起出版。数据论文是一种学术出版物，其用可检索的元数据记录描述一种特殊的在线可获取的数据集或一组数据集，根据标准化学术实践的要求进行出版[89]。已经有许多期刊开始出版数据论文，但是并没有出现有关什么时候应该引用数据论文，而非数据集的建议。与引用数据集相比，引用数据论文可以给数据创建者带来更高的声望。此外，由于数据论文可以提供有关数据集质量的更多的证据，更丰富的元数据也有助于促进数据的再使用，与简单地通过数据知识库使数据可获取相比，数据论文也为同行评议数据提供了一个机会。因此，对数据论文的引用被称为“金色引用”，对数据的引用被称为“银色引用”。由于数据论文自身引用数据集（对其再使用时可发现），所以，存储的数据集不再需要被引用；但是有一些数据库如 Dryad 不但要引用原始文献，也要引用 Dryad 数据包。

三、何时引用

在理想的情况下，所有相关的先前的研究都应该进行引用，这样它们在新知识产生过程中哪一个部分发挥了作用都会一目了然。为了确定合适的引用方案，首先需要考虑以下几种需要引用数据的情形。一是论文中包含并解释的数据。鉴于这类数据很难定位和引用，美国国家信息标准组织（National Information Standard Organization，NISO）的建议是将文章整体作为引用对象，分配一个 DOI 将该内容与文章链接[130]。二是作为论文补充材料的数据。NISO 的建议是如果该数据是文章的必要内容，那么在引用数据的同时需要将所属文章也作为引用对象。考虑到长期保存的需要以及减少同行评议者评阅大规模补充材料的负担，一些出版商对可以作为补充材料的数据进行了严格的限制[131]。三是存储在知识库中的数据以及在数据期刊上发表的数据。对这一类型的数据进行引用，可以有效提高数据的可发现性，并实现数据的关联，提供有关数据的情景信息。很多作者指南都鼓励作者在指定的数据知识库中存储数据，并为其数据添加访问号或 DOI。关于引用位置，不同指南有不同规定。有些建议将数据引用和文献引用均放置在参考文献列表中，有些规定单独设置数据引用部分。更详细描述的数据集，及其创建过程中的数据期刊的论文，应该同时引用数据论文及其原始数据集[107]。四是未出版的私有数据，由于缺少指向链接或访问这些数据的入口，目前来看尚无合适的解决方案。

第三节　数据规范引用对相关利益群体的要求

建立良好的数据引用是科研人员、出版商、数据中心或图书馆的共同责任。因此，在推进数据引用实践的过程中，需要这些利益相关群体不断转变自身角色。

一、对科研人员的要求

首先，科研人员应该认同数据引用规范。在依赖观察数据进行研究的学科，特别是基于大规模的公共设施产生的数据（卫星、天气、海域数据）或产生成本很高的数据（大强子对撞数据）进行研究的学科，对于如何处理和参考可获取的数据已经形成了最佳的实践，如生命科学领域，对数据共享和引用的实践走在前列，推动并建立了百慕大原则。基于该原则，基因序列数据在产生后 24 小时内应实现公开发布。在其他学科这一现象很少见，科研人员通常按照出版商的政策规定来处理数据，为保证出版政策与现有实践相匹配，需要科研人员社群的广泛参与。而作为科研人员及出版商代表的学术协会，在统一标准、减少差异方面可以发挥作用。学术协会应该积极采取行动，基于现有实践制定涵盖其整个学科范围的引用规范。此外，学术协会出版的研究论文占全部论文的 30% 以上，因此其出版政策在增强科研人员数据引用意识方面也可以发挥一定的作用[132]。

其次，科研人员应积极创建其数据集的元数据，并和数据一起提交到数据知识库中。基本元数据（最小数据集）就是包含在引用中的元素。也正因为如此，数据集也需要唯一标识符，以使其可以很容易地从相关论文和数据标题中区分出来。许多学科都有本学科的元数据标准，然而遵从元数据标准还需要得到相应的支持，这也正是图书馆和数据中心可以提供支持的领域。

最后，科研人员应有意识地使用唯一标识符，如 DOI。对于科研人员而言，如果唯一标识符使用起来无障碍，而且使用的益处也非常明确，那么应无条件地积极使用唯一标识符。同时，参考文献管理软件应该设置研究数据集选项，提供 DOI 或其他的唯一标识符，以降低科研人员的工作量从而推动数据引用最佳实践的产生。

二、对出版商的要求

首先，出版商应依据现有的引用规范或指南，制定统一的数据引用标准。其应与某一学科领域的数据中心协作制定这些标准，以帮助作者和评阅者更清楚地了解其引用要求，并确保作者和评阅者遵守这一要求[133]。目前在生态学、进化生物学和环境科学领域只有不足 10% 的期刊给出数据引用规范[134，135]。同样，期刊只有通过同行评议和编辑过程强制实施引用要求，才可以使目前的状况得到改善。

其次，出版商应在数据集元数据标准的采用方面发挥积极作用。高质量的元数据对数据再使用和促使数据引用的重要性不言而喻，出版商和数据中心都意识到了这一点。为了使用元数据标准，首先需要达成一致，并使作者、数据生产者、数据存储者/图书馆，最重要的是数据出版商认同并接受这一标准。出版商在与这些利益相关者合作的过程中发挥积极的作用，有助于推动现有规范的统一，并通过同行评议确保元数据的质量。过去《科学》和《自然》对基因数据所采取的强制性政策就是很好的例证。

再次，出版商应积极推动数据唯一标识符的使用。唯一标识符是简短的名字或字符串，是独立于数据位置并永久且唯一的标识数据集。期刊、数据中心所提供的推荐和政策中应该详细描述数据唯一标识符的引用要求。

最后，鼓励出版商进行数据出版。多数人已经意识到通过引用链接基本数据有助于提高传统文献的价值，甚至呼吁建立新型的数据出版物——数据期刊，这样可以增加一种重要的基本元素，通过知识产权的形式解释数据的特殊价值。

三、对数据中心或图书馆的要求

首先，数据中心或图书馆应参与建立统一的数据引用规范，明确指出希望数据被如何引用，考虑各种粒度上的引用应该如何完成，并确保出版指南将描述详细的引用规范提供给用户。此外，还应与出版商充分沟通，使出版商了解其要求。数据引用尽可能地简单对鼓励科研人员引用数据非常关键，而数据中心或图书馆可在这方面发挥重要作用。其可以考虑在数据集登录页面（提供数据集的相关信息的网页）提供数据集推荐的引用格式，或者可以上传参考文献管理软件的格式。登录页面也应该提供与相关出版物的链接方式，以提供更多的有关某一具体数据集价值再使用的信息。GBIF 自 2008 年就制定了数据引用规范，并在其白皮书中指出，数据引用需要进一步发展以达到与传统文献引用同等的地位，具体工作包括重新考虑数据的著作权、加强利益相关群体之间的沟通、明确数据出版商出版与引用数据的要求、设计更灵活的引用格式以适应不同数据类型的差异，从而确保引用规范的持续性，并强化工具的整合，减少引用工作量。

其次，数据中心或图书馆应在支持并促进唯一标识符使用方面发挥积极作用。和出版商一样，数据中心所提供的引用格式也应该涉及唯一标识符。由于不同学科引用粒度存在差异，因此数据中心需明确其数据最合适的引用单元。例如，在生物多样性学科中有 15 个数据聚合器和 11 种不同的引用格式，这使得科研人员感到十分混乱和困惑[136]。因此，同一个学科若能使用同一标准，引用的难度将会大大降低。这就需要数据中心做更多的工作以帮助统一规范。

第四节 本章小结

规范数据引用有助于推动科研人员开放共享数据并促进进一步创建、再使用和出版数据。科研人员通过使其数据可获取而获得引用荣誉，证明其工作的价值，这会帮助他们获得进一步的资助，使其可以进一步创建、出版和再使用数据。对于引用者而言，提供数据链接或引用的论文会获得更多的引用信息。虽然在数据引用方面目前已有很多探索和实践，但是仍然存在诸多问题和挑战，主要是技术方面的问题（如基础设施和标准）或文化、社会方面的问题（如作者没有意识到数据引用的要求、不确定引用哪些数据、如何引用数据、什么时候和在哪里引用数据等）。推进数据引用实践，应从以下几方面进行努力。

第一，需要花费时间让科研人员接受这一事物。科研人员如果没有认识到数据引用的益处，会认为数据引用所需要花费的精力（提供充分的元数据使其他人可以引用自己的数据，确保他们以合适的方式引用了所使用的数据）不可容忍，因为这些工作没有任何回报。第二，需要制定有关数据引用的计量指标，并嵌入当前的认知和奖励系统中。一方面为数据中心和研究资助者进行决策或制定策略提供支持，另一方面强化数据创建者遵从数据引用规范的意识[3]。第三，应该使用永久标识符独一无二地标识和定位数据集，由数据出版商（数据中心、数据库、图书馆、出版商）分配标识符，使数据集易于发现和使用。当科研人员使用永久标识符引用或参考数据时，出版商应该确保通过编辑过程使这一需求得到满足；同时在参考文献中应列出对所使用的永久标识符的引用信息，以实现数据引用计量指标的计算。第四，出版商和数据中心需要通过指南，进一步鼓励科研人员引用数据，同时也使同行评议者了解其实施的引用标准和格式，以确保引用的数据是合适的，并且位于论文中正确的部分。出版商也应该与数据中心和资助者一起协商制定数据引用计量指标，用于监测和评价数据的引用情况，提供数据在出版之后多长时间内被引用和再使用的证据。第五，书目工具提供商应提供渠道使科研人员可以很容易地增加其格式是数据集的参考文献，并上传数据中心所提供的书目元数据作为数据集。第六，数据集作者及其贡献的界定需进一步明确。第七，应分别明确应引用数据论文与引用数据集的情况。第八，数据中心、出版商和科研人员之间应加强交流，以确保所制定的任何新的标准和指南均适用于现有的实践。

总之，不同利益群体如何协同工作，采用何种方式让科研人员看到数据引用的价值和益处，以及约束其遵守出版商和数据中心制定的引用指南，仍然是一个需要不断探索的课题。

第五章　科学数据管理服务构建要素与过程

第一节　科学数据管理服务构建要素概述

总体而言，科学数据管理服务的构建要素大致可以分为三类：一是用于决定提供数据服务类型的总体监管框架，以数据政策和战略的形式存在；二是在数据生命周期关键点提供的具体基础设施和服务，以指南、过程、技术、服务的形式存在；三是支持员工协助的数据服务吸收和使用，以服务的形式存在。

战略：明确机构数据管理的总体愿景，以及它与机构的使命和优先事项之间的关系，并概述数据管理的主要发展目标和原则。

政策：战略的具体化实施方面，使战略通过正规程序得以落实，不仅仅是数据管理政策，也包括其他一组互补的政策条例，涵盖知识产权和开放性等相关问题。

指南：提供政策如何实施的细则，通常是针对一个特殊的用户组（如某一具体学科领域用户组）进行描述，界定具体的活动、角色和责任。

过程：在数据生命周期内指定和规定活动，包括针对具体项目的数据管理计划支持活动、数据处理活动、数据向核心应用系统的迁移、用于保存的数据的选择等，需要注意的是在这一过程中要尽可能使用标准和标准化的程序。

技术：支持数据管理使其得以实现的技术基础设施，包括数据存储和网络基础设施、允许存储和传输数据的基础设施等。

服务：为最终用户访问数据平台，以及用户使用涵盖数据整个生命周期的支持服务，提供培训和帮助，包括支持数据管理计划的撰写、咨询服务以及数据素养培训等服务。

这几个要素中，政策和战略帮助确定机构数据服务的路径、规划数据服务工作的内容。在数据生命周期的一些关键环节，需要一系列基础设施和支持服务。政策和战略，有助于确保数据服务基础设施和相关支持服务的可持续性。机构和研究资助者往往要求提交数据管理计划，所以数据服务机构需要提供指南、模板、工具和咨询服务，以支持数据生命周期初始阶段的活动。与此同时，为了管理科研项目进展过程中的数据，需要有相应的基础设施和服务，来提供数据存储、开放获取和协同工作。当然，并不是所有的数据都需要保存和共享。

在数据选择和迁移的过程中，需要图书馆员帮助科研人员确定哪些数据具有长期价值，建议科研人员选择恰当的服务方式实现这些数据的长期监管。为了保存有价值的数据、促进这些数据的再使用，需要建立数据目录和数据知识库。当然，由一个机构单独提供所有这些要素是不可能的，因此机构间的协作是必需的。目前，在学科、国家和国际层面已经出现了一系列数据管理的基础设施和服务，图书馆需要提供一系列指南、培训，以支持科研人员有效使用这些基础设施和服务，具体包括提供建议和帮助的网站、实时咨询服务、针对不同用户的个性化培训和咨询等。此外，人员支持，即服务机构的相关人员可以就合适的基础设施和工具为科研人员提供有针对性的建议和支持也不能低估。

第二节　科学数据管理服务构建要素解析

一、政策、战略和业务规划

（一）政策

学术交流体系中数据管理的重要性不断提升，促使许多大学制定数据管理的政策、战略和业务规划，并将其作为提供科学数据管理服务的第一步。大多数机构通过识别需要开展的活动，从调查科研人员的数据管理实践和机构现有的、能为数据管理提供支持的基础设施开始。通过了解当前的状况，机构可以规划出一个提供基础设施和服务的业务路线。政策有助于确定机构核心的数据管理原则，建立提供数据管理支持的框架。就建立全面监管框架而言，从哪里开始取决于机构的具体情景。

制定政策时，进行广泛的咨询是关键的、必要的。为了制定政策，首先需要了解机构中不同利益相关者扮演的角色、关注的问题、具体的需求，如此才能保证所制定的政策令人满意且符合现实需要。根据政策制定过程中得到的反馈，不断调整优化政策，以确保政策真正服务于预期的目标。下面的一些例子对数据管理政策应包含哪些内容有一定的启发意义。英国研究诚信办公室的研究实践法则（*Research Integrity Office's Code of Practice for Research*，UKRIO），提供了数据收集、使用、存储和保存的共同期望，可以作为制定数据管理政策的有用基础。英国数字监管中心对英国科研资助机构的数据管理政策进行了整理[135]，发布了一个政策简报[136]，这是英国一些大学在制定数据管理政策时经常参考的资源。此外，也有一些来自澳大利亚和美国大学的经验[137]。其中，墨尔本大学作为最早发布数据管理政策的机构，为牛津大学数据管理政策的制定工作带来了许多启发[138]。

数据管理政策草案形成以后，需要进行再审核以确保其可理解性，并确保其涵盖数据管理的关键点。数据管理政策草案协商一致后，还要通过大学高级管理层的批准，这个批准的过程可能需要反复多次并花费相当长的时间。鉴于此，在起草政策的时候，确保语言尽可能地精炼、内容尽可能地简短是非常有用的。与数据监管同样重要的一个步骤是推动数据管理政策的实施。需要注意的是，随着数据管理支持服务的不断发展，需要对数据管理政策进行定期更新。为此，就需要有专门的人员负责数据管理政策的维护工作。当然，最有挑战的任务还是真正地实施数据管理政策，因为政策一旦批准，就意味着需要对基础设施进行进一步修改和完善，对具体的工作实践进行调整。爱丁堡大学采用的方法是先试点推行，即选择在一系列领域进行尝试实施，通过总结这些试点实施情况的经验和教训，再全面落实规划方案。爱丁堡大学得出的经验是，建立数据管理与科研人员职业发展之间的关联，对数据管理政策的有效落实是非常有价值的一种激励方式。

（二）战略

为了确保机构数据管理服务稳步有序地推进，必须有清晰的战略规划。为制定战略规划，机构应该明确实现数据管理的几个关键的目标及实现目标需要经历的几个阶段。在制定战略规划时，有了解机构目前的状况、确定未来发展方向、设计实现这一过渡的活动方案三个重要步骤。

在制定战略时，数据服务用户需求分析是关键的一步。了解机构目前的状况，需要先了解机构目前的工作场景。例如，哪些内部和外部因素可能影响数据的管理和共享，存在哪些对机构有影响的科研行为规定、资助机构政策、国家和国际法律，以及不同机构之间共享数据的合作协议等。与此同时，还应该了解机构的使命，思考数据管理活动如何尽可能地为机构使命的实现提供支持。评价机构现有的一些支持措施，明确其与预期目标之间存在的差距，并规划需要提供的数据管理服务内容和方式。

现有的案例可以为机构制定数据管理战略带来一些启发。莫纳什大学在再使用创作共用协议下共享其数据管理战略，英国数字监管中心将制定数据管理战略的经验整理到英国工程和自然科学研究委员会（Engineering and Physical Sciences Research Council，EPSRC）的路线图和英国大学的数据管理战略中[139]。英国大学建议比实现EPSRC提出的目标想得更深远一些，因为就数据管理而言大多数研究资助机构有类似的期望。爱丁堡大学的数据管理路线图在四个关键领域，有组织、有计划地开展工作[140]，每一个工作领域都列出了一系列目标，伴随着具体的行动、预期成果和完成日期。

（三）业务规划

高级管理层的承诺和资源的投入对科学数据管理服务的构建和可持续性发展是极其重要的。许多大学依靠从外部获取的资助，如英国联合信息系统委员会（Joint Information Systems Committee，JISC）管理科学数据委员会的资助而取得了重大进展。然而，过渡到完全嵌入式的科学数据管理支持服务还需要来自机构的进一步资助。许多英国大学开始发展针对数据管理的业务案例，并且出现了几个典型的成功案例，如布里斯托大学（University of Bristol）和爱丁堡大学[141]。

通过 JISC 资助的 Data.bris（https://data.blogs.ilrt.org）项目，布里斯托大学才得以实施先导性的科学数据管理服务。它基于一个针对数据存储设施的独立的 200 万英镑的机构投资而发展，围绕这个设计了科学数据管理服务的层级。在 Data.bris 项目快结束时，项目团队规划了在 2013~2015 年实施的科学数据管理服务业务方案。该项目资助了五个员工，其中，一个是服务总监，三个是数据馆员，一个是技术支持人员。这些员工为科研人员创建数据管理计划提供支持、培训并选择合适的数据集存储在数据知识库中。而在同一时期爱丁堡大学获得了 200 万英镑的资助，并将其一分为二，一份用于技术基础设施建设，一份用于人员建设。以科研团队为单位，为每个科研人员提供大约 1TB 的数据存储量。与此同时，图书馆、IT 部门、科研办公室的工作人员将进行技能重建，为数据管理服务的开展提供支持。

总之，业务规划应有助于促进机构使命的实现，并尽可能详细地描述可以预测到的投资回报率。布里斯托大学的经验表明，让利益相关者发现开展数据管理的潜在益处，比让其遵从资助机构的要求，更容易赢得广泛的合作和影响力，对高层管理者也能产生更大的说服力。与此同时，考虑提供设置服务的不同层次的逐步实现，也有助于确保方案不会被立即否掉。例如，设置跨越3年、5年，甚至 10 年的阶段性规划，让科学数据管理服务从小规模做起，不断拓展和壮大。最后，还需要特别强调的是服务成本问题，应考虑是否收取服务费用，或者是否通过与其他的组织开展共享合作式服务来降低服务成本。

二、科学数据管理计划

（一）科学数据管理计划的要求

很多科研资助机构都对数据管理和共享计划提出了相应的要求，如美国的国家科学基金会（National Science Foundation，NSF）和国家健康研究院（National Institutes of Health，NIH）。加拿大基因组（Genome Canada）、戈登和贝蒂·摩尔基金会（Gordon and Betty Moore Foundation）也提出了数据共享计划要求。此外，许多研究型大学陆续颁布了本机构的数据管理政策要求，鼓励科研人员创建数据管理计划。

遵从资助者和机构的政策，有时尽管很重要，但这并不是鼓励实施科学数据管理服务的唯一原因。其实，在撰写数据管理计划的过程中，科研人员可以获得很多益处。从长期来看，在项目开始阶段就去考虑数据管理的问题，有利于促使科研人员做出明智的决策，避免因数据丢失造成的风险；考虑创建哪些数据、如何创建等问题，有助于科研人员对其研究的问题深思熟虑；为了解决数据存储和共享的问题，科研人员还了解到他们在哪些地方可以得到必要的支持。同时，科学数据管理计划对机构也是非常有用的，它们为机构提供了一个机会，收集所期望的数据集规模的详细信息，为整个系统基础设施的规划提供参考；有助于机构识别需要存储在机构知识库中的数据集；也允许早期参与数据管理的服务人员证实机构所设计的科学数据管理服务方案的适用性。

（二）指南、培训和其他支持材料

提出科学数据管理计划要求的机构，应该提供相应的模板或指南，介绍机构要求的数据管理计划中应该包含的具体内容模块并提供样例。例如，赫特福德大学（University of Hertfordshire）提供了数据管理计划模板作为数据管理政策的附录文件。它列出了应该涵盖的 7 个主题和一系列有用的问题，作为对数据管理计划需要解决问题的说明[142]。其他一些机构针对具体的用户开发了数据管理计划模板，如巴斯大学（University of Bath）的 Research360 项目针对研究生开发了模板[143]。美国的威斯康星麦迪逊分校的数据管理计划指南[144]和麻省理工学院图书馆的数据管理计划核对清单①、英国数字监管中心的数据管理计划核对清单的不断修订也在一定程度上证明了其有用性。

与此同时，还应该提供针对具体学科的数据管理实践指南。实际上，很多机构希望为某些领域的数据管理工作规定一组推荐的方法，如如何存储和备份数据。科研人员通常不熟悉他们可以从机构获取的支持，所以提供相关的数据管理培训，增强科研人员对数据服务的了解并提供有关支持的链接是非常重要的。美国密歇根大学政治与社会研究校际联合数据库（Interuniversity Consortium for Political and Social Research，ICPSR）为创建数据管理计划提供了非常有用的框架，同时提供样例指南[145]。一些机构将一些质量较高的数据管理计划汇编起来以供科研人员学习和再使用。

为了针对数据管理计划对科研人员进行培训并提供更深入的咨询服务，爱丁堡大学开发了在线学习课程，涉及数据管理计划的部分作为科学数据 Mantra 培训资源的一部分[146]。科学数据 Mantra 培训资源包括一般的指南、视频和互动练习。一些机构也通过一对一的咨询，为科研人员撰写数据管理计划提供个性化的帮助，如弗吉尼亚大学图书馆的数据管理计划咨询工作组[147]。

（三）科学数据管理计划工具

英国数字监管中心 DCC 参与数据管理规划工作始于 2007 年，Lyon 的处理数据报告指出，每一个被资助的研究项目，都应该提交一个结构化的数据管理计划，作为项目申请书的一部分，接受同行评议[148]。2009 年，DCC 对英国主要资助机构所描述的数据管理规划要求进行分析[149]，并结合其在数字保存方面的知识和经验，提出了普遍的、综合性的数据管理计划核对清单[150]。其后来发现，这一核对清单，从本质上来讲，对于刚开始接触数据管理问题的研究者而言，过于冗长和详细。为了克服清单不够灵活的缺陷及缩减令人望而却步的清单长度，DCC 开发了在线工具 DMP Online。该工具首先呈现给用户的是一组问题，这些问题是根据具体资助机构的要求而选择和组织的，与此同时，还根据科学研究所处的阶段（如资助前、项目进行中、项目完成后）对问题进行组织。

DMP Online 可以帮助科研人员、数据监管者和其他利益相关者创建、维护和输出数据管理计划。该工具可以帮助科研人员明确他们与数据相关的角色和责任，识别在每一个过渡阶段可能存在的风险，确保数据在其从数据创建者向后续的一系列相关者传送的过程中，形成恰当且安全的监管链条。当科研人员申请资助时，DMP Online 提供一个模板，该模板将 DCC 的款项与具体资助者的要求一

① MIT Library. Data management for the science[EB/OL]. http://guides. library.ucla.edu/c.php?g=1805398&p=1190233.

一对应起来，通过回答DCC所列的问题，科研人员同时满足了资助机构的要求。在申请阶段，如果申请资助的科研人员所申请资助的机构没有明确的数据管理要求，那么 DMP Online 将提供一个通用的模板，用户可以根据自己的需要进行修改。DMP Online 的用户需要注册，尽管使用是免费的，是开放给任何有邮件地址的人的。网站和用户界面设计的目的是使不同资助机构的要求直接映射到DCC的对应款项上，同时提供屏幕指南和链接提示以帮助科研人员完成数据管理计划。用户可以选择以各种格式（PDF、DOCX、XML、CSV 等）来输出数据管理计划或其中的一部分以满足不同利益相关者的要求。

此外，一些研究机构协作开发了与 DMP Online 类似的工具 DMPTool，并且在美国提供类似的服务。2011 年 8 月 DMPTool 测试版推出，2011 年 11 月正式发布，允许用户编辑、保存、共享、打印和下载。它的目标是宣传数据管理、数据共享和保存的重要性及实践的重要性，强调除了满足资助机构的要求外，最佳实践的作用；使机构能够对 DMPTool 进行改造和开发以满足本地的需要；促使 DMPTool 的用户和开发者形成一个开源社区；保持项目的透明性以促使社区的参与；扩大工具的深度和宽度，以满足更多的资助机构的要求；使不同利益相关者进行合作，包括服务、专业知识和监管；为整个数据管理生命周期提供支持；满足不同类型用户，如数据管理计划创建者和管理者的需要。

一旦登录 DMPTool，两种类型的用户（创建者和管理者）都可以看到一组演示板，该演示板提供了一组活跃的科学数据管理计划，显示它们目前的状态，以及创建新规划的模板。机构管理者通过管理界面为本机构的科研人员创建科学数据管理计划模板。可以针对机构内的不同群体设计模板，建立针对具体学科的问题帮助文本和有用的指南。这些都可以自行完成，不需要联系 DMPTool 团队的员工来更新具体机构的资源或信息。虽然一个人就可以对创建文档负责，但是项目内外都有许多利益相关者，想要为创建科学数据管理计划做出贡献。另外，同一个项目有多个利益相关者时，需要共同创建数据管理计划。DMPTool 允许一个计划有多个所有者，科学数据管理计划的创建者可以指定具体的用户，允许他们进行编辑或对数据管理计划提供反馈。创建者可以选择使其数据管理计划在机构内开放获取，DMPTool 提供对这些开放获取的数据管理计划的检索。这些数据管理计划样例可以作为创建者创建科学数据管理计划时的参考资源。

三、管理项目过程中的科学数据

在提供数据管理服务支持研究项目进行过程中的数据管理时需要考虑两个关键问题：一是要提供存储大规模数据的基础设施，进行数据的广泛存储，确保数据的再使用；二是相关的应用系统要满足科研人员所要求的灵活性和功能性，实现研究过程中数据的存储、获取和共享。

（一）数据存储

如果并不清楚机构所创建的数据规模的大小，或者并不知道这些数据存储在哪里、是否进行了备份，那么开展一个基础研究了解数据的规模是很有价值的。已有的相关研究已经揭示出大量通过手工的方式进行数据存储的方法，通常是非正式的一些方法，如存储在个人电脑或者移动存储设备上。国际机构的政策产生了一些典型的结果。如果机构的信息技术部门对数据存储收取管理费用的话，科研团队通常会选择购买便宜的存储设备或者将数据存储在自己的电脑上。然而，从长期来看，这种方式下数据丢失的风险和安全性被破坏的风险更高，可能导致产生更多的成本。

为应对这一风险，许多大学免费提供大规模数据存储服务。一些大学利用高性能的计算设备，另外一些大学扩展现有的文件存储能力，或者探索安全的云存储方式。无论采用哪种路线，让终端用户参与大规模数据储存服务，以确保选择满足用户需求的存储方式是非常关键的。为了支持数据存储，机构还需要设计进行存储分配和管理的流程，可以参考 Data.bris 项目设计的模型。在布里斯托大学，科研人员需要以数据管家（data steward）的身份签署协议，以获得 5TB 的存储空间，然后确定谁有权获取数据或者数据保存多长时间。超过 5TB 存储，则收取费用，收费原则是一次付费享受终身，所谓终身其实是 20 年。预计数据量会超过 5TB 的项目负责人（principal investigator，PI）要求在资助申请的预算中考虑这一费用。

云存储服务被认为是减少存储成本的一种选择，对服务人员的专业知识技能要求也不高。它满足了科研人员灵活获取的需求，科研人员及其任何合作者无论在任何位置都可以获取和使用数据。然而，当数据通过一系列工具进行全球发布，与不同的不相关的用户社区共享时，确保数据的安全成为最大的挑战。选择云存储服务进行数据存储，需要衡量风险和成本，从而做出选择。英国数据监管中心提供了有关云存储数据监管的白皮书，可以作为机构选择云储存服务时的参考[151]。英国数据监管中心也推荐机构使用 JANET Brokerage[152]，因为 JANET Brokerage 的目标是建立提供者和高等教育部门之间的联系，建立起有关动态可利用资源的一个社区云平台。此外，Microsoft、Amazon Web Services、Google、Dropbox 和 Microsoft Azure 也是不错的选择。

（二）开发数据管理系统

在数据存储和获取方面，不断发展的一个趋势是构建开放的、协作的数据管理平台，允许所有协作者无论身处何处，都可以对数据进行存储。此外，这一平台还支持常规的备份、长期归档和数据共享，并支持在移动设备上备份和同步数据。特别需要注意的是，平台设计需要考虑合理的存储容量以及系统功能灵活性的问题，以适应科研人员广泛的工作实践需求。如上所述，科研人员经常使用Dropbox，因为它允许科研人员访问和处理来自多个设备的数据，并自动同步。远程工作和协作通常比通过集中管理的网络存储操作更容易，特别是当有其他组织的合作伙伴时。然而，由于认为使用第三方的服务存在安全和法律风险，许多大学坚持开发可以被安全控制的服务平台。例如，林肯大学和爱丁堡大学都使用OwnCloud[153]，牛津大学开发了DataStage[154]，作为科研团队分享其数据和协作的工具。

另外，也可以开发涵盖整个数据生命周期的完整的数据管理系统。例如，曼彻斯特大学，MaDAM 项目[155]与生物医学研究人员合作开发的原型系统，以及一些具体学科领域的应用系统，如OMERO[156]和BRISSkit[157]。OMERO针对显微镜图像数据处理数百种图像格式，允许科研人员将他们的所有图像收集到一个安全的中心数据库中，从而通过互联网提供、获取，从任何地方查看、组织、分析和共享数据。BRISSkit设计了一个由Janet（UK）（http://www.jisc.ac.uk/janet）负责的国家共享服务的，实施和部署支持管理和整合的生物医学数据库应用系统，支持有临床数据的组织样本和电子病历记录的管理和整合。

莫纳什大学开发的科学数据管理平台特别具有参考价值，其采取了“采纳、适应、发展”的战略。例如，如果一个科研团队已经有了自己的解决方案（或者有一个新兴的解决方案），那么机构会选择适应这种方式。开发一个全新的数据管理平台只作为最后的选择。因为开发新产品成本高且维护费用高，而且可能会使科研人员从他们的研究社区中脱离出来。通常情况下科研人员更愿意遵循研究社区的实践规范，因此，在平台选择和开发的过程中与科研人员进行互动沟通是确保科学数据管理平台适用性的关键。

四、科学数据选择和转移

（一）科学数据选择

保存所有的数据既不现实也不理想。虽然选择保存哪些数据有一定的成本，但与长期有效管理数据以便其能够被发现和理解的成本相比，这个成本是很低的。英国研究委员（Research Councils Uk，RCUK）会希望有“长期价值的”数据被长期保存，使其在未来的研究中可检索、可使用[158]。而且他们要求数据管理活动在使用公共资助的资金方面应该是有效的。如果机构确保对公共资助资金的合理使用，为了优化长期监管数据的过程，进行有价值的数据选择是必要的。

建立选择过程的第一步是确定与机构使命相一致的数据类目。排在第一位的从法律上讲，应该通常是为了遵守合同或者规定，机构有义务保存的数据。英国数字监管中心提出了以下 7 条评价和选择用于监管的数据的标准[159]。

与机构使命相关：资源内容符合该机构使命或资助机构政策，包括保留数据超出其即时使用的任何法律要求中所述的任何优先事项。

科学或历史价值：具有科学、社会或文化意义的数据，评估这一点涉及从当前研究的证据和教育价值推断预期数据的未来使用。

唯一性：资源是可以从中获得信息的唯一或程度最完整的来源，要考虑到其如果不被接受是否存在丢失的风险，或是否有可能在其他地方被保留。

重新分配的潜力：可以确定数据文件的可靠性、完整性和可用性；符合指定技术标准的格式要求；知识产权或道德问题能够得到解决。

不可复制性：复制数据/资源是不可行的，或者成本过高。

经济性：管理和保存资源的成本可以估计，且有保障。

完整性：未来发现、获取和重用所需的信息是全面和正确的；包括资源来源的元数据及其创建和使用的情景。

也有其他一些有用的数据选择工具。例如，自然环境研究委员会（Natural Environment Research Council，NERC）制定了一个数据价值核对列表，以问题的形式确定哪些数据可以存储在环境数据中心[160]。该清单是一个加权的标准清单，其作为问题帮助确定哪些数据具有长期价值。英国数据服务（UK Data Service）开发了一个数据评估工具，同样使用一组标准来确定哪些数据应优先选择[161]。在北美，美国地质调查局（US Geological Survey）提供了一个记录评估工具来确定哪些数据要保留[162]。

（二）科学数据转移

数据往往由不同的群体在研究活动阶段和随后的长期监管中进行管理。数据转移通常是发生在将数据传输到数据知识库的过程中的。在某些情况下，数据可能会继续存放在活跃的数据存储工具上；然而，这并不理想，因为可能会在无意中被更改，数据损坏或删除的风险更大。已经选择用于长期保存和共享的数据应存储在一个单独的、妥善管理的环境中。

数据知识库应该清楚提供什么服务。指南应明确哪些数据属于知识库的收录范围、哪些数据将被接受、哪些是优先领域，还应该明确规定可以采用的不同程度监管的结果，至少，应分配和记录元数据以便于发现。在数据不能共享但必须保留一段时间的情况下，知识库可以选择基本归档（即存储、备份和执行周期性完整性检查）。当数据可以共享时，应根据数据集的条件和预期的再利用水平增加处理程度。可以提供不同的访问级别，从封闭或有时滞期的访问、各种限制级别的访问（如注册用户或某些批准的社区）到公开访问。这些条件需要在存储时与数据的创建者进行协商。

科研人员还需要知道在转移过程中需要达到的要求是什么。存储协议、元数据指南和数据传输表将有助于澄清流程并简化信息的提供。存储协议规定了有关存储人和服务提供者责任的条款和条件。协议应该赋予知识库权限以操作数据，因为长期保存可能需要将数据迁移到新的格式，还应允许知识库保留由于法律或其他原因撤回数据的权利。存储指南和存储协议的例子可通过英国数据服务[163]和爱丁堡 DataShare 知识库[164]获得。

提供工具来简化数据的存储也至关重要。在英国，JISC 已经支持开发了各种工具，以促进知识库的存储。例如，DataFlow[165]和 SWORD-ARM①项目均利用 SWORD2 协议来简化存储过程，SWORD 的博客上列出了几种存储方案②。其他工具如 DepositMOre③和 Dash[166]通过嵌入数据存储选项，使用广泛应用的软件（分别为 Microsoft Word 和 Excel）进行直接存储。Dash 还旨在简化元数据的创建，以减小科研人员进行数据存储的障碍。总之，提供符合科研人员实践的数据存储工作流程，有助于更好地实现数据摄入。

五、共享和保存科学数据

（一）数据知识库

目前已经出现了许多数据知识库，一些数据知识库是面向具体学科领域的或具体研究社区的，一些数据知识库与出版商有关，而更多的是大型的国际数据中心，如世界数据中心（World Data Centre，WDC）。通过 Databib[167]，机构可以获得来自世界各地的数据知识库列表，Databib 显示了每个数据知识库支持的主题领域，对数据的访问、许可协议和所使用的标识符的所有限制。但是，Databib 不

① SWORD-ARM project. http://archaeologydataservice.ac.uk/research/swordarm. 2012-03-05.

② SWORD blog. http://swordapp.org/2012/07/data-deposit-scenarios.

③ DepositMOre blog. http://blog.soton.ac.uk/depositmo.

包括任何质量保证的信息。因此，机构一般选择将那些已经达到公认的知识库标准的数据知识库推荐给科研人员存储数据。

使用已建立的数据知识库的直接好处是它可以提供现成的解决方案，不仅可用于存储数据，而且可用于发现和获取相关领域的数据。尽管科研人员有存储数据的责任，但是指定的数据中心，如由英国数据服务公司和国家自然环境研究委员会提供的数据中心，应用严格的标准来确定数据是否能被接受。一些数据知识库收取存储费用，如考古数据服务（archaeology data service，ADS），期望从资助的考古调查中涵盖存档成本，费用在存储数据时一次收取。在决定将任何数据管理策略整合进数据中心之前，机构都应该去了解每个数据知识库的参与要求。

很多机构通常已经创建了机构知识库来存储研究出版物而不是数据，因此它们的技术基础设施可以在无须开发或购买全新软件平台的情况下进行扩展，以支持数据的存储。如果计划使用现有的知识库来管理数据，建议向使用相同的知识库软件的机构寻求建议。剑桥大学和爱丁堡大学都基于 DSpace 平台开发数据知识库，其他一些机构则探索使用 CKAN（comprehensive knowledge archive network，即综合知识存档网络）对数据进行编目和存储。如果使用 ePrints 平台，则需要嵌入由英国数据档案（UK Data Archive）和埃塞克斯大学（University of Essex）生产的 ReCollect 插件（http://bazaar eprints.org/367/）。这将传统的 ePrints 安装转换为一个数据知识库，其扩展的元数据用于描述数据（基于 DataCite、INSPIRE 和 DDI 标准）和重新设计的数据目录复杂的数据馆藏。此外，数据长期存储也可以外包给承包商，如 Arkivum（http://www.arkivum.com）。加利福尼亚数字图书馆（California Digital Library）提供 Merritt（http://www.cdlib.org/services/uc3/merritt/index.html），它是一个由许多微服务器构建的知识库。有趣的是，个人服务如 EZID（http://www.cdlib.org/services/uc3/ezid），是一种提供永久识别标识的工具，其向社区提供建立社区自身的服务。如果正在建立自己的数据知识库，那么这将是一个值得研究的模式。

（二）数据目录

为了发现和重复使用数据，需要对数据进行适当描述。英国研究委员会在这方面发挥了重要作用。它要求研究机构提供所持有数据的元数据在线获取，以支持数据的可发现性和可重用[158]，还提出了对永久标识符的要求。在这里，国际 DataCite 联盟的工作是值得关注的。通过与数据中心合作，DataCite 将数字对象标识符分配给数据集，并开发基础设施以支持简单有效的数据引用、发现和获取。相关内容可通过大英图书馆网站获取，该图书馆在 2012~2013 年举办了一系列研讨会，以支持研究机构实施 DOI。

澳大利亚的做法也特别值得借鉴。澳大利亚研究数据（Research Data Australia，RDA）是国家层面的科学数据目录，描述并提供各类澳大利亚科学数据馆藏的链接。RDA 由澳大利亚国家数据服务（Australian National Data Service，ANDS）与澳大利亚大学合作提供。许多元数据知识库已经通过 ANDS“seeding the commons”资助计划得到支持，这些内容被收割到国家 RDA 目录。英国的 JISC 和 DCC 也在探索从国家层面整理元数据，使用一些比较试点研究来从更广泛的社区吸取教训，为开发国家数据目录提供参考。DataHub 是一个数据注册管理机构和知识库，由非营利开放知识基金会使用其开源数据中心软件 CKAN 维护。

一些英国大学参与定义描述数据集所需元数据的工作。牛津大学 DaMaRO 项目（http://damaro.oucs.ox.ac.uk），应用三层元数据方法，开发 DataFinder 工具。三层元数据分别是：强制性最小元数据——从 DataCite 元数据扩展的一组 12 个字段；强制性管理信息，如资助者详细资料及项目编号；可选的具体学科的元数据，以实现重用。埃塞克斯大学采用类似的三层方式，其模式（可通过 ReCollect ePrints 插件提供）是通用元数据模式和社会科学数据的特定学科标准的组合。另有一组参与 C4D（CERIF for datasite）项目的大学，探索创建欧洲共用研究信息技术（common European research information format，CERIF）扩展的选项标准来描述数据集。使用可接受的标准是提升数据的可发现性并使其符合 OpenAIRE（http://www.openaire.ell）提供的全球元数据收割措施的关键。

高等教育机构主要关注以无缝的方式收集元数据，尽可能集成系统，以避免给科研人员造成额外的负担，并确保遵从标准，以便在需要时能够输出到任何国家级平台。在考虑如何捕获元数据时，应探索如何自动从相关系统收割数据，并考虑不同的元数据存储选择；可以对现有的存储库或研究信息管理系统进行扩展，或者可以利用专门的元数据存储模型，如 ANDS 模型。

六、指南、培训和支持

对科研人员而言，使用数据生命周期的每个阶段所提供的各项支持服务，都希望能够找到相应的、丰富的指导材料、培训和其他支持。所提供的支持应该包含多个层次：提供一些通用建议，如通过机构数据管理网页提供更多的个性化或团队支持；提供一对一的咨询会议来帮助资金有限的科研人员定义创建、管理和共享其数据的相关方法；提供一系列的选项来吸引不同的团体。因此，开展数据服务的机构应该广泛思考什么样的支持对机构的研究社区最有利。

（一）指南

在数据管理的各个方面，科研人员都需要获得基本的指导。一些大学建设了网站来整理数据管理最佳实践并直接为科研人员提供本地支持[168]。支持的范围包括从科研项目申请、创建和管理数据到长期保存和重用数据的整个研究生命周期。提供给科研人员的指南，一般而言应结合实际，如对结构化管理、命名数据文件、数据版本管理、控制获取和确定进行存储的相关知识库给出符合学科实践的具体建议。已经出现了很多优秀的实践指南，如 UKDA 有关管理和共享数据的指南[169]，机构在设计自己的指南时可以参考这些资源。

数据管理网站的内容，通常可以在对现有资源进行检索、审核和重新组织后而形成。可以使用常见的数据管理相关术语（如知识产权、数据所有权、存储库、知识库、存储、备份和研究计算等）来搜索相关内容。一旦初步材料整理完成，在不断完善的过程中，可能还会发现一些其他相关内容。一些大学设置了通用电子邮件地址来过滤数据管理查询。可以使用现有的咨询系统来节省资源，通过开发典型问题的模式来辅助常见问题查询。同样值得一提的是，一些研究已经确定了通用的常见问题清单[170]。突出服务团队的联系方式，或者将科研人员介绍给开展相关培训课程的员工，让科研人员了解遇到问题时可以及时联系的相关人员，有助于科研人员更加充分地利用数据管理服务。

（二）针对科研人员的培训

针对科研人员的数据管理技术培训最好是与大学教师或学科数据专家（如数据中心聘用的数据专家）合作进行，以确保内容的相关性和有用性。也可以通过与处于职业发展早期阶段的科研人员的合作，将培训嵌入其日常的研究流程中；一种效果显著的低成本方法是将数据管理的相关信息整合到现有的适应性教育或者博士核心技能课程中。这里有两个典型的例子：一是 Open Exeter 项目[171]，它在制订培训计划的过程中吸纳博士生参与；二是 DataTrain Initiative[172]，它建立起科研人员和数据中心数据专家之间的联系。

大量的培训材料已经可以重新使用。在英国，JISC MRD 计划包括许多对数据管理培训项目有帮助的信息。一种是针对具体的学科开展专门的培训。JISC MRD 计划包括的材料涵盖考古学、地球科学、心理学、健康和创意艺术等学科领域。一个特别有用的资源是 Mantra，Mantra 是一组在线学习单元和软件教程，用于向博士生介绍数据管理知识。澳大利亚和美国也有一些优质的培训资源，威斯康星大学麦迪逊分校（University of Wisconsin-Madision）在其 Escaping Datageddon（http://researchdata.wisc.edu/make-a-plan/data-plans）演示中提供数据管理要点；麻省理工学院图书馆通过如何管理一个数据集的 101 个案例研究，提供相关知识[173]；澳大利亚国立大学提供全面的数据管理手册[174]。考虑到培训材料的可用性，建议机构侧重于选择重新利用现有的内容，并在现有计划中嵌入相关材料。将数据管理培训纳入目前的核心课程体系，如通过博士生培训中心的核心课程进行数据管理知识传播，是一种长期趋势。巴斯大学（University of Bath）已经尝试了这种方法，它将博士培训中心视为改革的催化剂[175]。希望通过培训每年的跨学科学生，使整个机构的一系列科研人员与学生进行联系，从而影响研究生院的整体研究文化。其他机构，如诺桑比亚大学（University of Northumbria），已经将数据管理纳入核心的博士生技能课程。对于处于职业生涯早期阶段的科研人员而言，在还没有形成固定习惯之前，嵌入良好的数据管理实践是极为有用且有益的。此外，建议机构在现有的一次性培训基础上，设计一系列培训课程，以促进数据管理服务的可持续性发展。

（三）咨询服务

在某些情况下，科研人员可能需要更多的实际操作和个性化的支持，如检查其数据管理计划的适用性。一些大学，特别是美国的一些大学，提供了短暂的交流以帮助科研人员制订数据管理计划。对创建、管理和共享数据的研究和提出的方法进行简要讨论，有助于机构确定可能需要进一步指导的领域。在研究项目的进行阶段，特别是在提供数据库设计等技术方面，也可能需要更深入的支持。在一些机构中，科研人员已经要求信息技术部门设立专门的机构，以提供技术支持。

（四）图书馆员技能重建

为了提供支持，现有员工可能需要培训才能获得新技能，并建立为科研人员提供数据管理服务的自信心。在高等教育领域参与支持数据管理的群体有大学图书馆、信息技术服务部门和研究支持部门。图书馆通常在机构数据管理服务中发挥引领作用。Cox 等揭示了图书馆员可以很好地为数据管理提供支持服务的原因，他们认为图书馆员对一般信息管理原则很了解，他们在机构中现有的合作网络可以应用到数据管理和宣传推广，以及开放获取等其他工作中去[176]。

过去几年，涌现了许多帮助图书馆员重建能力的培训材料[177]。使用这些材料时需要注意，图书馆员、信息技术部门员工、科研支持部门的工作人员所需的培训信息是不同的，因为每一群体都是从本群体的专业视角审视数据管理的问题的。应该根据各个群体人员特殊的技能和需要对这些材料进行个性化组织。例如，研究管理者主要参与资助申请阶段，因此大多会对数据管理计划提供支持感兴趣。另外，增加一些详细的内容，解释更广泛的机构情景，使员工了解机构中其他组织目前正在开展的工作，也是非常有用的。通过这种方式，可以提高其对已经具备的知识和所缺乏知识的认识。

第三节　科学数据管理服务构建过程

许多科研资助机构要求获得资助的科研人员开放科研项目所产生的数据。这是一种非常合理的要求，因为数据本质上也是科研成果的一种。通常科研人员和大学管理者希望图书馆来承担这一责任，帮助科研人员达到资助机构的这一要求，有时图书馆通过主动寻找办法来满足该要求。在许多情况下，图书馆没有额外资金或人员可供开发和提供数据管理支持服务，因此，必须从小事做起，建立基础[178]。这里针对刚开始提供科学数据管理服务的学术研究型图书馆，整理了一些资源，帮助其在资源有限的情况下，着手开展本机构的数据管理服务；并在数据管理需求不断扩大的时候，进一步拓展现有的服务。

一、起步阶段

本节内容将展示，从零开始的机构如何构建数据管理服务，以及如何以最小的成本实现最优服务效果的最佳实践。

（一）需求评估

进行一个完整的需求评估需要的时间和资源往往令人望而却步。对于机构来说，有一个快速而简单的办法，即利用其他机构所做的评估分析，形成本机构对需求评估一定程度的认知；以其他机构的需求研究为基础，预测所在机构的服务需求。建议需求评估只关注一个具体的领域，而不是去进行一个耗时耗力的全面性调研。

参考资源：

Reznik-Zellen R，Adamick J，McGinty S. Tiers of research data support services[J]. Journal of eScience Librarianship，2012，1（1）：e1002.

Rolando L，Doty C，Hagenmaier W，et al. Institutional readiness for data stewardship：findings and recommendations from the research data assessment[EB/OL].

http://hdl. handle.net/1853/48188，2013.

Weller T，Monroe-Gulick A. Differences in the data practices，challenges，and future needs of graduate students and faculty members[J]. Journal of eScience Librarianship，2015，4（1）：e1070.

Williams S. Gathering feedback from early-career faculty：speaking with and surveying agricultural faculty members about research data[J]. Journal of eScience Librarianship，2013，2（2）：e1048.

Wolf A，Simpson M，Salo D，et al. Summary report of the research data management study group[EB/OL]. https://minds. wisconsin.edu/handle/ 1793/ 34859，2008-09-15.

（二）信息提供

科学数据管理的基本服务是提供信息和建议。利用现有的大量资源，参考已有的知识建立本机构的知识体系，并从中选择推荐给用户的资源。创建一个数据服务网站有以下两种方式：一种方式是在图书馆网站上添加数据管理页面；另一种方式是创建图书馆研究指南（如 LibGuides.com 或 SubjectsPlus.com）。此外，还可以利用进入门槛较低的网页发布平台，如 WordPress。

参考资源：

Subject Guides. Library success：a best practices wiki. [EB/OL]. http://www. libsuccess.org/Subject_Guides.

WordPress.com. Getting started[EB/OL]. https://learn.wordpress.com/get- started/.

1. 培训

为了帮助科研人员熟悉数据管理的相关概念并发展相应的技能，可以在现有的网站上建立相应的培训资源链接。

示例：

Coursera. Research data management and sharing[EB/OL]. https://www.coursera. org/learn /data-management.

E-Science Portal for New England Librarians. DIL（Data Information Literacy）course materials[EB/OL]. http://esciencelibrary.umassmed.edu/data-literacy/course-materials.

Massachusetts Institute of Technology. Data management workshops[EB/OL]. http://libraries.mit.edu/data-management/services/workshops/.

The University of Edinburgh. MANTRA：research data management training [EB/OL]. http://datalib.edina.ac.uk/mantra/.

University of Minnesota. Training for researchers and students：online data management course[EB/OL]. https://www.lib.umn.edu/datamanagement/workshops，2017.

Zenodo. Research data management（RDM）training materials[EB/OL]. https://zenodo.org/collection/user-dcc-RDM-training-materials.

使用这些资源的基本元素和思想，设计简短的、向学院和感兴趣的科研人员展示数据管理的幻灯片。同时，应考虑所在机构主要资助机构的管理要求。尽管大多数科研资助机构要求解决的是相同的问题，但科研人员可能只对最相关的细节感兴趣。

2. 数据管理计划

建立机构的研究资助信息列表，可以把精力放在与本机构相关的研究社区的资助机构的要求上面。对于如何创建数据管理规划，科研人员可能存在一些疑问，他们首先需要熟悉他们的资助机构对数据管理计划的要求。

示例：

Digital Curation Centre（DCC）. Overview of funders' data policies[EB/OL]. http://www.dcc.ac.uk/resources/policy-and-legal/overview-funders-data-policies.

University of Minnesota. Funding agency guidelines[EB/OL]. https://www.lib.umn.edu/ datamanagement/funding.

Whitmire A，Briney K，Nurnberger A，et al. A table summarizing the federal public access policies resulting from the US Office of Science and Technology Policy Memorandum of february 2013[EB/OL]. http://figshare.com/artides/A table summarizing the Federal public access policies resulting form the US ffice of science and Technology policy memorandum of February 2013/1372041，2015-11-01.

创建数据管理计划，没有必要完全由自己来设计，目前有许多数据管理计划的创作工具并且已被广泛使用。

参考资源：

California Digital Library，University of California Curation Center. DMPTool：data management planning tool[EB/OL]. https://dmptool.org/（for US researchers）.

DCC. DMP Online[EB/OL]. https://dmponline.dcc.ac.uk/（for UK/Europe researchers）.

Interdisciplinary Earth Data Alliance. Data management plan tool[EB/OL]. http://www.iedadata.org/compliance/plan.

3. 研究过程中的数据管理

有时当一个研究项目结束时，数据管理的过程尚未开始，其实它应该在工作被提出和设计时就已经开始。科研人员应该存储数据，同时在研究的过程中积极地使用数据，同时他们也需要与其他的合作者共享数据。在研究过程中管理数据有以下一些例子。

示例：

Briney K. Data Management for Researchers：Organize，Maintain and Share Your Data for Research Success[M]. Exeter：Pelagic Publishing，2015.

California Digital Library. Data management general guidance[EB/OL]. https://dmptool.org/dm_guidance.

Corti L，van den Eynden V，Bishop L，et al. Managing and Sharing Research Data：A Guide to Good Practice[M]. London：Sage Publications，Ltd.，2014.

DMPTool. Data management general guidance[EB/OL]. https://dmptool.org/dm_guidance.

Stanford University. Data best practices[EB/OL]. http://library.stanford.edu/research /data-management-services/data-best-practices.

University of California（UC）San Diego. Data management：follow best practices[EB/OL]. http://libraries.ucsd.edu/services/data-curation/data-management/best-practices.html.

在研究项目的活跃阶段，科研人员需要安全的空间来存储数据，可参考大学或者组织的资源，如机构信息技术服务、云存储服务或区域数据中心。

参考资源：

Boston University. Information security：how to safely store your data in the cloud[EB/OL]. http://www.bu.edu/infosec/howtos/how-to-safely-store-your-data-in-the-cloud/.

4. 元数据

只有在可以被理解的情况下，数据集才是有用的。因此，应鼓励科研人员提供关于数据的结构化信息和情景，以供别人发现、正确使用和引用数据。建议科研人员至少清楚地解释如何收集和使用数据，以及是出于什么目的收集和使用数据。这些信息最好放置在一个 readme.txt 文件中，包括项目信息和项目级元数据，以及对数据本身进行描述的元数据（如文件名称、文件格式和使用的软件、标题、作者、日期、资助者、版权持有人、补充说明、关键词、观察单位、数据种类、数据类型和语言）。下面列出了一些现有的数据标准和指南，可供科研人员参考。

参考资源：

Cornell University. Guide to writing “readme” style metadata[EB/OL].http://data.research.cornell.edu/content/readme.

DataCite. Our mission[EB/OL]. https://www.datacite.org/.

DCC. Disciplinary metadata[EB/OL]. http://www.dcc.ac.uk/resources/metadata-standards.

DCC. How to cite datasets and link to publications[EB/OL]. http://www.dcc.ac.uk/resources /how-guides/cite-datasets.

鼓励科研人员获取他们自身和所创造数字对象的唯一标识符。这些标识符可以从多个来源获得，以证明他们对永久性的承诺，元数据中包含标识符，将支持提供稳定的、对创建者名字和数据自身的长期引用，由此可以实现引用的可靠性和权威性。可以通过参照科研人员永久标识符的最佳实践，明确已确定的目标知识库如何为数据集分配持久的数字对象标识符。

参考资源：

The DOI（Digital Object Identifier）System[EB/OL]. http://www.doi.org/.

International Standard Name Identifier（ISNI）[EB/OL]. http://www.isni.org/.

Open Researcher and Contributor ID（ORCID）[EB/OL]. http://orcid.org/.

5. 著作权和隐私

使科研人员了解隐私、知识产权、版权和许可属于共享数据的问题；科研人员自身是最终确保数据合理合法使用的人。可以参考机构的研究承诺或科研诚信办公室机构审查委员会的信息，提供数据所有权政策及利益冲突等信息。

示例：

University of Virginia. Research data services：copyright & privacy[EB/OL]. http://data.library.virginia.edu/data-management/plan/privacy/.

给出适合数据和软件的授权许可，鼓励科研人员遵从合适的许可授权进行数据的再使用。

参考资源：

DCC. How to license research data[EB/OL]. http://www.dcc.ac.uk/resources/how-guides /license-research-data.

Open Knowledge. Open definition：conformant licenses[EB/OL]. http://opendefinition.org/licenses/.

Opensource.org. Open source initiative：licenses & standards[EB/OL]. https://opensource.org/licenses.

6. 数据发布、保存和归档

在研究的最后阶段，科研人员可能需要实现数据的长期保存、获取和再使用。此时需要给他们提供具体学科的数据知识库，供他们选择。或者如果本机构的知识库接受数据的存储，则可向其提供本机构知识库。外部的知识库几乎都没有长期保存承诺，所以一定要仔细阅读其条款。

参考资源：

Open Access Directory. Disciplinary repositories[EB/OL]. http://oad.simmons.edu/oadwiki/Disciplinary_repositories.

Registry of Research Data Repositories（re3data.org）. Browse by subject [EB/OL]. http://www.re3data.org/browse/by-subject/.

如果没有面向具体学科的知识库或机构知识库，可以选择开放数据知识库。

参考资源：

The Dataverse Project. An open source research data repository framework [EB/OL]. http://dataverse.org/.

US Internal Revenue service. Dryad.[EB/OL]. http://datadryad.org/.

Macmillan Publish. Figshare.[EB/OL]. http://figshare.com/.

OpenAZRE，CERN. Zenodo.[EB/OL]. https://zenodo.org/.

（三）宣传和推广

重要的是，要让科研人员意识到数据管理的重要性，并推进机构所提供的服务和资源的不断改善。可以考虑采取的措施有：在校园内部找到推广数据管理的网站；与学院的科研部门合作，增强机构对数据管理提供的支持意识；为数据管理查询提供一个固定的联系方式或帮助链接；主动参与学院的会议，寻求机会向科研人员解释数据管理的必要性，并解释图书馆如何帮助科研人员进行数据管理；在新教师被招聘进来之后，就与他们建立联系，宣传机构的数据管理服务。

此外，还要考虑与可能的利益相关者进行合作，如高性能计算中心、信息技术资源中心、图书馆信息技术人员及科研管理部门。

参考资源：

Erway R. Starting the conversation：university-wide research data management policy[EB/OL]. http://www.oclc.org/research/publications/library/2013/2013-08r. html，2013-08-01.

数据服务团队还应花费一些时间了解最新的数据管理知识。

参考资源：

Bailey C W. Research data curation bibliography[EB/OL]. http://digital-scholarship.org/rdcb/rdcb.htm，2016-04-23.

Wang M. DataQ：a collaborative platform for research data questions in academic libraries [EB/OL]. http://researchdataq.org，2015-10-26.

Roy Rosenzweig Center for History and New Media. Zotero：research data management services[EB/OL]. https://www.zotero.org/groups/research_data_mana- gement_ services.

同时，还应该关注该领域的一些重要的学术期刊，如 eScience 图书馆员期刊 *Journal of eScience Librarianship*（http://escholarship.umassmed.edu/jeslib/.）、国际社会科学信息服务与技术协会季刊 *International Association for Social Science Information Services & Technology Quarterly*（http://www.iassistdata.org/iq）、国际数字监管期刊 *International Journal of Digital Curation*（http://www.ijdc.net/index.php/ijdc/index），以及一些重量级的学术会议，如国际数字监管会议（International Digital Curation Conference）、研究数据获取&保存峰会（Research Data Access & Preservation Summit）、国际社会科学信息服务与技术协会的会议（International Association for Social Science Information Services & Technology），以及研究数据联盟的全体会议（Plenary Meetings of Research Data Alliance，RDA）。

二、发展阶段

既然已经了解了本机构科研人员的数据管理实践和他们的服务需求，那么就可以做出正确的决定，确定哪些步骤将是最有价值的活动。

（一）需求评估

在机构已经全面了解数据保存和管理需求后，应该结合本机构的具体情况，确定具体的需求。

1. 机构

哪些是与本机构的需求相关的政策、基础设施、数据存储库和机构战略目标?

1 级：就数据管理的需求进行调查，以了解内部合作的好处，识别各种机构的利益相关者，通过调查了解其观点；对所在机构的重点学科，以及它们关于数据不同的实践和需求进行评估。

参考资源：

DCC. CARDIO：collaborative assessment of research data infrastructure and objectives[EB/OL]. http://cardio.dcc.ac.uk/.

Jones S. Using DAF and AIDA to scope data management needs [EB/OL].

http://www.data-audit.eu/docs/DC101_DAFAIDA_150709.pdf，2009-07-15.

2 级：基于调查结果开发项目，制定政策并设计服务，考虑如何将相关服务嵌入利益相关者目前的工作流。

2. 科研人员

哪些需求是科研人员个人表达的需求？科研人员面临的困难是什么？

1 级：阅读其他大学针对研究项目的数据保存文件。

参考资料：

Purdue University. Data curation profiles directory[EB/OL]. http://docs.lib.purdue.edu/dcp/.

DCC. Case studies[EB/OL]. http://www.dcc.ac.uk/resources/case-studies.

2 级：根据已经批准的数据管理计划对科研人员进行深度访谈。

Boston University. Research data management：building a data curation profile [EB/OL]. http://www.bu.edu/datamanagement/outline/building-a-data-curation- profile/.

3 级：创建完整的数据管理纲要文件，与项目资助办公室讨论，所需资料是否应该作为资助申请过程中提交材料的一部分。

参考资源：

Pundue University. Data curation profiles[EB/OL]. http://datacurationprofiles.org/.

Pundue University. Data curation profiles directory[EB/OL]. http://docs.lib.purdue.edu/dcp/.

4 级：通过继续对话，向科研人员确认，随着研究的进展，其需求和期望是否发生了变化。在项目结束后，继续与他们保持联系，了解数据管理计划的哪些方面发挥了作用、哪些方面不切实际，以及他们是否会针对未来的项目改进计划，如果是的话，会以怎样的方式改进。

（二）制定政策、指南和策略

政策是建立共同的承诺和期望的关键；政策规定提供服务的各方，针对元数据、选择保留和获取数据、长期保存数据，以及处理敏感数据的行动。

1 级：制定一个数据保存服务的机构战略。

参考资源：

Coates H L. Building data services from the ground up：strategies and resources[J]. Journal of eScience Librarianship，2014，3（1）：e1063.

2 级：根据组织的水平、部门和学院的要求制定数据管理政策。

参考资源：

DCC. UK institutional data policies[EB/OL]. http://www.dcc.ac.uk/resources/policy-and-legal/institutional-data-policies.

Erway R. Starting the conversation：university-wide research data management policy[EB/OL]. http://www.oclc.org/research/publications/library/2013/2013-08r.html.

（三）提供服务

1. 培训

在该阶段，图书馆成为数据管理培训的中心。

1）图书馆员

1 级：为图书馆员创建主题指南，包括针对联络馆员的数据管理培训资源和支持材料。

参考资源：

DataONE. Librarian outreach kit[EB/OL]. https://www.dataone.org/for-librarians.

RDM Rose. RDM rose learning materials[EB/OL]. http://rdmrose.group.shef.ac.uk/?page_id=10.

The University of Edinburgh. MANTRA：do-it-yourself research data management training kit for librarians[EB/OL]. http://datalib.edina.ac.uk/mantra/libtraining.htm.

2 级：通过积极为联络馆员提供数据管理培训，帮助图书馆员掌握数据管理的专业知识。

3 级：通过在图书馆创建数据管理兴趣组保持图书馆员的兴趣和学习热情，与联络馆员一起建立图书馆与各学院的合作关系。

2）科研人员

1 级：开发一个数据管理学习支持计划，以确定目标用户以及培训和实施的目标。计划开发各种教学资源，包括在线的和离线的资源，有助于开发一个全面的培训计划。

参考资源：

Otsuji R，Turnbow D，Heath A R，et al. Learning to plan，planning to learn [EB/OL]. http://www.slideshare.net/asist_org/learning-toplan-rdapposter4236final，2015-04-23.

2 级：提供一个通用的、面对面的数据管理培训。按照最佳实践和管理数据的要求，设计基本的培训研讨会或者撰写数据管理计划的培训材料。即使培训的内容是通用的，在宣传的时候也要突出哪些部分是针对具体资助机构的要求设置的，以引起科研人员对培训的兴趣。

参考资源：

University of Massachusetts Medical School. New England collaborative data management curriculum[EB/OL]. http://library.umassmed.edu/necdmc/modules.

3 级：与该领域的联络馆员和科研人员一起，根据具体学科的数据管理问题，制订培训计划，在目标对象所在学院和实验室以研讨会的形式进行培训。

3）学生

1 级：开发一个专门的数据管理服务网站并制订数据学习支持计划，提供在线视频教程和其他培训材料。开发数据管理计划自评材料，并把它们上传到网站上。

2 级：开发可在教室或实验室中使用的课程材料或指南，以帮助教师制订一个完善的包含数据管理计划相关内容的教学计划。

参考资源：

Haverford College. Project TIER：teaching integrity in empirical research [EB/OL]. http://www.haverford.edu/TIER/.

2. 数据管理计划

1）工具和咨询

在早期阶段就起草数据管理计划，提供工具、培训和咨询项目，与科研资助机构合作，以确保合适的资源、元数据和数据管理实践在资助申请中得到应用。

1 级：在机构使用 DMPTool / DMP Online 进行注册，科研人员可以凭借机构的认证进行登录。

参考资源：

DMP Tool. About partners：becoming a DMPTool partner[EB/OL]. https://dmptool.org/partners#become-partner.

2 级：对 DMPTool / DMP Online 模板进行个性化定制，并反馈给本机构的用户，列出所在机构可用的资源，并根据本机构的政策和偏好进行个性化设置。

3 级：根据学科馆员、项目资助办公室以及科研人员的要求，提供数据管理计划咨询，帮助其理解资助机构政策、期刊要求和专业协会的期望对数据管理要求的影响。

参考资源：

Briney K，Goben A，Zilinski L. Do you have an institutional data policy? A review of the current landscape of library data services and institutional data policies[J]. Journal of Librarianship and Scholarly Communication，2015，3（2）：1232.

Whitmire A，Briney K，Nurnberger A，et al. A table summarizing the federal public access policies resulting from the US Office of Science and Technology Policy memorandum of February 2013[EB/OL]. http://figshare.com/articles/A table summarizing the Federovl public access policies resulting from the US Office of Science and Technology Policy Memorandum of Feburany 2013/1372041.

DCC. Overview of funders' data policies[EB/OL]. http://www.dcc.ac.uk/ resources/policy-and-legal/overview-funders-data-policies.

4 级：对科研人员的项目进行定期的数据管理计划执行情况和合适性评价，根据最终的评审决定数据最终的存储位置。

2）数据安全

确保科研人员意识到他们可能需要的安全类型和可用资源。

1 级：与机构道德委员会一起给科研人员提供有关数据安全政策的信息，遵从对个人身份信息（personally identifiable information，PII）或者受保护的健康信息的有关要求，并提供有关允许更广泛的数据共享的措施，在一定程度上，是负责任的、可行的。

示例：

UC Santa Cruz. Information technology services：personal identity information [EB/OL]. http://its.ucsc.edu/security/pii.html，2017-08-01.

参考资源：

Center for Applied Internet Data Analysis（CAIDA）. Data anonymization [EB/OL]. http://www.caida.org/data/anonymization/index.xml.

US Department of Health and Human Services. Guidance regarding methods for de-identification of protected health information in accordance with the Health Insurance Portability and Accountability Act（HIPAA）privacy rule[EB/OL]. http://www.hhs.gov/hipaa/for-professionals/privacy/special-topics/de-identification/index.html.

2 级：获得项目资助机构的版权和专利相关政策，为科研人员提供有关版权的相关信息。

Cornell University. Introduction to intellectual property rights in data management[EB/OL]. http://data.research.cornell.edu/content/intellectual-property.

3 级：提供辅助工具以监控数据的有效性，具体包括提供校验一致性和文件格式有效性的工具的链接。

参考资源：

Kussmann C. Checksum Verification Tools：Guest Post by Carol Kussmann [EB/OL]. http://e-records. chrisprom.com/checksum-verification-tools，2012- 06-06.

Prom C. Characterizing files[EB/OL]. http://e-ecords.chrisprom.com/resources/software/ accessioningingest/identifying-and-characterizing-files/，2017-11-11.

3. 活跃数据管理

帮助科研人员在研究过程中管理数据，并帮助他们实现数据的可获取性。

1 级：与信息技术部门及其他的利益相关者密切合作，以确保工作存储需求得到满足。如果有必要，设定一个最大存储阈值，超出部分收取一定的费用。

Boston University. Research data management：storage of ongoing data [EB/OL]. http://www.bu.edu/datamanagement/outline/elements/storage/.

Texas A&M University. Scholarly communication：data sharing and storage options[EB/OL]. http://scholarlycommunication.library.tamu.edu/repository-getting- started/policies/texas-a-m-university-libraries-data-sharing-and-storage-options1.html.

2 级：当本地需求不能被满足时，确定哪些外部服务可以使用。

参考资源：

Anderson S. Feet on the ground：a practical approach to the cloud[EB/OL]. https://www. avpreserve.com/wp-content/uploads/2014/02/AssessingCloudStorage.pdf，2014-02-01.

Audio Visual Preservation Solutions，Inc. Cloud storage vendor profiles[EB/OL]. https://www.avpreserve.com/papers-and-presentations/cloud-storage-vendor-profiles/.

The London School of Economics and Political Science. Using dropbox and other cloud storage services. http://www.lse.ac.uk/intranet/LSEServices/IMT/guides/softwareGuides/other/usingDropboxCloudStorageServices.aspx.

3 级：起草技术方案，简化工作流程并降低从收集、分析、管理、发布到最后保存和获取的生命周期过程中数据转移的难度。

参考资源：

Center for Open Science（COS）. Open science framework[EB/OL]. https://cos.io/osf/.

DataONE. Best practices[EB/OL]. https://www.dataone.org/best-practices.

DCC. DCC curation lifecycle model[EB/OL]. http://www.dcc.ac.uk/resources/curation-lifecycle-model.

4. 元数据

数据集的信息帮助别人找到它、理解它，并使用它。

1 级：提供元数据咨询服务，协助科研人员对数据进行描述并撰写数据相关的文档。

参考资源：

DMPTool. Data management general guidance：metadata data documentation

[EB/OL]. https://dmptool.org/dm_guidance#metadata.

DCC. Disciplinary metadata[EB/OL]. http://www.dcc.ac.uk/resources/metadata-standards.

Research Data Alliance（RDA）. Metadata directory[EB/OL]. http://rd-alliance.github. io/metadata-directory/standards/.

2 级：识别和消除有关科研人员的名字和数据集的歧义。

（1）与提供永久标识符的服务建立联系，帮助科研人员得到永久性的标识符。

参考资源：

California Digital Library，University of California Curation Center. EZID [EB/OL]. http://ezid.cdlib.org/.

International DOI Foundation. DOI registration agencies[EB/OL]. http://www.doi.org/registration_agencies.html.

（2）帮助科研人员获得持久的标识符，如 ORCID 或 ISNI。

参考资源：

ORCID，Inc. Register for ORCID ID[EB/OL]. https://orcid.org/register.

ISNI International Agency. Do you have an ISNI?[EB/OL]. http://www.isni.org/do- you-have-an-isni.

（3）要求使用数据的引用格式标准。

参考资源：

DataCite. Become a member[EB/OL]. https://www.datacite.org/.

Data Citation Synthesis Group. Joint declaration of data citation principles—final[EB/OL]. https://www. force11.org/group/joint-declaration-data-citation-principles-final.

Economic & Social Research Council（ESRC）. Data citation：what you need to know[EB/OL]. http://ukdataservice.ac.uk/media/104397/data_citation_online.pdf.

3 级：代表科研人员进行数据质量控制和元数据选择。

5. 数据发布、保存和访问

当研究项目完成、成果出版时，研究所生成的数据产品应该在合适的位置实现存储和获取。

1 级：在科研人员的帮助下，确定哪些数据应该被保存和访问，同时要考虑到数据复制、验证研究和帮助新研究，以及重用的价值。必要时，应解决与敏感信息相关的问题。

参考资源：

DCC. How to appraise and select research data for curation[EB/OL]. http://www.

dcc.ac.uk/resources/how-guides/appraise-select-data.

UK Data Service. Collections development selection and appraisal criteria [EB/OL]. http://ukdataservice.ac.uk/media/455175/cd234-collections-appraisal.pdf.

2 级：帮助科研人员评估外部的数据知识库，并帮助他们为存储数据做准备。考虑与一个或多个外部的、面向具体学科的或者综合的服务提供商（service provider，SP）建立联系。

Macmillan Publishen. Figshare[EB/OL]. http://figshare.com/.

Figshare. Figshare for institutions[EB/OL]. http://figshare.com/services/institutions.

Inter-university Consortium for Political and Social Research（ICPSR）. Deposit data[EB/OL]. http://www.icpsr.umich.edu/icpsrweb/deposit/.

re3data.org. Browse by subject[EB/OL]. http://www.re3data.org/browse/by- subject/.

OpenAIRE. CERN Zenodo[EB/OL]. https://zenodo.org/.

3 级：为那些无处可存放数据的科研人员提供存储服务，建立与其他部门的合作关系。

示例：

UC San Diego. Chronopolis[EB/OL]. https://library.ucsd.edu/chronopolis/index.html.

参考资源：

The Digital Preservation Network（DPN）. Vision[EB/OL]. http://www. dpn.org/.

4 级：推广机构知识库，以满足数据保存和获取的要求。

示例：

Oregon State University. ScholarsArchive@OSU[EB/OL]. https://ir.library. Oregon-state. edu/xmlui/.

Indiana University. Knowledge Base?[EB/OL]. https:// kb.iu.edu/d/aujq.

参考资源：

EPrints Repository Software. ReCollect[EB/OL]. http://wiki.eprints.org/w/Re-Collect，2017-08-01.

5 级：提供一个专门的数据知识库，以实现机构科研人员的数据集保存和获取，并考虑让它成为科学数据网络的一部分。

示例：

Johns Hopkins University Data Management Services. Johns Hopkins data archive Dataverse Network[EB/OL]. https://archive.data.jhu.edu/dvn/.

University of Nebraska-Lincoln. University of Nebraska-Lincoln data repository [EB/OL]. https://dataregistry.unl.edu/.

University of North Texas. UNT digital library：UNT data repository[EB/OL].

http://digital.library.unt.edu/explore/collections/UNTDRD/.

参考资源：

Data Archiving and Networked Services（DANS）. Data seal of approval [EB/OL]. http://datasealofapproval.org/en/.

DCC. Data management and curation education and training[EB/OL]. http://www.dcc.ac.uk/training/data-management-courses-and-training.

Harvard University. The Dataverse project[EB/OL]. http://dataverse.org/，2017-02-27.

6 级：创建一个无缝的覆盖整个生命周期的数据管理方案，包括从数据的收集、分析、描述和管理，到保存和访问的过程。

参考资源：

Foster I，Runesha H B，Vasiliadis V. Campus support for research data management：a perspective from the University of Chicagoc[C]. Research Data management Implementations Workshop Arlington，Virginia，2013.

Mistry H，Guss S，Rutkowski A. Shared vision for data life-cycle：targeting graduate students[EB/OL]. http://hdl.handle.net/10022/AC:P:19175，2013-02-27.

（四）意识、宣传和推广

尽可能让更多的科研人员了解数据管理服务的价值，具体包括以下几点。

1. 提升社区参与意识

1 级：创建一个有关数据的社区组或一个机构咨询委员会，制作宣传材料。

2 级：依托数据管理相关事件，增加图书馆员在每个学院的参与机会，鼓励其在进行研究咨询和培训时直接向科研人员及其学院推荐服务，培训者应提前存储数据并进行共享和引用展示。

3 级：就数据管理和长期保存的益处进行交流。

参考资源：

Collaboration to Clarify the Costs of Curation（4C Project）. Investing in curation：a shared path to sustainability[EB/OL]. http://www.4cproject.eu/roadmap，2015-08-06.

Beagrie C. KRDS/I2S2 digital preservation benefit analysis tools project [EB/OL]. http://beagrie.com/krds-i2s2.php，2013-10-08.

Whyte A，Tedds J. Making the case for research data management [EB/OL]. http://www.dcc.ac.uk/resources/briefing-papers/making-case-rdm.

2. 在线展示

1 级：创建和管理一个专门的数据管理服务网站，确保其内容精炼，并链接到内部和外部的支持政策和工具。

2 级：在社交媒体上发布相关的内容，借助社交媒体宣传所做的工作，并与同行交流，熟悉其他机构的最新进展，向别人学习，并为数据管理社区做出贡献。

3. 发展伙伴关系

建立并维护与其他部门的关系，以确保图书馆系统和服务与其他校园系统和服务及外部系统和服务之间的交互。

1 级：建立一个机构层面的数据咨询委员会，建立图书馆、联络馆员与学校其他主要相关研究机构的联系。

2 级：加入外部组织，达成共识并建立合作关系；跟随在该领域具有主导性的其他机构，并与那些和本机构情况类似的其他机构组建区域联盟。例如，数字保存网络（The Digital Preservation Network）、国际社会科学信息服务与技术协会（International Association for Social Science Information Service & Technology）以及研究数据联盟（Research Data Alliance）。

第四节　本章小结

本章首先介绍科学数据管理服务的构建要素；其次，从政策、战略和业务规划，科学数据管理计划，管理项目过程中的科学数据，科学数据选择和转移，共享和保存科学数据，指南、培训和支持六个方面，对这些要素进行详细分析；最后，从起步和发展两个阶段，阐述图书馆科学数据管理服务的构建过程，并详细总结构建过程中可以参考的重要文献资料，以帮助图书馆快速了解科学数据管理服务，并有效构建服务。

第六章　科学数据管理服务用户需求识别方法

大学与研究图书馆联盟指出，不断强调数据管理已成为一种重要趋势[179]，新媒体联盟的地平线报告也指出这是一种长期趋势，是学术研究型图书馆必须适应的一种趋势[5]。越来越多的图书馆认为其应该也能够在该领域发挥重要作用[6，7]。一些便于图书馆开展数据管理服务的工具开始出现，如研究基础设施自评价框架（research infrastructure self-evaluation framework）、数据资产评估框架（data asset framework）、普渡大学开发的用户访谈工具（data curation profiles toolkit，DCPT），以及《澳大利亚国家数据服务数据管理框架：能力成熟度指南》（*Australian national data service research data management framework：capability maturity guide*）等，它们帮助图书馆收集数据，增强其开展数据管理服务的能力[180]。与此同时，图书馆的工作人员不断通过各种方法识别用户需求，以期提供真正有效且被科研人员认可的科学数据管理服务。本章对近几年针对 RDM 服务开展用户研究的文献进行梳理，总结各种需求识别方法的应用场景、研究目的、研究内容、主要结论和方法的优势及局限性，以期为国内拟开展 RDM 用户需求识别的图书馆提供参考和借鉴。

第一节　图书馆科学数据管理服务用户需求识别

一、基于 DMP 内容分析识别用户需求

数据管理计划是科研人员撰写的书面文件，其描述科研项目进行过程中期望获取或生成的数据，介绍项目如何管理、描述、分析和存储这些数据，阐述项目结束后将使用什么机制来共享和保存数据[181]。DMP 体现了科研人员数据管理的

意识、知识和进行数据管理的能力，是一种极有价值的研究资源。

目前，对 NSF DMP 进行结构化内容分析已成为识别用户需求的一种新方法，已有的研究大致可划分为以下两类。

一是通过 DMP 揭示科研人员数据管理行为特征。例如，佐治亚理工学院对其在2011年1~9月获得国家科学基金会资助的科研人员的181份DMP进行分析，通过使用剽窃检测软件，检测 DMP 内容中与知识库服务、数据共享和存储相关的内容后，建议进一步加强图书馆员、管理者、技术专家和科研人员之间的联系，针对具体学院宣传图书馆新的 RDM 服务[182]。佐治亚理工学院、密歇根大学、宾夕法尼亚州立大学、俄勒冈大学、斯坦福大学等美国五所研究型大学联合针对获得NSF资助的465份DMP，分析不同领域的科研人员如何解释并回应NSF DMP的要求，发现生物学、计算机信息科学、工程学、地球科学、数学和物理科学，以及社会、行为和经济学领域的科研人员在数据共享、数据发现和重用以及数据监管基础设施的使用方面存在显著差异[183]。密歇根大学图书馆对 2012 年 1 月至2013年6月获得NSF资助的工程学教师的104份DMP进行分析，发现科研人员不了解存储和长期保存之间的差别，不清楚什么样的数据格式更适合长期保存，并且尚未认识到数据创建和关于数据记录的维护之间的互补关系[184]。

二是基于 DMP 质量评价确定服务需求。俄勒冈州立大学、俄勒冈大学、宾夕法尼亚州立大学、佐治亚理工学院以及密歇根大学合作开发了针对 NSF DMP 的评分量表——DART Rubric。DART Rubric 使跨机构进行一致的、大规模的DMP评价成为可能，是图书馆员了解科研人员实践和服务需求的一种有效工具，尤其是那些没有具体研究实践或者数据管理经验的图书馆员[185]。密歇根大学图书馆使用DART Rubric对工程学院获得NSF资助的教师的29份DMP进行评价，发现 DMP 的综合质量存在较大差异，数据管理的角色和责任、元数据标准以及知识产权都是 DMP 中经常缺失的一些内容，这说明科研人员进行数据管理时比较欠缺这方面的知识和意识[186]。韦恩州立大学图书馆对2012~2014年提交的119份NSF DMP进行分析，发现大多数科研人员的DMP没有充分对其项目产生的数据进行描述，对项目进展过程中的数据管理、项目完成后的数据保存和共享的描述都不清晰。不同学院的 DMP 呈现出的不足存在差异，建议针对不同的学院开展差异化的DMP培训服务[187]。

以上研究均表明，DMP 内容分析为图书馆深入了解科研人员数据管理的现状、存在的问题提供了第一手的素材，分析得到的结果可以直接应用于 DMP 咨询、教育，以及帮助指南的改善和基础设施的建设等。

二、基于 DCPT 结构化访谈捕获需求

结构化访谈是另一种识别用户需求的方法与手段，目前已经出现了一些帮助图书馆员了解科研人员数据管理实践和具体需求的结构化访谈工具，如普渡大学 2010 年推出的数据监管档案工具和弗吉尼亚大学 2012 年推出的 DMVitals[188]。这两个工具的优势都在于深度了解并指导某一个具体项目或科研人员的实践与需求，为定制个性化、针对性服务提供参考。从目前的研究文献看，DCPT 是使用较多的工具。

DCPT 是帮助图书馆员和其他信息专业人员进行数据访谈，确定科研人员数据管理、共享和监管需求的工具。它实质上是一个访谈提纲，旨在捕获科研人员在数据生命周期中创建或管理的特定数据集的信息，了解科研人员及其实验室当前如何管理和使用数据，以及未来打算如何处置数据，最终的成果是形成数据监管档案（data curation profile，DCP）。

使用 DCPT 访谈形成 DCP 需要经历准备、访谈和形成 DCP 三个阶段。在准备阶段，访谈者确定将作为访谈重点的具体数据集，并选择要纳入访谈的 DCPT 模块，见表 6-1[189]。接下来进入访谈阶段，访谈者与科研人员进行面谈，了解他们的研究数据管理实践以及研究数据管理需求。最后进入形成 DCP 阶段，将访谈获得的信息转换为 DCP 对应的部分。出版的 DCP 还可以作为一种共享资源，服务于整个图书馆社区。2013 年 11 月数据监管档案目录推出，其提供已经出版的 DCP 的获取[190]。

表 6-1　DCPT 的访谈模块及对应的 DCP 文档部分

DCPT 访谈模块	DCP 档案对应的部分
背景/人口学问题（访谈者手册）	第 2 部分：研究概述
模块 1：数据集	第 3 部分：数据种类及所处阶段
模块 2：数据集生命周期	
模块 3：共享	第 7 部分：共享和获取
模块 4：获取	
模块 5：将数据采集/转移到存储库中	第 6 部分：摄取/转移
模块 6：组织和描述数据	第 5 部分：组织和描述数据（包括元数据）
模块 7：发现	第 8 部分：发现
模块 8：知识产权	第 4 部分：知识产权的情景和信息
模块 9：工具	第 9 部分：工具
模块 10：链接/互操作性	第 10 部分：链接/互操作性
模块 11：测度影响力	第 11 部分：测度影响力
模块 12：数据管理	第 12 部分：数据管理
模块 13：数据长期保存	第 12 部分：长期保存

DCPT 已被图书馆员广泛采纳和使用，用以帮助确定科研人员的数据管理和监管需求。目前使用访谈法的需求研究几乎都是基于 DCPT 进行的。例如，康奈尔大学使用 DCPT，重新规划通过 DataStar 知识库提供服务的方式[191]。伊利诺伊大学香槟分校利用 DCPT 对农作物研究已经实现数据开放获取的科研人员的数据共享情况进行访谈，包括数据共享的原因、方法、各种方法的优缺点，并确定图书馆在帮助促进数据共享方面可能发挥的潜在作用[192]。DCPT 通常以焦点小组或深度访谈方式开展，调查规模较小，一般针对小型科研群体开展重点访谈。例如，多伦多大学牙科图书馆员使用修改后的 DCPT 访谈牙科学院的 6 位科研人员，了解其数据管理偏好，为图书馆参与实验室数据管理过程提供启发[193]。瑞典隆德大学和林奈大学基于 DCPT 对生物、文化、经济、环境、地理、历史、语言、媒体和心理学领域的 12 位科研人员进行结构化访谈，了解不同学科元数据的使用问题[194]。科罗拉多州立大学图书馆员基于 DCPT 的访谈问题对 31 位科研人员进行五个焦点小组研究，揭示科研人员创建和维护数据集的本质，了解他们如何管理数据以及需要为其共享、管理和保存数据提供哪些支持[195]。上述研究都显示出 DCPT 在识别用户需求方面的有用性和有效性。

三、基于大规模问卷调查收集需求信息

使用问卷调查法直接收集科研人员的需求信息是图书馆在开发 RDM 服务过程中最常采用的一种方法，也是在 RDM 服务兴起的早期阶段采用的唯一方法。根据调查目的及规模的不同，图书馆利用问卷调查识别用户需求主要可分为以下几类（表 6-2）。一是调研不同学科领域科研人员数据管理行为的差异以开展个性化服务，如埃默里大学将科研人员（教师和研究生）分为艺术与人文、社会科学、医学和基础科学四个领域，比较四个领域科研人员对 DMP 的熟悉程度，数据共享、数据存储情况以及期望的 RDM 服务形式，根据调查结果，决定不增加机构知识库的保存和共享数据集的功能[196]。堪萨斯大学通过分析不同研究方法和学科领域的科研人员数据存储方式的差异，发现除学科领域外，不同的研究方法也会对数据管理和服务需求产生影响[197]。二是通过面向跨机构的大范围调查，从整体层面了解数据管理需求。例如，Beagrie 等通过在线问卷调查，同时结合焦点小组和深度访谈了解英国布里斯托大学、利兹大学、莱斯特大学和牛津大学科研人员保存和传播数据的实践及观点，判断英国 RDM 服务开展的可行性[198]。三是为了解数据管理某一特定环节而开展特定调查，如卡耐基梅隆大学对科研人员进行调查和访谈后，发现所有教师中有 64%的教师、工程学领域中有 95%的教师了解美国资助机构 DMP 的要求，但是他们的数据管理实

践并不符合最佳实践要求[199]。俄勒冈州立大学从数据管理政策、角色和责任、数据特征和短期管理实践、数据管理服务和支持、数据管理资金、数据标准和文档、数据共享和长期保存几个方面展开调查，基于得到的数据特征，策划宣传和培训活动；同时基于得到的数据量规模，规划数据存储和共享基础设施[200]。四是识别科研人员数据管理的薄弱环节以开展针对性服务。例如，艾奥瓦大学的调查发现，科研人员对缺乏集中式数据存储设施和云存储服务普遍不满，建议大学信息技术部门开发相应平台[201]。北卡罗来纳大学教堂山分校的调查表明，科研人员主要依靠自己的非正式方式存储数据，只有不到 25%的被调查者了解图书馆提供数据管理支持服务，建议扩大基础设施并宣传数据支持服务[202]。康奈尔大学、俄勒冈州立大学和佐治亚理工学院均通过问卷调查了解到科研人员通常使用非标准的方法描述数据或者根本不提供数据描述文档，从而推测创建元数据对科研人员而言有难度，因此建议对科研人员开展有关元数据的具体培训。但是，康奈尔大学 Steinhart 等的调查同时发现，有将近 2/3 的被调查者表示无论元数据服务是付费的还是免费的，都不打算使用。那么在这种情况下，尽管科研人员需要进行元数据培训是事实，但是如果没有愿意参加培训的用户群体的话，是否坚持开展元数据服务则需要进一步斟酌[203~205]。

表 6-2　相关研究的问卷调查要点汇总

调查目的	响应率	调查结论
埃默里大学：了解不同领域科研人员的数据管理行为、态度和对图书馆提供支持服务的兴趣，为数据管理服务设计提供依据	8%	教师对数据管理专题研讨会和数据管理计划帮助感兴趣；不同学科领域，数据管理行为和态度存在差别
英国四所大学：在线调查结合焦点小组研究和深度访谈，了解英国科研人员保存和传播数据的实践及其观点，判断提供数据管理服务的可行性	17.3%	不同的学科对研究数据有不同的要求和方法，为获得最大的投入产出效益，建议开展国际层面的共享型服务
澳大利亚大学[206]：了解澳大利亚昆士兰大学、墨尔本大学、昆士兰科技大学三所大学的科研人员和研究生的数据实践和培训需求	三所学校共879人	三所大学具有较高的相似性，都需要继续改善培训、支持和技术基础设施，并更加仔细地研究科研人员的做法和需求
堪萨斯大学[197]：确定堪萨斯大学科研人员当前和未来的研究需求，协助图书馆制订可实施的服务计划	7%	学术图书馆可能需要调整其提供的服务，使用不同的方法，以满足不同学科研究人员不同需求
康奈尔大学：了解康奈尔大学研究人员对如何满足新的国家科学基金会数据管理计划要求的准备程度，评价提供服务的潜在影响，并确定服务差距	5.2%	发现大多数 PI 对国家科学基金会的新要求以及如何满足新要求并不确定，希望能够获取相关的帮助
俄勒冈州立大学：了解教职员工和博士后的数据实践、观点以及数据服务需求	20.6%	不同学院之间数据类型存在较大差异；绝大部分教师没有利用整个园区的存储基础设施，而是使用自己的存储服务器存储数据，研究助理完成了大多数数据相关的任务，但是数据共享例外；许多教师创建元数据，但是需要就如何发现和创建标准化元数据提供支持

第二节　三种用户需求识别方法的优势及局限性分析

从上述研究来看，图书馆要么使用一种方法，要么综合其中的两种、三种方法同时进行需求研究。无论采取哪种方法，都可以为 RDM 服务的改善和新服务的规划提供有用信息，三种方法得出的研究结论也有一些相似之处。然而，三种方法有各自的优势及局限性。

一、内容分析法

随着科研资助机构对 DMP 的要求不断提出，为撰写符合最佳实践要求的 DMP 提供支持的标准化工具 DMP Online、DMPTool 的发展，以及致力于标准化、跨机构评价 DMP 质量的工具的应用和不断完善，为图书馆充分挖掘 DMP 的价值提供了有力支撑。DMP 内容分析为图书馆员提供了一种快速、动态、详细且可大规模分析数据管理服务需求的方式。相对于基于 DCPT 的访谈，DMP 内容分析同样可以获取有关数据管理实践、数据共享习惯以及研究过程中使用工具等的详细信息，其不受时间的限制且可以大规模进行。但是，进行 DMP 内容分析可能面临两个挑战：首先，由于 DMP 是具体领域的科研人员撰写的文档，如果进行 DMP 内容分析的人不具备具体的学科背景知识，透彻理解 DMP 的内容将存在一定困难。其次，从理论上讲，科研人员之所以撰写 DMP 主要受两个因素驱动，一是满足科研资助机构的要求，二是满足研究团队自身数据交流的需要；然而目前大多数科研人员主要是为了满足资助机构的强制性要求而撰写 DMP，所以 DMP 中的信息所描述的有可能并不是科研人员真实的数据管理行为。

二、结构化访谈法

DCPT 开发的目的是为图书馆员提供一种标准化指南，帮助其与用户有效展开关于数据的讨论。因此，基于 DCPT 的结构化访谈，除了具备访谈法的普遍优点之外，最大的优势在于提供了用于开发数据访谈的“词汇和问题”，为思考如何处理对数据管理问题的咨询提供了一个很好的框架，见表 6-3。此外，DCPT 结构化访谈重视对某一数据集的深入了解，而不是表面了解，是一种能够最真实地、最深入地了解科研人员数据实践和服务需求的一种方式，在一定程度上可弥补 DMP 内容分析的不足。然而，科研人员的背景、经历、知识以及分析对象不同，会导致数据管理存在较大差异。因此，利用 DCPT 开展访谈同样需要实施访谈者具备一定的学科背景知识。此外，基于 DCPT 开展数据访谈非常耗时耗力，访谈本身就需要花费大量的时间，在访谈过程中为了让受访对象完全理解这一过程和相关术语，访谈者需要花费时间去解释；而访谈前的准备工作、转录访谈的内容形成 DCP，同样需要投入大量的时间和精力。这两个方面的因素，都导致协调访谈时间和大规模产生 DCP 比较困难。因此，DCPT 较适合小规模深度调查，而且有助于识别机构内渴望使用 RDM 服务的科研人员以及愿意参加数据服务测试的志愿者。

表 6-3　DCPT 的使用对象与使用目的

使用对象	使用目的
个人层面	为图书馆员提供了一种开展结构化访谈的方式；为科研人员和研究团队提供了一种深入彻底思考除了立即使用之外的其他数据需求的方式
机构层面	作为一种基本文件，指导对具体数据集的管理和监管；与提供数据服务的员工共享，以保持信息的同步；帮助机构开发数据服务，帮助数据服务员工确定工具类型、基础设施和相应责任
广泛层面	帮助其他人设计所在机构的数据服务；作为一种研究对象，更好地了解科研人员需要共享、监管和保存数据的类型及需求

三、问卷调查法

问卷调查的一个优势在于可以通过一个问卷，达到多种目的。例如，密歇根大学图书馆 2013 年夏天通过电子邮件邀请的方式，使工程学院的教师自愿完成在线调查。这一调查不是以研究为导向的，它有三个目的：首先，将调查作为一个宣传工具，让更多的科研人员知道图书馆可以提供数据管理服务；其次，将调查作为一个评价工具，帮助图书馆了解工程学院教师对 NSF DMP 的熟悉程度和撰写经验；最后，将调查作为一个反馈渠道获取用户对先前 NSF 工程学 DMP 帮助文档的使用体验。紧随其后，密歇根大学图书馆将内容分析法作为一种循证研究方法来进一步验证问卷调查的结果，以提供基于证据的 RDM 服务建议[184]。此外，问卷调查法既没有 DMP 内容分析中涉及的数据所有权问题，也没有结构化访谈法对图书馆员提出的相对较高的要求，而且还有大量其他机构的问卷可以参照设计，因此相对省时省力。但是，借助问卷调查来识别需求，存在以下问题：问卷虽然可以大规模发放，但往往响应率比较低，这会降低研究结论的普适性；响应调查的人，多是对图书馆服务有一定了解的人，那些不熟悉、不了解图书馆服务的科研人员的信息可能没有获取到。因此，通过调查获取好的、有代表性的样本是难点所在。

第三节　图书馆开展RDM服务用户需求识别研究的体会与思考——以NTU为例

受国家留学基金管理委员会资助，笔者目前在NTU图书馆学术交流部的数据服务组访学，全面参与其RDM服务工作，并负责其RDM服务用户需求研究。因此，这里以NTU为例，介绍开展用户需求识别研究的几点体会。

2016年4月，NTU颁布了科学数据政策，成为新加坡第一个要求科研人员提交DMP的机构。NTU所有科研项目的负责人都必须在其科研信息管理系统（Research Information Management System，RIMS）中创建并提交DMP。为配合这一工作，图书馆设计了DMP模板和RDM网页，并从2016年5月开始开展面向该校所有科研人员的DMP培训（每月1次，每次3小时）。截至2017年3月，RIMS系统中提交的DMP已有500余份。与此同时，NTU基于哈佛大学的Dataverse软件，开发了数据知识库DR-NTU（Data）。该系统已通过测试，于2017年10月正式投入使用。为进一步完善NTU的研究数据管理框架，更好地提供RDM服务，基于上述文献研究的结论，NTU图书馆设计了RDM服务用户需求识别方案，如图6-1所示。

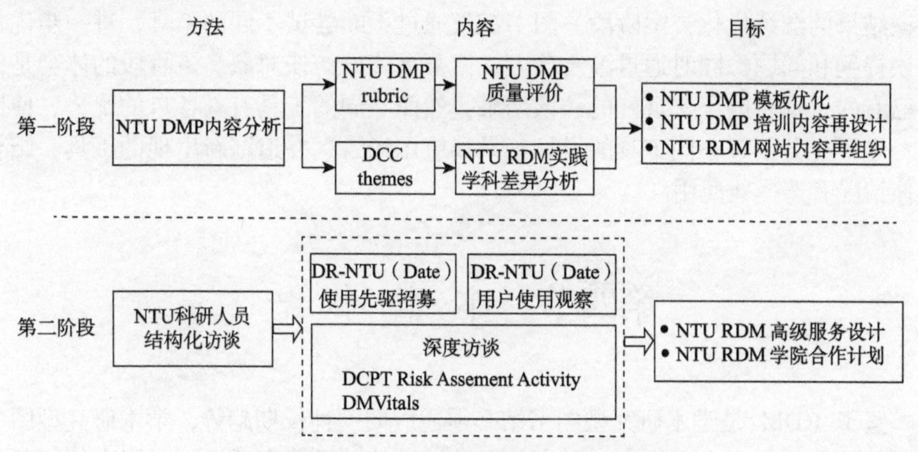

图6-1　NTU RDM服务用户需求识别方案

由于NTU RIMS中的所有DMP对图书馆而言是现成的，图书馆同时还有每次DMP培训的参与者注册统计信息以及对每次DMP培训的评价和反馈信息，基于NTU DMP模板，图书馆设计了NTU DMP rubric，对RIMS系统中所有的DMP质量进行评价，以了解NTU DMP模板的效果。通过对参与者注册统计信息以及

DMP 培训的评价和反馈信息的分析，发现不管是模板的使用还是 DMP 培训，根据学科差异提供针对性服务都是参与者提到最多的问题，鉴于此，NTU 图书馆基于英国数字监管中心总结的 DMP 主题（DCC themes），按照不同的学院，从 14 个主题出发对 DMP 的内容进行分析，以了解不同学科 RDM 实践差异。这两个方面的研究成果，为 NTU DMP 模板优化、DMP 培训内容再设计以及 NTU RDM 网站内容再组织提供思路。目前，第一阶段 NTU DMP 数据的分析已基本完成。在这一过程中，遇到的最大问题是 NTU DMP 数据的所有权归属问题。经过科研部门、信息技术部门等相关部门的协商，最终科研诚信部门代表大学在与图书馆 DMP 分析人员签署了保密协议之后，获得了 DMP 数据的使用权。

第一阶段的分析结果使图书馆意识到仅进行 DMP 内容分析对于了解需求，尤其是深度了解具体学科的需求来说是远远不够的。一方面不同的学科会造成科研人员数据管理行为的差异；另一方面不同的研究方法也可能造成科研人员数据管理行为的差异。由于数据知识库 DR-NTU（Data）已完成开发测试，测试过程中通过与学科馆员合作，图书馆已经招募到一批愿意尝试贡献数据的先驱者。因此，数据服务馆员尝试在与这些先驱者互动的多个过程中，有选择性地使用结构化访谈工具，如 DCPT 和 DMVitals 中的不同模块，结合 DR-NTU（Data）用户使用测试研究开展深度访谈，2017 年 3 月伊利诺伊大学香槟分校推出风险评估工具——RAAMRD（risk assessment activity for managing research data）后，图书馆尝试将其引入，并作为访谈开始前的热身活动。目前，第二阶段的工作处于基于试访谈结果的继续优化方案阶段。图书馆员通过不断尝试不同的工具，进一步优化访谈提纲和问题，同时通过滚雪球方式招募更多的访谈对象。该阶段的体会是借鉴已有的工具有助于实现好的访谈结果，然而不同的工具有其各自的优势，使用前一定要充分了解不同工具的设计背景和应用场景，并追踪新出现的工具，结合具体情况有选择地使用。

第四节　本 章 小 结

鉴于 RDM 是学术研究型图书馆必须适应的一种长期趋势，学术研究型图书馆必须持续投入人力、物力、财力，通过提供基础设施和开展不同层次的服务来为机构的 RDM 活动提供支持。充分理解机构科研人员的数据实践和服务需求，可以使机构尤其是希望在现有人员和资源基础上开展 RDM 服务的机构，将有限的资源最有效地投入在最可能产生影响力的项目上。因此，未来面向 RDM 服务的用户需求识别研究将会继续涌现。

对于提供 RDM 服务的图书馆而言，为了有效开展机构的用户研究，可以考虑以下三个方面的建议：首先，图书馆自身必须具备数据共享和管理的意识，从规划实施 RDM 服务的开始就尝试并习惯遵从 DMP 最佳实践要求[207]，撰写图书馆用于数据服务用户研究的 DMP，并真正将撰写的 DMP 作为数据服务团队进行数据共享、管理的指导性纲领文件。其次，形成图书馆数据服务团队的知识库，跟踪并了解该领域开发的可用于服务评价、用户研究的工具的最新进展以及新涌现的工具，熟悉其开发背景、功能特征和应用情景。这可以大大降低图书馆的学习成本，提升研究效率，提高研究成果的转化率，使其更好地与国际最佳实践接轨。最后，了解各种研究方法的特点，熟悉其优势和局限性，在开展本机构用户数据实践和需求研究时，根据本机构的基础和特点，选择使用多种方法绘制本机构的用户需求分析全景图，指导服务的规划设计，与此同时建立数据服务用户需求长期研究机制，这是保证图书馆 RDM 服务可持续发展并不断优化的前提。总之，RDM 服务任重而道远，期待图书馆界同仁通过更好的交流与合作，共同探讨 RDM 服务用户需求研究的最优实践。

第七章　大学图书馆科学数据管理服务实施状况与建设要点分析

越来越多的大学图书馆开发基础设施和服务，以支持校园的数据管理活动，然而每个图书馆采取的路径却各不相同[4，208]。大学图书馆的数据管理服务是如何形成的？又是如何演变的？在数据管理服务发展的过程中，有没有一些共性的关键问题？回答这些问题，可以给拟开展数据管理服务的图书馆带来启发。为此，选取国外一些研究型大学图书馆，分析其数据管理服务的实施过程，总结、分析数据管理服务推进中的共性问题和关键要素。

第一节　大学图书馆科学数据管理服务实施状况

一、普渡大学

2004 年，普渡大学的图书馆员尝试揭示科研人员在数据组织、描述、传播和发现方面面临的挑战，为其开展跨学科研究提供支持。2005 年该校数据服务初具雏形，2006 年设立分布式数据监管中心（Distributed Data Curation Center，D2C2）。国家科学基金会是普渡大学最主要的资助机构，为帮助科研人员满足国家科学基金会数据管理计划的要求，2010 年图书馆馆长、信息技术部副主任、研究副校长办公室共同组建指导委员会，指导开发数据管理平台[209]。2011 年，来自图书馆、信息技术部、系统服务部和研究副校长办公室的人员组建普渡大学的研究知识库（Purdue University research repository，PURR）工作组，基于 HUBzero 平台开发数据知识库 PURR。2012 年，PURR 正式投入使用，成为科研人员的在线合作空间和数据共享平台[210]。PURR 将咨询服务和 DMP Tool 等资源嵌入其中，由 D2C2 负责宣传和维护。PURR 允许科研人员创建项目空间以共享和使用数据，为团队成员提供项目网页和社交网络功能、为数据集分配 DOI，通过在线直接交谈或发送电子邮件的方式，使用户可以获取数据参考咨询服务。图书馆员与知识库管理员密切合作，提供元数据方案，讨论用于传播的目标数据集，以及研究最佳工作流和实践。

为提供与数据参考咨询和馆藏建设相关的一系列服务，2013 年，普渡大学成立了数据和元数据工作组，负责开发数据管理专业知识、资源和工具，并为图书馆员提供持续的数据管理培训。该工作组领导开发了数据监管档案工具（data curation profile toolkit）。2011 年，受博物馆和图书馆服务研究所（institute of museum and library services，IMLS）资助，由普渡大学的图书馆牵头，联合康奈尔大学、明尼苏达大学和俄勒冈大学图书馆开展数据信息素养培训，选取五个学科作为试点学科，基于特定领域的数据管理需求设置数据素养教育课程。其中，普渡大学的图书馆承担了电子与计算机科学、农业与生物工程两个学科的试点教学[211]。该工作组目前包括元数据专家和数据专家，负责维持与具体图书馆部门的联系、揭示具体学科的问题与需求，并为联络馆员提供额外的咨询和专业知识培训。对于工作组来说，图书馆员还有许多其他工作任务，没有大块的时间完全投入数据管理服务是其面临的最大障碍。

在跨学科研究项目上与研究人员合作是 D2C2 长期提供的一项服务。D2C2 的研究部门包括研究副校长、数据服务专家和跨学科研究馆员，其调查并制定应对数据监管挑战的方案。数据和元数据工作组就特定学科中的数据相关问题对学科馆员进行培训、组织并与其协作，以帮助图书馆拓展其他服务项目。

二、埃默里大学

早在 1996 年，埃默里大学图书馆就已经出现了与数据相关的服务。该馆的电子数据中心工作人员最初为数字数据服务馆员，2007 年地理空间数据服务馆员加入，提供帮助科研人员发现和获取现有数据集从而进行分析的服务。2011 年意识到数据管理服务的潜力，同时受其他图书馆数据管理服务的启发，该图书馆加入了由美国研究图书馆协会、数字图书馆联盟和 Duraspace 共同成立的 e-science 研究院（它为学术研究型图书馆用户提供数字化研究以及数据保存管理的机构层面的支持）[212]。2012 年该馆聘请数据管理专家和 e-science 方向的博士后，同时吸纳电子数据中心、科学和社会科学图书馆、健康科学信息中心、档案馆的学术交流和用户体验方面的图书馆员和工作人员共同组建数据管理工作组。这一系列行动使该馆的数据管理服务快速发展。数据管理工作组开展的第一项工作是对该校科研人员进行调查和访谈，了解其数据管理实践和服务需求[213]。与此同时，图书馆与校内其他管理部门定期交流，明确该校已经存在的一些数据管理资源，努力建立起新的合作伙伴关系。通过嵌入数据管理计划工具，开展面向科研人员的数据管理研讨会，提供数据管理计划咨询服务以及针对具体学科实施数据管理最佳实践教育的方式开展服务。

在开发涵盖整个数据生命周期的服务的过程中，埃默里大学面临以下几个挑战：首先，该校的知识库 OpenEmory 只接受同行评议的期刊论文，不支持数据的存储。为此，埃默里大学与佐治亚理工学院合作，参与由东南大学研究协会领导的构建多机构 Dataverse 网络的试点项目，积极探索提供数据共享和保存的基础设施建设问题。其次，数据管理工作组的图书馆员主要是依靠自下而上的方式宣传和推广数据管理服务，整个工作组能够全职投入数据管理服务的图书馆员数量有限，这就使工作组拓展任何服务都受到限制。为此，埃默里大学图书馆积极调整组织结构，并建立与信息部门及校内其他相关部门的联系，分析合作开发服务的挑战和机遇，以及如何通过自上而下的方式开展服务，有效满足数据生命周期所有阶段相关的需求。

三、宾夕法尼亚州立大学

2012 年宾夕法尼亚州立大学图书馆和信息技术部联合推出基于 Hydra/Fedora 技术开发的机构知识库 ScholarSphere。基于该平台，科研人员能够实现其所有研究成果（论文、演示文稿、出版物和数据集）的一站式收集，创建永久标识符，满足资助机构数据共享政策的要求。ScholarSphere 成为图书馆研究和学术交流办公室下属的出版和监管工作组成立的标志。

出版和监管工作组致力于帮助教师和学生按照研究工作流程执行数据生命周期管理方法，使用新的学术方法和工具，广泛传播研究成果（无论是数据集、会议演示文稿或论文预印本）。早在2011年ScholarSphere推出之前，图书馆就有一个团队专门负责开发帮助科研人员达到国家科学基金会的数据管理计划要求的资源。该团队共有 8 位工作人员，包括 4 位学科馆员。团队负责对项目负责人和国家科学基金会项目申请者的数据管理需求进行调查，宣传 ScholarSphere，通过访谈形成 DCP。除了数据管理服务，工作组也与其他部门，如数字化和保存部、特种馆藏部、信息技术和数字图书馆技术部合作，为学术出版（在线期刊）和数字科学（利用数字人文工具和方法完成研究调查）提供支持。此外，工作组设置出版服务网络架构师（publishing services web developer）和数字人文研究设计师（digital humanities research designer）的新岗位，并招聘版权和数据监管方面的博士后工作人员。

宾夕法尼亚州立大学图书馆在理解保存和获取受限制数据的要求、继续拓展服务、对研究生和新员工就数据管理进行教育方面仍然面临许多挑战，如全面实施数据监管服务需要多少成本、需要哪些人员参与，以及随着时间的推移，如何保持数据管理服务可持续发展等。

四、密歇根大学

密歇根大学图书馆与ICPSR密切合作，ICPSR有50多年的历史，其在社会科学领域的数据获取、监管和分析方法方面发挥全球领导作用。2005年该馆聘请全职空间和数字数据服务馆员拓展服务，2006年机构知识库Deep Blue投入使用。随着数据服务的不断发展，学校层面开始就数据相关的问题进行沟通，由负责研究基础设施的副校长/信息技术委员会的主席和首席信息官/负责信息技术服务的副主席共同领导“为什么要开展？开展哪些？怎么开展？”战略的制定。这不仅加深了相关机构对科研人员数据管理需求的了解，而且也激励图书馆实施全面的数据管理服务。

2011年图书馆发布报告详细介绍其在数据管理服务中的角色和责任，以及与校园其他单位的协作关系。2012年该馆聘请1名新图书馆员，负责数据管理服务工作，同时聘请两名博士后从事数据应用场景研究工作，为规划和评估数据管理服务提供支持。同年图书馆加入了e-Science研究院，并通过访谈厘清校园利益相关者之间的关系。此外，还启动了各种图书馆数据计划，包括成立致力于提高整个学校数据生命周期意识的紧急研究工作组、致力于提供识别数据集和科研人员方法的DataCite和ORCID任务组、致力于调研图书馆的服务模型的研究生命周期委员会。2013年任命1位数据服务总监，监督这些数据倡议并进一步开发数据管理服务，同时将服务划分为教育和社区建设、基础设施、政策和战略以及咨询服务四个主要领域。

为进一步提高科研人员对数据管理的认识，该馆制定了数据管理整体发展规划。2013年聘请1位e-science图书馆员，帮助开发数据管理服务、建设网站，并以工程学院作为数据管理计划服务的试点，开展数据管理教育专题研讨会；启动科研人员数据需求评价，聘请数据服务总监发展和推广数据管理的四个关键领域。虽然该校数据管理服务不断发展，但是对于密歇根大学图书馆而言，确定在一个高度分散的校园里与哪些机构建立合作伙伴关系以及如何调整图书馆的管理结构等方面都面临一系列挑战。

五、约翰·霍普金斯大学

约翰·霍普金斯大学（Johns Hopkins University，JHU）是全美科研经费最高的大学，其数据管理服务从设计、原型开发、需求评估、能力构建到可持续性规划，经历了数十年的积累。该校的数据管理服务最初起源于斯隆的数字天空调查（Sloan digital sky survey，SDSS）项目的数据存储与保存。2009 年谢里丹图书馆得到国家科学基金会 DataNet 计划资助，开展数据保护（data conservancy，DC）项目研究，该项目研究、设计、实施、部署和维护跨学科发现的数据监管基础设施。

早在国家科学基金会提出数据管理计划要求之前，约翰·霍普金斯大学就已经开始全面分析具体环境及数据管理服务需求。2011 年谢里丹图书馆的馆员和教师进行沟通，讨论不同类型和级别数据的来源、存档和保存问题，并和教师一起撰写数据管理计划。与数字研究和监管中心和创业图书馆计划部在研究、发展和业务规划方面协同合作。为正式启动数据管理服务，这两个部门对过去 5 年约翰·霍普金斯大学获得国家科学基金会资助的项目负责人进行调查，收集科研人员的数据存储需求，包括目前实践、角色和数据保存时间等信息，并提升科研人员的意识[41，214]。约翰·霍普金斯大学对现有的数据管理计划文档和最佳实践进行了分析，设计问卷以引导针对项目负责人的咨询过程。综合研究结论形成了提交给约翰·霍普金斯大学管理层的业务规划。2011 年 6 月约翰·霍普金斯大学的数据管理服务正式推出。谢里丹图书馆从数据管理服务的用户需求分析、提出业务规划到实施服务，只用了 6 个月时间。如果不是由于先前的经验和积累，在这么短的时间里设计并实施如此全面的服务是不可能的[215]。2012 年约翰·霍普金斯大学推出数据知识库。

约翰·霍普金斯大学为科研人员提供资助前和资助后的数据管理支持。资助前服务免费提供，如果科研人员希望使用约翰·霍普金斯大学的数据知识库，必须将费用纳入预算，数据知识库为项目数据提供五年的存储管理。资助前的服务包括理解所有的数据产品、评价实际的数据管理、将问卷作为咨询的依据、讨论归档数据管理需求和选择、提供具体学科知识库的选择指导、提供约翰·霍普金斯大学的数据存档信息、为科研人员撰写数据管理计划提供支持。资助后服务包括撰写更详细的数据管理计划，推荐元数据标准，将数据存储到数据知识库，管理数据使其可以被发现、获取和使用，数据完整性检查，追踪引用，格式迁移等[216]。约翰·霍普金斯大学认为，就数据管理计划提供个性化的服务，有利于最大限度促进数据共享、获取和保存。通过模板撰写数据管理计划更简单，但这只是第一步。约翰·霍普金斯大学发现科研人员对数据管理的几个概念存储（storage）、存档（archiving）、保存（preservation）、监管（curation）使用不恰当。例如，科研人员所写的保存数据，其实指的是在硬盘上存储数据，希望可以备份和恢复。为此，2013 年约翰·霍普金斯大学设计了数据管理层级模型，在为项目负责人提供咨询时，帮助解释DC软件当前和未来的功能。除了咨询服务，约翰·霍普金斯大学还提供数据管理的最佳实践的普遍培训，以及更专业的培训（如使用个人标识符管理数据、用于数据加密和备份的工具等）。

六、康奈尔大学

2010 年康奈尔大学图书馆正式成立了科学数据管理服务工作组（RDM service group，RDMSG）。其实早在 2006 年其成立的数据工作组就已经开始实施数据相关的工作，随后发展成为由图书馆领导的数据执行组，包括来自学校各个组织如康奈尔高级计算中心、康奈尔社会和经济研究所的成员。作为一个虚拟组织，工作组由管理团队、咨询团队和实施团队三部分构成[217]。管理团队包括来自校园服务提供方的决策制定管理者，如图书馆、康奈尔高级计算中心、康奈尔社会和经济研究所、校园信息技术部决策制定管理者和其他利益相关者（如来自 Ithaca 和 Weill 校园的首席信息官）和协调员。咨询团队由图书馆员、学术交流专家、高级政策顾问和其他校园服务提供机构的工作人员组成。由各种校园服务部门的工作人员组成的实施小组进行评估，提供外联和培训，并启动新项目。工作组由支持研究的副校长办公室和大学图书馆馆长负责，并由 11 名教师组成顾问委员会。这些具有技术、软件和数据管理知识的不同机构共同努力，为工作组的建立奠定了基础。作为网站的补充，工作组成员就数据管理的各个方面对科研人员提供指导和教育，如撰写数据管理计划、知识产权和著作权、数据出版、元数据、数据分析、使用 eCommons 机构知识库以及数据管理的最佳实践。工作组成员帮助科研人员建立与数据存储、高性能计算、协作工具和敏感信息等有关的校园机构的联系。这些机构作为工作组的一部分提供服务，同时也是单独运营的独立机构。

七、莱顿大学

莱顿大学越来越认识到有效的数据管理是负责任的研究的一个组成部分。为了积极推动莱顿大学对生产的所有科学数据的管理，2015 年莱顿大学启动了一个覆盖全机构范围的计划，其重心旨在鼓励科研人员仔细规划临时存储、长期保存和潜在重用的数据。这个由学术事务部集中管理的方案，也采纳了莱顿大学图书馆和大学信息技术服务部门学术人员的建议，基本上由以下三部分组成。首先，制定基本的机构政策，为研究项目前后期的活动提供明确的指导方针。这一机构政策的核心目标是确保所有莱顿大学的研究项目能够有效地符合资助机构、学术出版商、荷兰标准评估协议和欧洲数据保护指令规定的最常见要求。其次，作为数据管理计划的第二部分，学院组织培训班和会议，着重进行有效数据管理的理论基础和技术的组织实践，以便制定一个学科具体的协议。莱顿大学图书馆雇用的数据图书馆员已经开发了教材，并为博士提供良好的数据管理原则和优势的培训。最后，为了确保科研人员真正在目前可用的许多工具中进行合理的选择，制定一个中心目录，列出并描述最相关的数据管理服务。目录目前还提供了有关其他方面的信息，如这些服务背后的组织、针对的主要学科、接受的文件格式和元数据格式。这些设施的各个方面都使用由UKDA、ANDS 和 DCC 开发的概念模型提供的术语进行分类。同时，利用莱顿大学的政策方针作为标准，对每项服务的整体适应性进行评估。莱顿大学的数据管理计划历时三年，其基本目标是提供一种综合形式的支持，其中集中传播的数据管理政策得到各种形式的补充，使科研人员更容易坚持这一政策。数据管理服务目录旨在加强对技术基础设施的实施，使服务的定性评估使决策者和开发人员能够针对现有设施快速明确差距或其他不足[218]。

第二节 大学图书馆科学数据管理服务建设要点分析

一、营造科学数据管理服务动力

在学术领域中，数据管理重要性不断提升，促使许多资助机构和大学制定数据政策，这是大学开展数据管理服务的主要动力。政策有助于确定机构开展数据管理服务的原则，设定提供支持的框架，了解所在机构和资助机构数据政策有助于大学图书馆进行数据管理服务规划。一旦图书馆员理解与其机构相关的政策，就可以开始指导科研人员，从而满足错综复杂的机构和资助者要求。一些机构没有数据政策，这就使图书馆员有机会帮助这些机构制定数据政策，并促进数据政策的修改，因为更好地了解科学政策应该包含了解哪些内容也源自数据管理实践。与此同时，来自同行的压力也是推动数据管理服务不断发展的动力。埃默里大学、伊利诺伊大学和密歇根大学都提到加入 ARL（association of research library）/DLF（Digital Library Federation）/duraspace e-science 研究院是推动其数据管理服务发展的主要动力。

二、构建科学数据管理服务合作网络

发现校内其他数据服务提供者不仅可以防止服务重复提供，还可以增加合作的机会。图书馆员和其他数据服务提供者建立联系后，可以利用这个网络来创建一个数据管理的实践社区。社区通过创建教育计划和起草规划，开展各种项目、创建最佳实践、克服挑战、确保数据管理服务满足校园需求。为了避免冲突，实践社区需要一个共同的愿景，和能够被利益相关者接受的、明确的、可实现的目标。实践社区也可以为图书馆员实施数据管理服务提供指导。大学研究办公室、信息技术部是图书馆常见的一些合作伙伴。研究办公室，为科研人员提供资助来源信息，可引导科研人员使用图书馆提供的服务。当然，也有一些图书馆单凭自身的力量来推动服务的发展，如约翰·霍普金斯大学提供的服务在很大程度上就是由国家科学基金会 DataNet 资助的谢里丹图书馆完成的。大学数据管理服务的实现，基本遵从自上而下与自下而上两种方式[208]。尽管高级管理层的支持对启动数据管理服务至关重要，但也不是绝对的，威斯康星大学麦迪逊分校的数据管理服务虽然没有得到高层管理者的支持，但也开展得不错。

三、评价科学数据管理服务需求

为了提供数据管理服务，图书馆员需要了解大学当前的研究领域以及与该研究领域相关的术语，特别是与数据有关的研究术语。调查和访谈是经常用到的评价服务需求的方法，这些方法的一个常见问题是，包括图书馆员、教师和工作人员在内的每个人都很忙碌，协调访谈或为调查选取有代表性的样本可能很困难。所以，图书馆也可以从其他大学完成的需求评估来推断本机构的情况。此外，有关信息需求和信息查询行为的研究也有助于了解不同学科的需求，普渡大学的 DCPT 和数字监管档案目录也是特别有用的资源[219]。大学可以使用这些资源为不同的学科以及主要资助者创建数据监管档案，以提供范例、简化流程。进行调查和访谈的一个优点在于它们宣传了服务，有助于识别有数据管理意识和实践的科研人员、渴望使用数据管理服务的科研人员以及愿意参加试点测试的潜在参与者[195]。近几年，通过数据管理计划内容分析研究科研人员的数据管理现状、存在问题和服务需求成为一种新趋势，分析得到的结果可以直接应用于提供数据管理计划咨询服务、规划数据管理教育培训内容、改善数据管理指南以及建设规划提供数据管理服务的基础设施[184, 186]。

四、建设科学数据管理服务能力

开展新的服务通常需要具有特定技能或知识的人员。上述大学，要么设置新岗位，如博士后（埃默里大学、密歇根州立大学和宾夕法尼亚州立大学）、数字人文图书馆员（宾夕法尼亚州立大学和伊利诺伊大学）、生命科学和工程数据服务馆员（伊利诺伊大学）、数据管理专家（埃默里大学）和研究数据服务总监（密歇根大学、伊利诺伊大学），要么对现有的图书馆员进行数据管理相关培训，将服务整合到他们的日常工作责任中。例如，普渡大学的 D2C2 团队创建了 DCPT 帮助图书馆员积极参与到科研人员管理数据的工作中，并引导图书馆员应用他们先前的指南和信息素养教育的相关技能，参与数据管理服务。大图书馆经常将这两种方式结合起来，一方面在现有工作职责中增加数据管理服务的内容；另一方面引进新人员专注于数据管理服务。值得一提的是，在构建服务能力时可充分利用已有的教育资源，如来自爱丁堡大学的 DataONE 数据管理教育模块以及新英格兰协作数据管理课程[220]。

五、规划科学数据管理服务战略

图书馆数据管理服务的实施一般从试点项目开始，然后逐步扩展。服务开发人员利用学科馆员以及部门内的现有关系来帮助找寻潜在的试点学科[221]，将学生作为服务的试点对象[222]，或者选择使用图书馆自身的数据作为先导项目的实验数据，如电子资源数据[223]；与此同时，充分利用图书馆员已有的技能开展服务。联合工作组关于图书馆员支持 e-science 和学术交流能力的工作文件指出提供数据获取、倡导和支持数据管理以及管理数据资源是支持服务所需的三种关键能力。通常这些技能分散在图书馆多个部门的馆员身上，因此在初始阶段，服务以团队方式提供，促进专业知识的共享是最优选择[224]。拥有不同技能的图书馆员建立团队，帮助科研人员制订数据管理计划，在提供更全面建议的同时，还能够提供更多样化的观察[225]。在规划服务战略时，还应该考虑如何跟踪进度，并总结经常被问到的问题，如数据引用和机构知识库的政策等[226]。通过试点项目了解服务系统的可用性以及功能有无局限性，在此基础上考虑如何不断扩展服务，以满足不同学科的数据管理需求。

六、打造科学数据管理服务特色

提供获取和分析服务，提供保存和共享学术成果的基础设施（机构知识库）

是图书馆在初期采用较多的服务方式。很多图书馆进一步围绕数据生命周期提供支持服务。康奈尔大学、密歇根大学、普渡大学先前基于DSpace构建机构知识库收集学术成果，这为后来的服务奠定了坚实基础。约翰·霍普金斯大学、宾夕法尼亚州立大学的学术成果收集服务和数据知识库服务同时开展。普渡大学在建立数据知识库的前几年，就已经开展了服务，早于国家科学基金会数据管理计划要求提出的时间。考虑到很多科研人员不了解图书馆提供的服务，适时开展服务营销非常必要。目前来看，大学图书馆通常将创建数据管理指南网站和开展相关教育作为主要营销方式。需要说明的是，教师、学生和科研人员通常是进行教育的重要群体，但最重要的群体应该是图书馆员，因为他们是服务的主要宣传者和代言人，只有他们充分了解数据管理知识，才能够与不同领域的科研人员进行有效沟通，获取反馈信息从而指导服务的发展。

第三节　本章小结

综上可知，数据管理已经成为学术图书馆面临的日益迫切的问题，尽管不同的大学在构建数据管理服务方式和时间进度上存在差异，但大多数机构面临着同样的挑战，如如何建立与科研人员的联系、改进其数据管理实践并激发他们使用图书馆服务和基础设施的兴趣；如何有效变革组织结构，在图书馆员已有大量工作任务的情况下，增加服务的相关职责；如何解决科学数据管理服务可持续发展的问题；是否应该对科学数据管理服务进行收费，以及采用怎样的收费方式；等等。这些问题没有唯一正确的答案，它们的解决需要开展服务的图书馆在实践中不断摸索。但是，如果大学图书馆能够在营造服务动力、构建合作网络、评价服务需求、建设服务能力、规划实施策略、打造服务特色等六个建设要点上参考国际同行的最佳实践，同时结合机构自身的特色进行本土化建设，那么就可以实现打造具有校园内外影响力的科学数据管理服务的目标。

第八章　科学数据管理服务推进策略——协同合作

第一节　案 例 概 况

从2009年开始，南安普顿大学的科研人员已经开始围绕e-science相关问题以及解决数据与出版物整合的问题而进行了相关的尝试。科研人员已经以个人的身份参与了国家层面的合作，但是围绕2008~2009年开展的英国科学数据服务（UK research data service，UKRDS）可行性项目进行合作的经历，才是该校真正考虑为全校科研人员管理科学数据提供支持服务的催化剂。英国科学数据服务可行性项目的目的是调查英国的机构如何采取措施，以应对机构不断增长的管理数据的压力。它创建了有关存储复杂性、检索、保存和再使用等的语料库，即使创建国家数据管理框架的提议没有实现，但从该研究中获得的有关成功管理数据的知识也可以作为机构下一阶段发展服务的背景知识。

英国科学数据服务可行性项目基于图书馆员、计算服务负责人以及主要研究型大学的主要科研人员之间的协作关系而构建。正是这种协作的方法推动了英国大学数据管理服务的进一步发展。南安普顿大学是英国主要的研究密集型大学，涵盖多个学科，每年获得大量的研究资助。与科学和工程学承担的主要义务一致，随着所产生的数据量的不断增加，从2000年该大学就开始调查高性能计算应该考虑的资源。就管理数据而言，从项目一开始，就有一些学科以存档和共享数据为目的而对所产生的数据进行存储，但是对于大多数研究领域而言，还没有相应的存储设施。

英国科学数据服务可行性项目估计 21%的英国科研人员正在使用国家或国际数据存储设施，科学数据共享的程度在不断增加[227]。南安普顿大学的科研人员使用最多的国家数据存储中心为英国自然环境研究委员会（natural environment research council，NERC）、英国经济和社会研究理事会（economic and social research council，ESRC）、英国国家资料库提供的数据中心，或者卢瑟福-阿普尔顿实验室（Rutherford-Appleton laboratory）提供的数据中心。即便如此，仍然有一些重要的研究领域没有相应的数据存储或存档中心，或者有这样的数据中心，但是其提供的存储数量与该校所进行的跨学科和跨机构研究需要的存储数量不相匹配。英国科学数据服务可行性项目的一个目标是，在没有相应学科数据中心的情况下解决这些学科数据的存档问题。但是，遗憾的是这一在国家层面上提出的倡议并没有继续进行。

南安普顿大学支持科学成果开放获取的历史悠久，围绕开放获取该校的图书馆和信息技术部门（iSolutions）协同合作提供两项核心的学术支持服务。因此，在开放获取环境中，考虑数据服务成为自然而然的事情。南安普顿大学对英国联合信息系统委员会资助的该校的科研项目进行了详细的记录和跟踪。与此同时，创造机会促使英国研究图书馆（Research Libraries UK）、罗素集团（Russell Group）的信息技术部门以及英国联合信息系统委员会就数据管理问题在国家层面进行多方合作。在大学内部，基于共同的兴趣，图书馆和信息技术部门（iSolutions）与该校工学领域、考古学领域、计算机科学领域以及化学领域的科研团队建立起长期的合作伙伴关系。

南安普顿大学的成功经验之一是基于机构数据管理蓝图项目（institutional data management blueprint，IDMB）通过一种社区的方法构建合作伙伴关系。机构数据管理蓝图项目由 JiscMRD（Jisc under the managing research data programme）资助，项目周期为 2009 年 10 月到 2011 年 9 月[228]，第二阶段由 datapool 部分资助，项目的研究周期为 2011 年 11 月到 2013 年 5 月。

第二节　机构数据管理蓝图项目

就采用研究主导的方法将数据管理的原则转换为机构层面可交付使用的有效实践而言，机构数据管理蓝图项目实现了一个大的飞跃[229]。为了实现数据管理从理论到实践层面的平稳过渡，机构数据管理蓝图项目团队，与来自学术和服务部门的代表，在整个学校层面开展合作以确保为数据管理的十年规划提供支持；其中，研究与企业咨询小组（research and enterprise advisory group）负责研究战略，大学系统委员会（university systems board）负责系统战略。

机构数据管理蓝图项目通过自下而上和自上而下两种方式推动机构数据管理服务的进展。首先是基于科研人员需求的自下而上的方法，宣传推广数据管理的最佳实践，广泛提升科研人员的数据管理意识；其次，是基于自上而下的方法，从制定政策和部署基础设施入手。英国科学数据服务可行性项目明确了英国已经开展的一系列工作，JISC 计划打算进一步扩展这些工作以提升科研人员的数据管理意识并促进最佳实践。英国科学数据服务可行性项目也强调要意识到现有数据中心的价值。考虑到大学学科范围的广泛，机构数据管理蓝图项目选择从自然环境研究委员会、经济和社会科学研究委员会、英国数据档案中心和考古学数据服务（archaeology data service，ADS）所提供的现有联系中获得发展的机会。此外，该项目也尝试使用英国数字监管中心开发的工具。国家和机构观点的融合对机构数据管理蓝图项目的成功实施起到了重要作用。

一、以研究为导向

一开始，机构数据管理蓝图项目打算先了解南安普顿大学内现有的数据管理最佳实践，让科研人员广泛了解如果不对数据进行有效管理，可能会造成的后果。2005 年 10 月，光电研究中心实验室（laboratories of the optoelectronics research center）遭遇严重火灾，已经让该领域的科研人员意识到研究成果保存的脆弱性。与此同时，围绕东安格利亚大学（East Anglia）气候数据的争论，科研人员了解到对公共资助研究成果进行自由的信息请求所发挥的作用。

为了突出“以研究为导向的方法”的重要性，机构数据管理蓝图项目团队在2010年3月举办了首场研讨会，吸引了40位参与者。了解并确定了就数据管理而言，参与者所认为的目前应该关注的重要问题、长期的目标以及快速取得成功的方法。随后使用问卷进行了数据管理调查及有选择的深度访谈。与此同时，使用评价机构数字资产的工具（assessing institutional digital assets toolkit，AIDA）对南安普顿大学开展数据服务的能力进行了整体评价。此外，机构数据管理蓝图项目团队还参考了 JISC 在综合数据管理规划工具包和支持（integrated data management planing toolkit & support，IDMP）项目的各种工作，尝试在南安普顿大学整个管理科学数据计划中使用数据管理计划工具[230]。

这一“以研究为导向的方法”是指将基于循证的方式所得出的结论，作为向南安普顿大学高级管理层提供建议的基础。机构数据管理蓝图项目研究得出的重要结论如下：

（1）科研人员需要在本地或者全世界共享数据；

（2）在很多情况下，数据管理是在一个特定的基础上进行的；

（3）科研人员有显著的数据存储需求，供不应求；

（4）在很多情况下，科研人员通过自己的努力克服由于缺乏集中式的支持而出现的问题；

（5）备份活动不是连续的，科学人员需要更高水平的支持；

（6）科研人员希望对数据进行长期保存；

（7）南安普顿大学对数据监管和保存的支持不到位。

（8）即使是同一大学的不同学院，数据管理的能力也存在较大差异。

基于这些结论，南安普顿大学采取了一系列行动。尽管发现了一些最佳实践，但不同学科的数据管理没有一致的方法，目前监管和保存数据的业务模式就满足未来的需求而言，既不可升级也不具有持续性。机构数据服务的整体评价也反映出，越来越多的科研人员开始了解资助机构的数据管理的要求，意识到需要考虑知识产权、共享数据以及保护大学的数字资产而产生的问题。机构现有的科学数据管理服务基础设施的基本元素尽管是合适的，但是它们缺乏升级能力和一致性，现有的培训和指南等包含的内容都是最基本的内容。

二、机构变化

基于机构数据管理蓝图项目的研究成果，项目团队建议大学采用自上而下的方法，颁布机构层面的数据管理政策并部署支持数据管理的基础设施。一方面，南安普顿大学涵盖学科范围广泛，而且有很强的自治文化，这与集中式的管理方法形成了矛盾；另一方面，在那些有高度协作文化的学院，许多科研人员意识到管理数据存在的争议，同时南安普顿大学对开放获取的长期承诺自然地延伸到开放数据领域。研究和学习知识库的广泛使用使科研人员了解到集中存储研究成果的原则和可以获取的益处，但是提供一个有效的技术和服务基础设施很明显超出了任何一个单一部门的能力。因此服务机构认为应该探索如何通过一组集中式的方式，灵活地对本地需求做出回应。

该项目对机构现有的实践模式进行了一系列评价。大学已经建立了一些机制对信息基础设施的投入进行集中评价和采购。图书馆的服务作为一种集中式的服务实施，与不同学科的科研团队建立起了良好的嵌入式伙伴关系，同时与信息技术部门 iSolution 和研究及创新服务机构（research and innovation services，RIS）建立起了良好的合作关系。英国研究图书馆联盟（Research Libraries UK）在英国科学数据服务可行性项目中的高调表现及其在许多 JISC 资助的项目中发挥的作用，都反映出图书馆可以在数据管理场景中扮演重要的角色，以及大学图书馆作为服务领导者的角色。

资助机构有关数据管理的政策，促使机构将对有关数据管理重要性的认识转变为对机构战略的认识。机构数据管理蓝图项目的开展过程中，英国研究委员会出版了指南，提出了制定政策的 7 个核心原则，其中特别强调的原则是公共资助的数据应该及时地以负责任的方式进行广泛的和自由的获取。对南安普顿大学而言，作为获得英国工程与物理科学研究委员会资助项目最多的科研机构之一，2010 年其与工程与物理科学研究委员会开展有关数据管理的框架的讨论，2011 年 3 月委员会正式采纳南安普顿大学的建议。

与提供国家层面数据中心的研究委员会，如英国自然环境研究委员会相比，工程与物理科学研究委员会很明显地将制定政策和遵守政策的责任落实到了具体的研究机构。对机构数据管理蓝图项目团队而言，如何实现科研人员对最佳实践的自愿坚持和遵守机构数据政策基本要素之间的平衡，是在规划数据管理服务时需要考虑的重要问题。只要新的实践以科研人员为导向，与科研人员的研究工作流整合在一起，体现出学科的差异，并通过咨询和培训提供相应支持，科研人员都会乐于接受。因此，为了让科研人员承诺将好的实践整合到他们的研究工作流中，颁布政策并提供相应的服务支持是必要的。

路线图按照阶段式目标规划了 10 年的发展路径，围绕多功能团队提出的发展蓝图，在一个灵活的技术和服务框架内，将专业人员和科研人员的知识和技能汇聚在一起。其传递给大学的信息是，机构数据管理蓝图项目不是强加给科研人员的一组解决方案，而是一个实用和迭代的过程，其足够灵活以满足多学科研究机构的需要。这暗示着，需要同步提供促进文化和政策变化的方法。大学执行组（university executive group）从一开始就以项目督导组成员的身份参与项目，通过研究和企业咨询组（research and enterprise advisory group，REAG）向大学理事会提供报告；REAG 包括副校长和来自科研支持服务部门的高级代表，这个组织负责对项目的监管，并讨论未来的规划。就推进蓝图的原则而言，该项目识别了形成机构政策并达成一致、针对研究社群的宣传和培训计划、存储数据和确保数据安全的策略的三个优先事项，并针对每一个优先事项提出了一系列重点问题。

三、制定政策

机构数据管理蓝图项目团队认为建立起有关政策的讨论与早期南安普顿大学有关开放获取的争论之间的联系是非常重要的。通过机构知识库实现科研成果集中存储的开放获取工作，已经使南安普顿大学的科研人员对集中存储研究成果的原因和潜在的益处有了一定程度的认识。在这一背景下，增加对共享数据的关注，更容易使科研人员接受。长期参与的经验对赢得政策的支持而言是重要的，应该把数据管理政策看作是针对研究的更广泛的政策框架的一部分，针对科研人员的需求，向其广泛宣传政策。然而，实施数据管理对组织、技术和资源都提出了另外的一些挑战。科学数据管理政策的颁布必须与人财物力的投入和服务的支持同步，不能让科研人员认为这只是给他们增加了额外负担要求。

为此，机构数据管理蓝图项目团队采用了双重的方法。在机构层面政策明确大学的角色和责任，就期望得到的结果进行了说明，提出了决策制定和监管的框架。它也提供了与其他机构政策的链接，如知识产权政策。对于科研人员来说，它提供政策指南和监督，给科研人员提供了一个框架，让其感受到就满足内部和外部的政策要求，他们能够获得支持。从科研人员的视角来看，围绕不断变化的资助机构的强制性要求，应建立数据工作流的管理、数据获取、检索和安全以及与内部和外部合作者进行协作的简易的内涵框架。由负责大学研究战略的研究与事业咨询组和负责大学系统整体战略决策的大学系统部共同负责蓝图项目的意图就在于使数据政策嵌入整个大学层面的监管框架。

科研人员所处的资助环境是复杂的，一些研究委员会提供了国家层面的数据中心，另外一些认为机构内部有相应的数据管理部门。然而，这两种情形针对最佳实践整合工作流、数据共享、技术支持和培训都需要机构层面提供相应的方法。这两个优先事项一方面合并为存储数据、监管数据、长期保存数据和确保数据安全提供支持，另一方面为科研人员管理数据提供咨询和支持。后者与前者相比，其实施更为简单，因为国际上已经出现了一些最佳实践可以作为参考。

四、集成工作流：存储与归档

数据管理政策确定了记录、维护、存储和确保数据安全的恰当方式，遵从相关规定，包括合理获取和检索的重要性，并论述了科研人员实现这一目标的责任。科研人员存储数据的方法与资助机构政策的要求是不一致的。机构数据管理蓝图项目研究发现科研人员有一系列存储数据的位置，24%使用他们的本地计算机、34.9%使用 CD/DVD、U 盘或外接硬盘，只有 24.3%的科研人员使用校内或校外的文件服务器。相当数量的科研人员声称他们拥有的数据规模超过了 100GB，45.9%的科研人员声称他们要对数据进行永久保存。也就是说，大量的用户通过本地的 PC、CD/DVD、U 盘或外接硬盘管理他们的数据。超过 50%的人表明，他们遭遇了存储限制，总体而言追踪现有数据变化的过程，通常依赖于论文日志。

当问及大学应如何使数据的管理和存储变得更为简单时，主要的观点是需要更多的存储空间、存档、自动化备份，确保敏感数据的安全、注册功能以及将指南和培训整合在一起。电子和计算机科学领域、工程学领域和考古学领域的科研人员都提出实现数据的 e-print，这反映出他们对研究成果知识库使用过程的熟悉程度。就存档而言，只有 10%已存储的数据拥有其他的外部服务，心理学和社会科学领域有 28.6%的已存储数据有其他外部服务，地理学领域有 9%。

目前的实践反映出科研人员管理数据的方式与资助机构的要求不匹配，尤其是与南安普敦大学以及英国工程与物理科学研究委员会的要求不匹配。英国工程与物理科学研究委员会提出的期望强调提供合适的结构化元数据描述数据，使其可以在互联网上自由地获取；与此同时英国工程与物理科学研究委员会要求资助项目产生的数据应至少安全保存十年。这些条件给机构的基础设施和设置日期做出了假定。南安普敦大学期望从 2015 年 4 月 1 日开始实施政策，并认为需要注意以下两点：一是把数据政策放在合适的位置；二是就合适的基础设施的功能适用性进行测试。

机构数据管理蓝图项目团队期望，南安普敦大学可以提供一个安全的、持续发展的知识库，能够保存大学所有的数字资产。问题在于大学对所拥有的数据的总体规模其实并不清楚，更不清楚它在具体时间框架下的增长情况，因此只好将根据评价得出的结论及按照目前中等规模数据存储平台进行估计的情况作为基础，构建存储基础设施模型。该架构涉及积极的存储层、元数据层、归档存储层三个层次。该模型也考虑了人员和设施支持以及运行成本，并假定成本随时间变化[231]。尽管这一工作还有值得进一步探讨的地方，但它确实提供了有用的基础来预测需要的投入。机构数据管理蓝图项目团队开发的知识和专业技能，对针对注册功能设计元数据层是非常有用的。

五、集成工作流：元数据模型

机构数据管理蓝图项目团队探索揭示如何确定一个相对直观的元数据结构，作为鼓励科研人员采用外部标准在机构层面进行注册的方式。项目团队认为不同的学科对元数据的价值有不同的认识。有些学科使用元数据识别和检索文件，而其他一些学科，如考古学的科研人员，习惯提供详细的元数据作为他们工作流的一部分，为将数据存储在考古学数据服务中心做好准备[232]。在学科层面一些详细的分析模型对科研人员而言太过复杂，因此该模型围绕一个实践的方法进行开发，以鼓励科研人员提交基本数据。

核心元数据结构是基于都柏林核心元数据［南安普顿国家水晶学中心（National Crystallography Centre，NCC）已经将这一标准应用于数据[233]］以及数据共享项目（datashare project[234]）承担的基本的数据存储工作开发的。三层结构（项目结构、学科结构、核心结构）被设计为以尽可能直接的方式，使用元数据分配和输入的有用工具为其提供支持。图 8-1 展示了试点学科考古学领域使用的三层元数据结构。

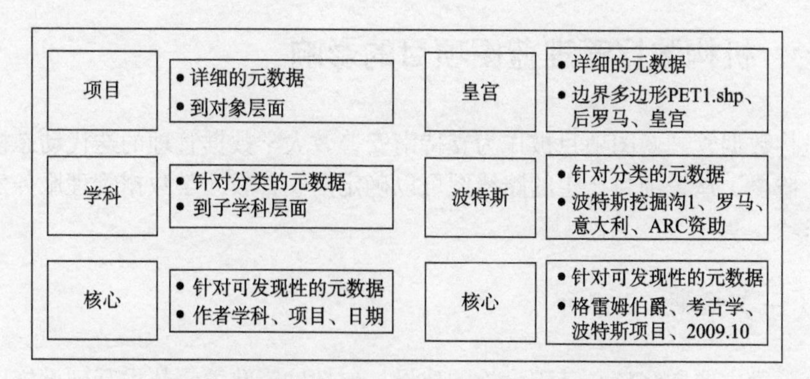

图 8-1 针对研究数据的三层元数据模型及其例子

指南中也包含选择额外的、更复杂的元数据，在具体学科层面以 xml 文件的形式添加元数据的内容。最初讨论了在中央、地方和分布式技术基础设施之间实现适度平衡的方案，并通过第二个受 JISC 资助的项目 DataPool 来具体实现。

六、集成工作流：培训和支持

就培训和支持而言，很明显，科研人员需要广泛的、灵活的服务模型，它应该与来自大学图书馆、信息技术部门、研究与创新服务部门以及法律服务部门的服务相匹配。这些服务机构有长期协同工作的历史，在机构数据管理蓝图项目中作为合作伙伴关系的经验也进一步体现进行更紧密的合作的价值。机构数据管理蓝图项目团队考虑对整个数据生命周期提供支持的需求，服务的对象从博士生、刚开始工作的科研人员，到参与大规模国内或者国际合作的相对成熟的科研团队。

作为一个实验项目，机构数据管理蓝图项目团队针对考古学的博士生实施了一个培训计划。培训以研讨会的形式，让参与者通过一个具体的实例尝试，来发现存储和监管数据的问题，讨论潜在的解决方案以及管理数据的不同利益相关者所扮演的角色。此外，给学生介绍了三层元数据模型，鼓励他们思考如何将这一模型应用于自身研究领域数据收集的工作中。尽管这是一个小规模的尝试，但是它展示出将培训整合到更广泛的研究技能培训计划中的价值。研讨会的目的是测试在其他学科实施的模板的适用性，从而获得反馈并确定下一阶段数据发展的优先事项[235]。在实验阶段，该项目参考了 JISC 计划中的其他项目，以帮助优化服务设计。

七、机构数据管理蓝图项目的影响

机构数据管理蓝图项目被作为支持南安普敦大学数据管理的迭代动态模型的第一个阶段。从该项目产生的路线图可以确定南安普敦大学数据管理服务发展的三个阶段。

（一）短期（1~3 年）

该阶段主要围绕核心基础设施的建设，包括确定政策、技术基础设施以及支持整合的方法，以满足数据复杂性及多层次发展的要求、资助机构的要求以及机构有效管理其数据资产的需求。该阶段的核心工作如下：

（1）就机构的政策框架达成一致，并由机构颁布实施；

（2）基于项目过程中数据、描述性元数据和存档的三层架构，设计用于存储数据的可升级的、可持续发展的业务模式；

（3）建立可运行的机构数据知识库，满足科研人员进行数据管理的需求，如存储、元数据创建和检索，它必须具备足够的吸引用户对其进行使用的能力，以打消用户创建本地解决方案的想法；

（4）针对数据管理提供一站式的咨询，提供有关数据政策信息和法律问题的指南以支持创建数据管理计划，从而获得有关技术能力、资助者要求以及管理数据使其再利用和共享的益处的信息。

（二）中期（3~6 年）

在这个阶段，管理更大规模的、更复杂的数据的需求增加，相比整个机构而言，一些学科可能需要潜在的更高层次的数据管理的投入。尽管存储的成本可能继续下降，但管理过程本身对员工的技能提出了更高的要求。开放和共享数据的呼声可能更高，机构之间共享数据的价值将通过具体的案例进行揭示。该阶段的核心工作如下：

（1）形成一个可扩展的研究信息管理框架以响应不同学科需求的变化；

（2）根据备份不同类型数据的成本收益分析，提供一个全面的、负担得起的备份服务；

（3）形成一个有效的能够解决所有范围数据管理问题的数据管理知识库模型；

（4）将通过数据出版模型构建基础设施作为对开放数据承诺的回应；

（5）基于针对备份不同类型数据的成本收益分析，形成面向整个数据生命周期管理数据的综合解决方案；

（6）通过服务部门和科研人员之间的合作伙伴关系将数据管理培训和支持嵌入不同的学科领域；

（7）使用标准的基础设施应用系统尝试通过联盟的方式管理数据，包括云计算服务和通过共享员工知识和技能提供的支持服务。

（三）长期（6~10 年）

长期的期望关注在整个大学层面实现的主要益处，为未来奠定基础。机构应该有合适的数据管理政策和基础设施，对如何管理其数字资产进行战略判断，在联盟内或者国家框架下，转换为一种混合型的数据管理模式。这是资助机构、组织、本地联盟和国家设施在更高层次建立起的合作伙伴关系。将数据生命周期嵌入数据管理过程，基础设施将对科研人员提供充分支持，通过将简单易用的服务作为补充以满足需求。这将对研究生产力有明显的改善，使科研人员将精力集中在科研工作上，而不用担心数据管理组织工作。该阶段的核心工作如下：

（1）提出涵盖所有学科以及整个数据管理生命周期的一致的、灵活的数据管理支持；

（2）根据变化的需求做出持续改进的灵活的业务规划；

（3）致力于开放数据出版领域及支持整个机构基础设施的创新；

（4）积极参与联盟和国家框架协定，为整体能力的建设贡献能力和技能。

在促进有效数据管理实践和确定机构遵守资助者要求的过程中，政策和基础设施发挥重要作用，机构数据管理蓝图项目设置了一个机构数据管理方法的情景，明确了针对技术和组织支持框架的核心元素。虽然遵守资助机构的要求是一个催化剂，但是对于一个机构方法而言，仅这一个动机还不够。在具体学科领域所开展的工作将科研人员吸引到管理数据的基本问题上；科研人员对采纳改善的数据管理实践表现出浓厚的兴趣，愿意与服务部门协同工作以满足自身需求。然而，很明显，如果没有进一步价值和影响力的证据的话，不可能吸引科研人员进一步参与和投入。

第三节 启动蓝图项目的第一阶段

DataPool 项目提供了一个机会，以实施并扩展路线图规划第一阶段的工作。机构数据管理蓝图项目强调的主要原则是要作为起点，目的是推进涵盖所有学科的整体框架，评价围绕多学科研究的更复杂的问题及其适应性。挑战之一是要确保研究社区和大学有积极参与的动力，因此，不能仅仅项目来推进服务，而应该通过提供可持续发展的基础设施来克服这一挑战。机构数据管理蓝图项目提供了框架，建立了高层管理者、学科领导者、教师和数据生产者之间的关系网络；DataPool 创建基础设施的目的得以实现。和机构数据管理蓝图项目一起，DataPool 项目导致了更多的文化和技术变化。DataPool 项目设置了 6 个关键的目标，将政策、基础设施和本地的观点整合在一起，具体如下：

（1）实施起草的机构数据政策，同时提供一站式的网页指南和数据管理计划咨询；

（2）针对科研人员开发灵活的、涵盖所有数据整个生命周期的支持服务和指南；

（3）针对博士生和处于事业起步阶段的科研人员开设研讨会并嵌入一系列培训材料；

（4）拓展机构知识库功能以实现对研究成果的全面存储；

（5）提供有关存储和归档的一系列选择，包括机构层面的结构、本地管理的对小规模研究成果进行存储的设备以及共享数据的平台；

（6）进行一系列案例研究，更深入地调查多学科的问题，包括为成本分析收集更详细的证据。

这些部分相互依赖，同时追求最大化交叉收益，并将以前的实验项目纳入可持续的机构服务。通过吸纳现有的非正式的网络，如多学科大学战略研究组，以及通过现有的为研究提供支持的专业服务和学术社区之间的交流渠道扩大数据管理联盟。通过高级项目合作者和项目领导小组的参与，与外部提供商的联系也得以扩展，这是从牛津大学、英国海洋图像数据中心、数据监管中心以及英国数据档案中心为代表的建议中得到的启示。

一、支持研究主导的方法

尽管遵从资助机构的政策要求是吸引高层管理者的主要驱动力，但科研人员最关心的是能否改善他们的研究实践，增强其研究影响力。从整个机构的角度来看，这给团队带来了一些问题，需要与广泛的科研人员进行密切接触。当讨论数据管理政策的草案时，这一点特别明显。在与同事接触的过程中，被提名的教师冠军提出了在整个数据生命周期实施政策相关的一系列问题，如对长期保存的数据进行评价、分析科学确保数据安全和共享以及在决策制定过程中不同的角色和责任。考虑到大学开放获取政策的重要性，也讨论了将开放数据作为数据管理实践中一个概念的作用。

根据这些讨论，对机构数据管理蓝图项目起草的政策进行了修改，并在 2012 年 2 月，提交给大学理事会，同时提供相关的网页指南。在与大学理事会的讨论中反复强调，政策应该不断进行完善，相应的指南也应该根据用户体验的反馈进行不断修改。这部分反映了对机构层面执行政策的财务影响和成本效益持怀疑态度的意见，并确认了团队的观点，除了满足资助机构的要求之外，重点应放在如何更好地嵌入科研实践。大学理事会通过了政策，DataPool 团队继续关注开发服务基础设施[236]。

二、存储与存档

机构数据管理蓝图项目强调了科研人员面临的数据存储和归档的复杂性问题。DataPool 项目团队认识到该领域如果不能得以发展，科研人员的参与将会非常有限。作为机构数据管理蓝图项目的一部分，成本模型提供了各种选择方案，但是并没有提供涵盖所有内容的业务模式，以说服大学进行大规模的投资。因此，其将注意力集中在开发基础设施的一个基本要素上，即存储和追踪数据的注册功能。考古学的实验项目证明，即使学科存在国家层面的知识库且能够进行数据的存档和共享，科研人员仍然需要本地的基础设施来对数据进行存储和描述。

在解决这个问题的过程中机构数据管理蓝图项目团队认识到不可能获得一个成功的、万能的方法。很明显科研人员对如何收集和使用数据有偏好，在某些情况下需要更高级别的安全保障，这使他们对集中式的网络存储方案存有疑虑。不同学科的科研人员在决定存储数据时有不同的考虑因素，有些科研人员希望提供一个遵循一定工作流的管理系统，并且该系统与在虚拟研究环境中提供的系统类似；其他一些科研人员只想要在项目的最终阶段存储最终的数据。前面的研究发现，一些学科的科研人员喜欢通过现有的 ePrints 机构知识库存储数据，而在长期的基础设施建设方面，ePrints 无法维持所有学科的数据存储量。由于该大学参与了一个实验项目评价 SharePoint 2010，因此决定使用 ePrints 和 SharePoint 作为潜在的基于三层元数据模型的注册系统。作为评价的一部分，它希望一些数据可以通过其他的系统进行直接的干预，由此减轻科研人员添加数据的负担。

SharePoint 应用系统第一个阶段的模型已经被开发，它给科研人员提供一种在研究数据生命周期中存储、管理和同时共享数据的设施，以及将数据输出到外部的数据知识库。使用博士生和一系列学科科研人员的输入，设计了最初的演示模型。验证后发现，SharePoint 具有潜在的灵活性，可以从其他相关的系统，如人力资源系统及财务系统输入数据，但是尽管初级阶段的实验取得了成功，但是开发软件所需要的知识和技能水平已超出了项目的资源范围。SharePoint 的工作突出了将数据管理要求，嵌入大规模机构信息技术战略部署和灵活快速响应科研人员反馈之间的矛盾。

鉴于此，研究团队将注意力转移到了通过扩展 ePrints 研究知识库以包含注册数据的功能，使其建立与相应研究论文的联系。然而，SharePoint 被认为是管理项目过程中数据和最终安全存储的第一站，ePrints 模型被进行开发，以存储和获取对已出版的研究论文提供支持的数据，从而满足资助机构的要求。ePrints 的优势在于，整个大学的科研人员对它都非常熟悉。尽管 ePrints 还不能存储大规模的数据，但它可以作为一个注册平台，促使重要学科领域的数据的存储。为此，就标准和字段的映射，南安普顿大学、埃塞克斯大学、格拉斯哥大学和利兹大学以及 ePrints 服务机构进行讨论，并借鉴埃塞克斯大学在 ReCollect ePrints 数据应用软件中所设计的元数据模型达成一致的认识，在本地实施保留核心元数据，如 DataCite 所要求的以及 INSPIRE 共有的内容，并且注册参与该社区，致力于该领域未来的发展。ReCollect app 与南安普顿大学现有的服务整合在一起，希望通过该服务的使用获得反馈以改进现有服务。

使用 ePrints 来满足数据管理的要求展示了使用具有广泛用户基础的现有服务的优势——低成本。与此同时，进行服务创新，使用自动化工具支持 DataCite DOIs。基于现有的英国国家水晶中心知识库构建服务，因为该知识库已经有使用 DOIs 并具有与出版物有关的经验。化学系承担与 LabTrove notebooks 相关的工作，也调查了 DOI 链接的潜在粒度。这包括设计登录页面如何在一个动态的 notebook 环境中运行，同时提供支持出版的简介。由于 DataCite 是专门针对数据设计的，使用它的科研人员越来越多，并通过英国的图书馆得到了普遍的支持，因此打算转移到 DataCite 服务领域。水晶学领域的学科活动已经发展为一个通用的 APP，可在 ePrints 中自动生成 DOI，它被应用于 ePrints Soton 知识库。由于认为机构存在不恰当分配 DOI 的风险，科研人员强烈要求机构对发展采取务实的态度，与值得信赖的频繁使用者和以数据集为基础的出版物的早期采用者进行合作，同时讨论不确切和不寻常的情况。

三、集成工作流

如何基于现有服务构建具有优势并且可以扩展到其他学科的服务模式是考虑的重点问题。DataPool 案例研究强调需要考虑一种通用的方式不能满足具体学科领域需求的情况。例如，有关图像的报告指出，就有效地管理激光和 3D 数据而言存在广泛的指南，但是在不同学科中的分布是不均衡的。同时还指出，入门级的指南还不够，帮助科研人员将一般的原则应用到其工作中的资源还不够充分[237]。

欧洲移民数据库案例研究的综合建模（integrated modelling of European migration database case study）创建了可以应用于多个学科的数据库和可视化工具[238]。Hitchcock 研究调查了获取并存档 tweets 的各种方法[239]。这些案例研究提供了证据，证明了服务和机构支持可以给科研人员带来益处。

这些案例揭示了促进实践发生变化的快捷路径，如用于跨机构合作的 EPSRC 资助项目提供的其他光栅和 3D 设备，在国家层面进行设备登记的系统正在建立，以供跨机构共享资源。他们也提供了一些有关存储要求的详细信息，可以用于业务规划，此外，还提供有关投入和价值的描述。尤其值得一提的是，其开发了 APP，建立了 ePrints 和 Arkivum's A-Stor 存档服务之间的联系[240]。这可以作为一系列业务模式的基本构成部分，包括建立 DataCite 的实施和针对 LabTrove 电子实验室笔记而新开发的服务模式之间的关联。JISC 计划鼓励就可能的共享服务方案进行更多的讨论。

四、提供科学数据管理计划服务

案例研究促使南安普顿大学开展数据管理计划服务。考虑到研究项目的范围和复杂性，针对具体的学科要求提供一般的咨询服务，提出了建立可信任合作伙伴关系的问题。该校采用的方法是提供基于网页的指南，帮助解释资助机构的要求，提供面对面的咨询和学科或具体数据领域专家对一些特殊问题的帮助。由于提升整个大学的服务意识特别重要，如此就可以把提供最佳咨询需要的知识和技能汇聚在一起。该服务领域涉及的关键角色有信息技术服务部门、学科馆员、科研支持部门及创新服务部门。

数据管理计划服务对吸引更多有经验的研究人员（平时工作繁忙，很难接触到的研究人员）也是很重要的。了解针对该群体的政策要求有的时候是有限的，因此还需要将完成数据管理计划作为一个促使其参与的动力。在医学、健康科学、自然和环境科学领域，产生了对主要项目负责人就撰写数据管理计划进行培训的需求，这对面向博士研究生开发的 DataPool 提供了示范。虽然科研人员有时候会寻求模板解决方案，但是由面对面支持的反馈是一种更积极有效的方式，这些也可以作为具体领域数据管理的范例。

五、设计科学数据管理培训计划

基于针对考古学研究生开展的研讨会，机构数据管理蓝图项目尝试设计了一个最初的数据管理培训模板。数据管理计划服务使开展面向所有职业发展早期阶段的科研人员和项目负责人的数据管理计划培训成为一种需要。图 8-2 展示了吸引不同群体参与数据管理的方法。它展示了如何通过现有的结构规划培训[241]。

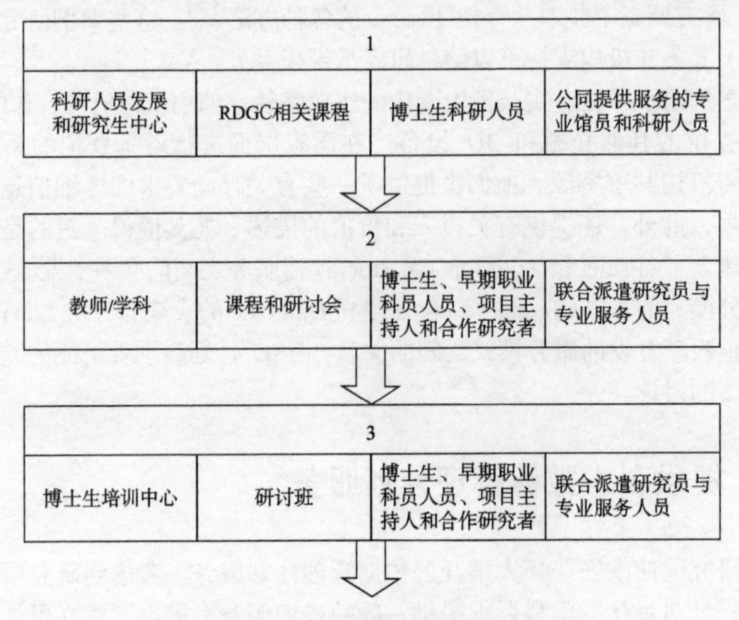

图 8-2　合作提供咨询服务的方法

为了制订培训计划，项目参考了VITAE科研人员发展框架和其他JISC计划资助项目和DCC的类似研究工作，以期广泛理解如何让培训在支持科研人员方面发挥重要作用。协作提供培训特别有效，特别是针对博士研究生和职业发展早期的科研人员的培训，博士生参与了指南和学科案例的编写及协同培训。

培训计划的实施反映了一系列重要问题，涉及一般性内容和特殊性内容之间的平衡、根据知识和经验对用户进行定位、确定研讨会的形式和长度。例如，对一般性内容，反馈表明提供更多的时间讨论数据管理的不同方面可能更有效，有助于思考如何对实践做出改变。另外，需要对培训内容和希望通过培训达到的等级提供更明确的标识，使参与培训的人可以从中获得最大价值的内容。为根据研究生命周期拓展培训的范围，南安普敦大学已经在硕士层面进行了培训尝试，数据管理已经被嵌入新的仪器分析化学硕士课程，数据管理成为硕士课程的一个模块。

南安普敦大学设计了一个不断发展的专业服务人员培训计划，将通过纳入调查结果，调查探索员工对各领域数据管理的信心和知识，帮助进一步修改培训计划。该调查已经由牛津大学的科研人员完成，其提供了有用的可比较的数据，也创造了开展区域性或联合培训的机会[242]。服务部门和学术团队之间的合作通常关注针对研究的非常具体的问题，这对吸纳多学科研究的问题是非常有借鉴价值的，但是它也提出了知识和专业技能范围的问题，即那些可以在专业支持服务中提供培训的人需要积累的知识和专业技能范围的问题。这一调查也评估了对图书馆和信息技术服务员工的需求情况，以及如何获得支持，这有助于进一步的反思和完善。由于科研人员的参与度和期望不断提升，为了使服务能够有效满足不同层次的需求，又出现了许多新的要求。因此，调查需要通过各种方法来确定服务能力和服务范畴。

第四节　本章小结

2013年3月DataPool项目完成。基于机构数据管理蓝图项目路线图第一阶段提出的框架，在构建服务能力的过程中，已经发现了一些主要的挑战，并展示了一些可能的解决方案。随后，顺利地进入下一个阶段并且显著提高了机构和科研人员的参与度。机构的政策框架已经形成并付诸实施，为在ePrints中设立一个机构数据注册管理机构奠定了基础，一站式的数据管理咨询和指南网站已经建立，以提供有关政策、法律和指南方面的信息资源。基于活跃的数据、描述型元数据和归档存储三个基本成分构建的、协商一致的、可持续升级的及可持续发展的业务模型还需要进一步完善。范围界定已经发生，但随着这一点的发展，财务和系统投资显而易见。南安普顿大学认识到了涉及的问题，相信虽然单一的独立机构解决方案可以获得资助并得以解决，但是通过协作的方式共同开展服务才是未来的方向。

机构数据管理蓝图项目和 DataPool 项目为南安普敦大学如何设计和提供数据管理策略提供了方向。因为机构数据管理蓝图项目路线图中提出的某些内容在未来还需要一段时间才能确定已被接受，所以机构在规划一些关键的事件时，应采用逐步迭代的方式，体现逐步达到最佳实践的过程。机构数据管理蓝图项目取得的进展为 DataPool 项目的开展带来了启发。这两个项目都强调需要改变机构的文化，以此为依据，形成了该校将自上而下和自下而上的方法相结合的服务策略。

就自上而下的方法而言，毫无疑问大学有关数据管理正式政策的出台是非常重要的。在政策正式提交给大学理事会之前，项目团队通过咨询过程密切合作，这个过程使政策对于科研人员而言更容易接受。团队也意识到，如果没有对科研人员关注的一些问题提供反馈的渠道，那么对推进这一议程，就没有一种有效的机制。通过机构数据管理蓝图项目和 DataPool 项目的共同努力，大学高层管理者逐步了解到数据管理的相关问题。但是在开展服务的过程中，投资回报不显著的问题也比较突出。下一个阶段是与每个教师具体的外部资助项目合作，从而提供更详细的证据。

尽管自上而下的政策和支持非常重要，但是机构或资助者的要求通常使科研人员面临的一些挑战，发展低成本、低开销的解决方案是文化变革的主要动力。面向科研人员的方法可以通过多种方式得以实施。通过不同学院和主要的学术支持服务部门之间的合作，项目团队自身的作用不断被加强。博士生和科研人员成为重要的贡献者，提供有关特殊数据集的需求的知识，并对培训做出贡献。这种同伴的参与意味着他们也是关键的变革者，通常弥补了跨学科的研究团队之间的差距。对 SharePoint 和 ePrints 的开发提供测试反馈，设计培训材料并负责相关的研讨会，在这一过程中通常需要与服务部门的工作人员一起工作，他们也贡献了具体的技术方面的专业知识作为服务开发的一部分。博士生和科研人员，在发展和形成实践社区、非正式的网络方面发挥了关键作用。

多个学科有关图像需求的案例研究和有关影响力的数据可视化研究，都为服务的创新提供了依据。自动实现 DataCite DOI 生成以及建立联系 ePrints 和 Arkivum 存储的 ePrints apps，为社区创造了进一步优化服务的机会。南安普敦大学的经验表明，围绕数据管理的问题变得越来越复杂，然而随着服务的推进，团队对可管理的数据的范围、规模、复杂性以及科研人员管理工作流和共享数据的期望，也有了更深刻的理解。在机构层面上，需要政府和资助者提供更多的资助。南安普敦大学建立科学数据管理服务的特点是，围绕具体学科的需求、科研人员的工作流、低成本的技术应用系统和培训支持建立起合作伙伴关系，这对继续实施机构科学数据管理蓝图项目路线图的其他内容是非常重要的。

第九章　科学数据管理服务推进策略——全面规划

第一节　案 例 概 况

莫纳什大学认识到如果数据可以更好地被管理、更容易被发现，可以获取并再使用，并曝光给相关的科学社区，将会增加科学研究的影响力、改善研究实践（包括合作关系），并为提高教育成果贡献力量。莫纳什大学使用一种多方面、多层次和战略性的方法开发数据管理服务，包括领导并参与澳大利亚联邦政府的大举措和与此同时在机构内使用的“小步骤”方法。莫纳什大学已经引导国家项目对数据管理基础设施进行原型开发和建设，担任政府资助的澳大利亚国家数据服务的牵头机构，形成数据管理治理的机构联盟，制订了 2012~2015 年战略与战略计划，确定了数据管理政策与相关的程序和指南，提供数据管理技能开发计划，建立了一个 PB 级的数据存储平台，并开发和部署了一系列具有针对性的多功能解决方案，用于管理数据和相关元数据。

莫纳什大学认为数据管理对其改善研究绩效、遵从资助机构政策要求、达到科学社区的期望至关重要。莫纳什大学的所有相关人员以一种协调统一的方式，共同承担改善数据管理的责任；为了支持这一点，大学不断增设新的岗位，同时还将图书馆员和信息技术人员短期借调到数据管理岗位上，以建立莫纳什大学数据管理服务的能力和专长。本章介绍莫纳什大学为开展服务所做的工作，分析在规划和实施有效服务的过程中，莫纳什大学遇到的问题和挑战；详细描述莫纳什大学针对数据管理的组织方法，探讨莫纳什大学数据管理基础设施建设的非技术要素和技术性要素，并概述莫纳什大学推动数据管理基础设施可持续发展的战略。

第二节　实 施 背 景

一、机构研究环境和数据管理的历史

莫纳什大学成立于1958年，包括六个澳大利亚校区共十个学院。它还在马来西亚和南非设有校区，在意大利、印度和中国设有中心。虽然莫纳什大学在许多研究领域进行研究（超过 150 个研究领域），但它特别关注其中的一些专业领域，内部称之为“领先能力”。这些领域分为健康与幸福（事故、伤害和创伤、癌症、健康、幸福和社会变迁、感染和免疫、神经科学）、新疗法（公共卫生，干细胞和再生医学，妇女、儿童的生殖健康）、新兴行业和生产力（先进制造业、航空航天、能源相关材料、纳米材料）、可持续发展环境（气候变化与天气、能源、绿色化学、可持续发展和城市用水）、有活力的文化和社区（发展经济学、经济模型、教育、精神健康法）五类，密切配合澳大利亚联邦政府国家研究重点和国家合作研究基础设施战略。

莫纳什大学走向更有效的数据管理之路，始于2006年发布信息管理战略，成立科学数据管理小组委员会，随后在图书馆内设立了一个专门的组织全校数据管理协调工作的协调员职位。莫纳什大学决定为所有科研人员，包括研究生（higher-degree research students，HDR）提供集中管理的数据存储平台，这是科研人员考虑存储如向他们的数据以及如何更好地管理数据的一个主要驱动力。

在2007年澳大利亚政府颁布《负责研究行为法案》（*Australian Code for the Responsible Conduct of Research*）之后，莫纳什大学成立了研究治理执行委员会（Research Governance Implementation Committee，RGIC），负责研究行为法，为制定面向工作人员、辅助人员和其他人员的数据管理政策和程序提供了背景，莫纳什大学决定将数据管理政策和程序作为所有研究相关的政策和程序的一部分。在莫纳什大学，所有政策都需要有相关的程序和准则。制定这些政策的迭代过程本身就是交流和提高认识的活动。莫纳什大学的数据管理协调员，开发了一个科学数据管理网站，为科研人员提供数据管理问题的实用指南。

除了制定面向莫纳什大学科研人员的数据管理政策和程序，莫纳什大学研究生院（Monash Institute of Graduate Research）表示还要制定针对研究生的具体流程。2010 年，莫纳什大学学术委员会批准研究治理执行委员会起草的政策和工作流程；2011 年初独立的、面向莫纳什大学研究生的流程获得批准；2012 年莫纳什大学的数据管理战略和规划得到批准。

这一系列活动导致了新的研究成果的产生，促进了更好的研究实践和合作研究。例如，生物医学数据平台数据采集解决方案供应商 MyTARDIS 是一个多机构合作企业，它有助于归档和共享澳大利亚同步加速器和澳大利亚核科学技术组织以及莫纳什大学等机构收集的数据和元数据。2016 年莫纳什大学开始实施扩展协调数据管理活动的计划，全面地处理技术、专业发展和文化变革。莫纳什大学数据管理服务团队邀请了少数药学和制药科学领域的教授参与帮助改进其数据管理计划。

二、整个国家的研究环境

澳大利亚《负责研究行为法案》，是关于好的研究实践和研究诚信的指南，其提供关于作者、合作者的行为规范，以及研究相关培训的参考依据。它涵盖数据和原始研究资料的管理，概述了科研人员和研究机构的责任[243]。因此，它为澳大利亚迄今为止的大部分数据管理工作提供了指导。关于数据管理，莫纳什大学致力于改进行为法案不仅仅是遵从法案的要求。

《负责研究行为法案》指出，数据管理是一种共同责任，要求科研人员较好地管理数据，他们所在的机构提供工具、建议和过程帮助他们实现这一目标。莫纳什大学在提供工具、建议和过程来帮助其科研人员进行数据管理方面，发挥了引领作用。莫纳什大学通过在机构层面提供大规模的管理数字数据的存储平台，为科研人员和研究生提供了存储数据的空间（对存储量没有进行限制）。莫纳什大学也是澳大利亚第一个提供数据管理服务的大学。在莫纳什大学，科研人员存储数据所需要的费用由学校统一承担，对于科研人员而言没有直接成本。这就大大减小了该校科研人员接受这一解决方案的障碍，科研人员不再需要从其他地方购买非永久的且质量不高的存储设备，这也是当时设计这一方案考虑的最关键的一点。数据存储当然是数据管理的一部分，但是它还应该围绕其他方面，做好可用性的准备。

澳大利亚有两个主要的政府公共资助机构，即澳大利亚研究委员会（Australian Research Council，ARC）和国家健康和医学研究委员会（National Health and Medical Research Council，NHMRC）。这两者的政策都要求获得公共资助的项目产生的科研成果，必须在出版后 12 个月内进行开放获取，但并没有强制性要求将数据存储在知识库中。与英国不同，除澳大利亚的社会科学数据知识库，即现在的澳大利亚数据档案中心（Australian Data Archive）外，澳大利亚没有其他的学科数据知识库。但是，澳大利亚有一个强大的机构知识库网络，政府为此投入了大量的启动资金（其中大部分是针对大学图书馆的）。机构知识库在澳大利亚卓越研究（excellence in research Australia，EAR）中发挥了核心作用，这就为图书馆参与机构数据管理发展创造了良好的机会。值得注意的是，《负责研究行为法案》和本地研究资助者指南中都没有提到数据管理计划。因此，莫纳什大学并没有要求科研人员提交数据管理计划，而是通过提供与具体项目相关的文档来改善数据的管理实践。

澳大利亚政府通过国家合作基础设施战略计划（national collaborative research infrastructure strategy program，NCRIS）、教育投资基金超级科学计划（education investment fund super science initiative）继续支持该领域的发展。与数据管理特别相关的是，澳大利亚国家数据服务投入7 500万澳元进行数据再使用能力和基础设施建设，投入 5 000 万澳元进行国家数据存储平台——科学数据存储基础设施（research data storage infrastructure，RDSI）（http://rdsi.uq.edu.au）建设，投入 4 700 万澳元进行协作研究基础设施—— 国家 e 研究协作工具与资源（national e-research collaboration tools and resources，NeCTAR）（http://www.nectar.org.au）建设。这些项目已经向全国各地的研究机构投入了大量资金，用于继续支持这一领域的其他项目。

由于莫纳什大学是澳大利亚国家科学数据服务项目的主要负责机构，因此密切参与了澳大利亚国家数据服务中心的许多工作。澳大利亚国家数据服务中心在数据管理方面建立了几个国家级的服务机构，帮助发布数据馆藏，目的是使这些数据馆藏成为可管理、可链接、可发现和可重复使用的资源。澳大利亚国家数据服务中心与这些机构合作，建立一致的机构数据基础设施，并利用工具、政策和人员提高澳大利亚研究系统揭示数据的能力。

澳大利亚国家数据服务中心与研究组织和政府机构合作，构建起一个交叉互联的数据环境——澳大利亚科学数据共享（Australian research data commons）平台。澳大利亚研究数据可以访问这一平台，并为公众提供一个开放的窗口。该网站发布有关所收集的数据的信息，包括产生数据的机构、使用数据的项目以及促使获取数据和利用数据的服务。澳大利亚国家科学数据服务采用了以收集数据为重点的方法，因为不可能制定针对所有不同类型数据的国家跨学科门户。例如，时间序列数据与空间数据，以及通过望远镜和显微镜收集的图像数据相比获取方式就存在较大差异。科学数据澳大利亚的重点在于通过相关人员、组织、研究项目、期刊文章、访问服务、设施、工具等丰富的研究背景信息，提升国家收集数据的知名度。虽然科学数据澳大利亚提升了科学数据的可发现性，但是科学数据主要还是通过本地机构知识库和具体领域的访问网站来获取的。

澳大利亚国家数据服务的资助，对莫纳什大学承担的数据管理项目和提供的服务产生了重要影响，同时也带来了员工能力的提升。通过澳大利亚研究数据，莫纳什大学实现了许多数据的开放获取，并打算继续使用本机构的基础设施来实现更多数据的开放获取。

第三节 科学数据管理组织层面的支持

正如《负责研究行为法案》所期望的那样，莫纳什大学将实施数据管理作为一种共同承担的责任。图书馆长和莫纳什大学的高层管理者一起，坚持倡导改进数据管理实践。高层管理者已经认识到了通过数据管理改进研究实践的潜力，如增加研究影响力、促进数据再使用和科学交流。莫纳什大学不是通过强调遵守法规来证明数据管理的改进是必要的，而是通过强调改善数据管理对增加数据价值的重要性，特别是在数据以合适的方式开放获取的情况下。莫纳什大学对数据管理在更高层面上的认识，使其将数据管理作为大学的一项重要战略目标。

数据管理服务的监督机构不断发生变化，数据管理委员会的报告指出，它将通过莫纳什大学研究委员会，向该校学术委员会报告数据管理工作的进展。此外，还成立了数据管理咨询小组，汇集来自各学院的具有实际研究经验的重点领域的代表。图书馆、莫纳什 e 研究中心（Monash E-research Centre，MeRC）、莫纳什大学信息技术部共同领导咨询小组，与科研部、莫纳什研究生院（Monash institute of graduate research），以及科研人员、研究管理者、研究助理、大学教师、学院和中心协同开展工作。

通过莫纳什大学图书馆员的努力，莫纳什大学图书馆被认为是莫纳什大学科学数据管理服务的主要引领者，它负责协调政策和战略的发展。其通过向科研人员和专业人员提供咨询的直接方式和通过数据管理网站向科研人员提供咨询的间接方式，领导持续发展的数据管理计划，对重要的数据馆藏进行有策略的监管，并管理莫纳什大学的研究知识库，负责科研人员和专业人员的数据管理能力建设和技能开发的协调、发展和实施。与此同时，莫纳什大学图书馆也坚持不断完善其职业发展计划，帮助图书馆员建立能够积极地参与大学服务活动的能力。

莫纳什大学 e 研究中心搭建了科研人员和信息技术部门之间的桥梁，引领数据管理基础设施建设中的技术创新，为科研人员提供主要技术方面的数据管理建议。信息技术部门 eSolutions 提供平台即服务（platforms-as-a-service）、软件即服务（software-as-a-service）以及提供数据管理基础设施的软件开发和技术支持。

第四节　科学数据管理的软环境建设

莫纳什大学花费时间考虑非技术性数据管理基础设施活动可以包含的内容，然后把这些内容划分为几大类。并打算随着时间进展，对这些主题不断进行调整和完善。最初确定的主题有政策和战略、信息和咨询、知识和技能，以及可持续性。

莫纳什大学在开展服务的初级阶段，决定采用被称为“小步骤”的战略思路。莫纳什大学的观点是只要是在正确方向上取得的小进步，也是成功的。

一、政策和战略

莫纳什大学数据管理政策制定的第一个阶段耗时很长、描述很充分，按照不同的方式组织政策内容进行尝试，如按照责任人或者按照利益相关者来组织政策内容。通过分离与上级政策原则有关的内容和与程序相关的内容，政策得到了微调，并更好地了解了程序的潜在作用。政策明确了科研人员、数据管理、数据的概念，并界定了利益相关者及他们应该扮演的角色和承担的责任。莫纳什大学政策的进一步细化涉及广泛的咨询，这被证明是一个有效的外联活动。为了使政策更有效，需要科研人员参与其中并了解他们扮演的角色，同时需要厘清大学的责任领域，如风险和审计、法律事务、研究管理、记录和存档、商业化、版权/知识产权、道德和研究培训之间的关系，使所有这些都能够为改善政策并使其更加和谐做出贡献。

莫纳什大学政策的宣传覆盖所有校区，包括马来西亚和南非的校区，并尽可能地在政策与相关文件、政策和法规之间建立链接，提升政策的可见性。值得注意的是，所有科研人员都想改进数据管理实践，并希望得到咨询和协助。这一过程最初没有打算关注研究生，但是与科研人员讨论后，发现应该关注这一群体，提升研究生的数据管理实践，从长远来看更可能改善整个科学研究环境，因为他们是未来的科研人员。

来自药学与药物科学（pharmacy & pharmaceutical sciences）的教职员工是第一批接受莫纳什大学新的数据管理政策的科研人员。药学与药物科学本身就是一个产生大量数据并重视原始数据管理的学科。负责科研的副校长是莫纳什大学研究委员会（Monash Research Committee）和研究监督执行委员会（Research Governance Implementation Committee）的成员，领导推动针对教师的新政策目标的实现，同时领导开发实际工作流程以改进科研人员的数据管理实践。

对莫纳什大学而言，以药学与药物科学作为切入点，开始推进该校数据管理的发展是非常有用的。因为药学与药物科学的科研人员相对集中，且该学科具有大量的原始数据和共享科研成果的文化。在该研究领域，一些教师是电子实验室笔记（electronic lab notebook，ELN）的早期采用者。电子实验室笔记提供了在一个安全框架下进行数据管理和共享的可扩展的、集成的研究环境，可保护知识产权，理顺实验室工作流程。但是从长期来看，由于实施成本问题，电子实验室笔记的推行有一定难度。通过与药学与药物科学学院的合作，莫纳什大学取得了以下一些成果：

（1）成立了教职员工子委员会，由负责科研的副校长领导，吸纳科研人员、信息技术部门的员工、科研管理者和来自莫纳什大学 e 研究中心的工作人员和图书馆的代表作为委员；

（2）将教职员工的本地集中式数据存储与大学层面的机构数据知识库存储联系起来，实现了夜间传输存档；

（3）颁布网络存储的强制性要求，为学生提供统一标准化的文件目录结构和资助项目的命名协议（如何说服学生长期坚持这一要求是一个挑战）；

（4）达成了实验室笔记协议；

（5）将开展面向教职员工的数据管理培训和引领文化变革列入日程。

同药学与药物科学学院的合作项目有效地证明了大学里的不同部门可以一起协同工作，从而实现数据管理的目标。负责科研的副校长首先向莫纳什大学的研究生介绍如何与大学图书馆的馆员建立联系，然后由图书馆员详细介绍数据管理的具体要求。在这一项目开展的过程中，图书馆员充分发挥了鼓励的作用，并通过小步迈进的方法推动数据管理的发展。与此同时，莫纳什 e 研究中心和信息技术部对促进相应技术方面解决方案的发展也做出了突出贡献。这一项目，使教职员工认识到了改进数据管理实践及促进科学文化变革带来的益处；也充分显示出，为了使数据服务具有长期的影响力，良好的技术解决方案和充分发挥人所能发挥的作用都是非常重要的因素。当然，需要做的工作还有很多，共同承担责任的方法将继续传承，并不断地促使服务优化。

二、信息和咨询

莫纳什大学的数据管理网站，作为莫纳什大学图书馆网站的一个主要模块，整理与数据管理相关的各个主题，以期为科研人员提供信息和咨询服务。图 9-1 展示了该校数据管理网站的介绍页面。它的目的是帮助科研人员提升、增强有关数据管理的认识和意识，提供处理数据管理常见问题的指南。网站目前包含的信息包括数据管理计划的益处、共享和传播数据、咨询和规划、面向莫纳什大学教职员工和研究生的协作型数据知识库、莫纳什大学的数据管理、理解所有权和知识产权、选择正确的数据存储方式、确保数据安全、数据的保留和处理。此外，莫纳什大学图书馆数据管理信息和建议也可以通过一些宣传性的印本材料，以及人员之间的交流被获取。

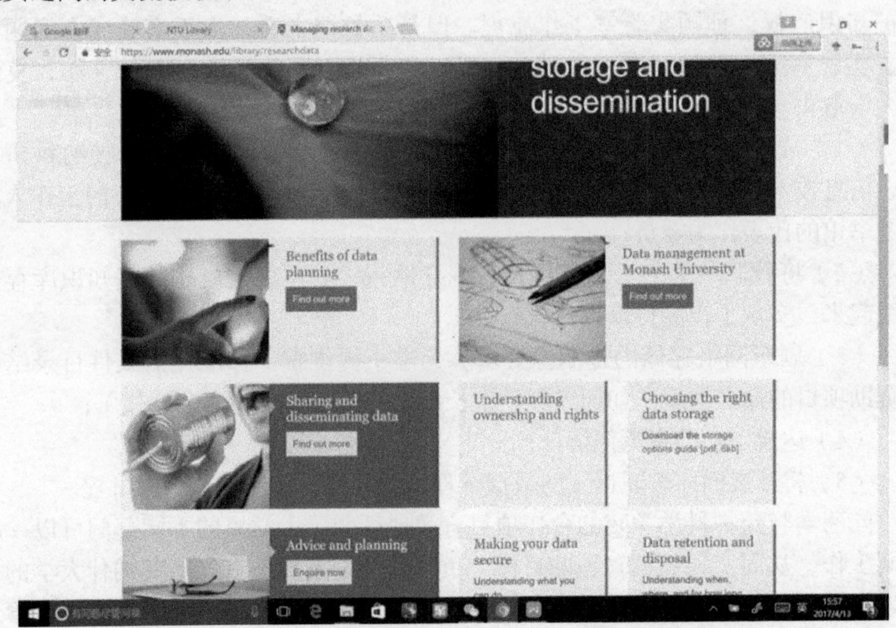

图 9-1 莫纳什大学的管理研究数据介绍页面

三、知识和技能

为提升教职员工和研究生的数据管理技能，莫纳什大学图书馆开展了一系列的工作。特别是针对新入校的研究生，莫纳什大学图书馆规划了一系列事件来宣传和普及数据管理的知识，帮助研究生了解数据管理这一新的、重要的事务，具体包括开学典礼环节、宣讲、针对具体的团体和个人开展咨询、嵌入研究生的一些具体活动（如莫纳什大学的 e-Research 和 e-XPO），以及与研究生院和具体学院联合开设新课程的方式。

图书馆员经常与莫纳什e研究中心以及教职员工一起合作，通过将其嵌入一系列已有的培训计划、校园研究日以及研究生活动，为宣传数据管理知识贡献力量。图书馆已经制定并发布了包括数据管理的培训计划，如计划一系列研讨会，并计划至少每两年要在医学、护理和健康科学领域的研究生中进行一次有针对性的宣讲。与莫纳什大学研究生院合作，图书馆提供数据管理的相关内容和教师培训，面向新入校的研究生开展两个小时的数据管理计划写作研讨会。其计划在未来形成更正式的培训程序，如将确认的培训参与者与某种形式的数据计划绑定，开展有针对性的主题培训或要求研究生存储与论文相关的数据。莫纳什大学研究生院也针对研究生开发了更正式的培训课程和课程计划，从2012年开始教师就开始按照这些教学计划展开相应教学工作。图书馆在与学院和教师合作提供数据管理培训和其他针对具体学科的数据管理技能提升方面积累了丰富的经验。

虽然政策和程序是有关最佳实践的，但是通过与科研人员交流，以不同的方式构建数据管理也是可能和可取的方式。通过广泛地吸引科研人员参与数据管理相关的活动，莫纳什大学构建了专注于通过数据管理所获取的利益的沟通策略，并引导科研人员思考一个更好的数据管理计划在未来可能会对其日常的科研工作带来怎样的影响。莫纳什大学尝试使用“你在这里可以获得什么”的方法进行数据管理培训，从科研人员的角度出发，让他们感受到图书馆的服务设身处地为他们着想，这是一种最根本的激励方式，值得学习和借鉴。

四、可持续性

为了保持非技术性数据管理基础设施活动的可持续发展，莫纳什大学尝试将其纳入整个大学层面的更广泛的对外联系和教学工作的一部分，使数据管理被视为良好研究实践的完整构成的一个部分，而不是额外增加的或其他特殊的活动。为了实现这个目标，数据管理协调员必须努力扮演好“中间人”的角色，在更广泛的范围内吸引科研人员参与其中，提供可实施的建议和方案。

第五节　科学数据管理的硬环境建设

研究机构越来越意识到，确保机构的数据管理方法对机构的研究策略和目标做出贡献的重要性和迫切性。为此，研究机构需要提供能够满足其预期目标的数据管理基础设施来支持跨学科协作式前沿研究，增加科研成果的可见度和影响力，为科研成果的验证提供渠道，帮助用户尽可能地规避法律风险，吸引具有潜在合作倾向的优秀科研人员以及获得额外的研究投入。所有这些都必须罗列在机构的战略规划中，以确保投资于基础设施的资金不会浪费。

科研人员需要数据管理基础设施支持其获得实现新的研究成果和更高的研究影响力，提供对数据的保护，帮助应对数据泛滥的困境，创造协作机会和渠道，为数据的重用和科研成果的验证创造条件。与此同时，科研人员还需要遵从科研资助机构的要求、机构自身的政策、法律义务、各种行为准则和文化规范。此外，科研人员一般隶属于某一具体的科研社群，有社群本身的最佳实践和行为规范。因此，如果研究机构部署的基础设施不能满足科研人员需求的话，那么科研人员可能就会部署自己的基础设施并与其外部数据管理基础设施配合使用。

需要注意的是，虽然科研人员和研究机构都认识到数据及其相关元数据对实现数据有效管理的目标至关重要，但两者的需求也可能存在明显的差异。莫纳什大学在选择、开发和部署数据管理基础设施以及规划数据管理可持续发展的工作中考虑过这些问题，由此产生的经验也打算用于开发下一代数据管理基础架构的参考。

一、与科研工作流整合

科研工作流程可以以各种方式构建，一些方式比其他方式更复杂。为了实现数据管理基础设施与科研过程的匹配性，莫纳什大学将其科研工作流程规划为一个简单的线性序列活动，如图 9-2 所示。

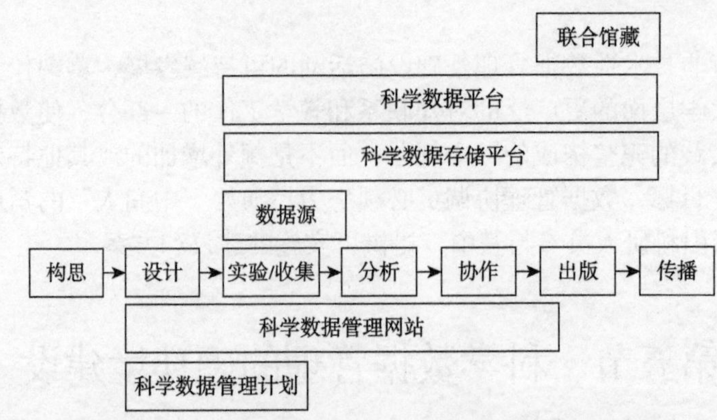

阶段	描述
构思	设想一个假设来测试
设计	设计一些实验来测试假设
实验/收集	若为科学方面，则进行实验并收集结果；若为艺术方面，则收集研究资料
分析	分析实验结果并确定研究发现
协作	与同事分享结果，以获得不同观点，促进讨论
出版	描述成果并使其可公开获取
传播	通过将研究结果传播给主要目标社区来最大化提升研究影响力

图 9-2　科学数据管理基础设施与研究过程的关联

该模型表明，科研流程、数据管理原则和实际数据管理之间的关系开始于概念界定阶段，并且不仅仅涵盖出版物，还包括传播数据等研究结果。数据管理及其相关平台涉及数据的整个生命周期，通过支持收集和生产数字数据，分析、共享研究成果并发布成果；通过让数据被其他人发现和重用来确保科学研究能够产生持续的影响。需要妥善监管实现开放获取的数据，其主要格式应为可收割的元数据，如重要知识库（如机构、国家和社区门户网站）注册的数据源和主要电子期刊指定的数据源。数据平台的基础是支持数据的存储。对科研流程和数据管理之间融合程度的认识，导致莫纳什大学采用实施针对具体学科的数据管理基础设施，或提供具有足够的灵活性、综合性的基础设施（通过调整重新利用），以确保它支持莫纳什大学的整个研究过程的方案。事实证明，莫纳什大学所采用的这些基础设施平台已经使该校产生了更好的研究实践、更多的新研究成果，也使协作研究的开展更方便。

莫纳什大学开发的数据管理平台的一个典型案例是 MyTARIDS 蛋白质晶体学平台，该平台不仅支持项目层面的研究，还带来了其他更广泛的益处，具体如下。

（1）更好的研究实践：MyTARDIS 的实例现在在澳大利亚同步加速器和澳大利亚各地的许多大学都已实现。由于原始数据由同步加速器捕获，元数据将被自动提取；如果原始数据的所有者属于具有 MyTARDIS 的本地实例的大学，则元数据和原始数据将自动发送并编目到科研人员的 MyTARDIS 本地实例库中。

（2）新的研究成果：莫纳什大学的 MyTARDIS 实例库，已经收集了多年的原始数据集。科研人员分析原始数据集，以解决晶体的原子结构，但并不是所有的结构都可以解决。这些新技术现在被应用于存储在 MyTARDIS 中的早期未解析的原始数据集。它促使了 PlyC 原子结构的确定。PlyC 是抗生素的潜在替代品，其发现是一项重要的研究成果。

（3）协作研究：MyTARDIS 中收集的数据可以保密，可以与其他科研人员共享，也可以开放获取。MyTARDIS 中收集的数据不但可以在澳大利亚科学数据库中注册，还可以在澳大利亚衍生图像存储库 TARDIS（http://tardis.edu.au）中注册，这就为发现潜在合作者创造了条件。

二、科学数据管理基础设施概述

莫纳什大学数据管理基础设施可分为六大类，如图 9-3 所示。整个基础设施不需要由某个研究机构单独提供；相反，一些要素可能需要由地区、国家、国际或商业服务部门协作提供。

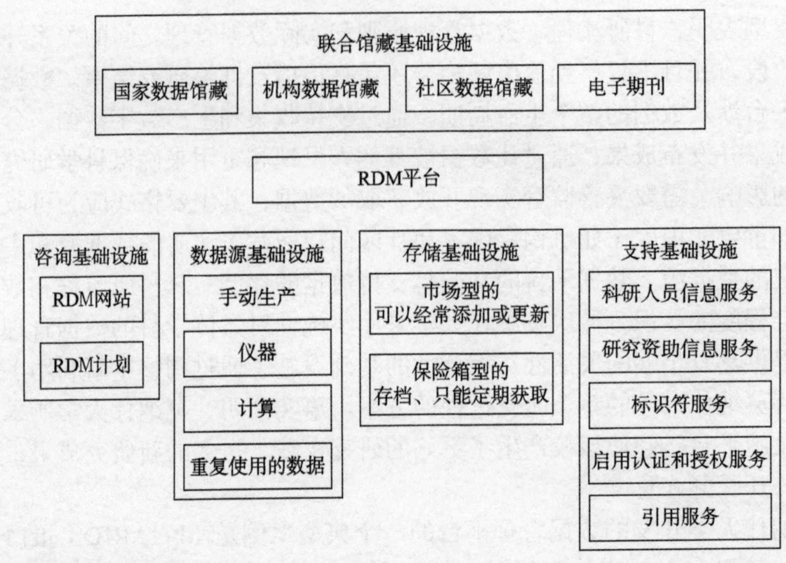

分类	描述
联合收藏	此类别中的组件便于数据的联合、发现和重用
科学数据管理平台	科学数据管理平台有助于捕获、监管、组织、分析、共享、发现和重用数据
咨询	提高科学数据管理的意识，提供包括机构科学数据管理政策、策略、实践和工具的咨询服务，并鼓励撰写科学数据管理计划
数据源	科学数据的来源，指明是手工生成，从仪器、计算节点产生还是重复使用的科学数据
存储	为科学数据提供基础存储平台。通常可以采取可经常访问或更新的商业平台和只提供存储与定期获取的存档平台两种形式
支持	这个类别包含各种组件，用来丰富收集科学数据的元数据，提供永久标识符，启用认证和授权，方便进行引用

图 9-3　数据管理基础设施概览

三、数据管理基础设施的选择开发与部署策略

（一）选择策略

由于科研人员主要使用数据管理平台，为了使这个平台有效并具有较高的实用性，它就必须与科研人员的工具、工作流程、仪器、方法、环境以及最重要的研究文化相匹配。由于不同学科间，科研人员使用的数据收集工具、工作流程、研究方法和科研文化等都不尽相同，甚至差异显著。因此，使用一个平台来满足科研人员持续发展的需求是不切实际的，也是不可行的。事实上，研究机构应该为适应科研人员的需要而提供一系列平台。

对于科研人员而言，所属研究领域或者学科的行为规范和公认的实践对其行为本身的影响要远大于所在机构对其产生的影响，数据管理实践也不例外。因此，即使机构的解决方案和服务在技术上更优越，科研人员也许仍会倾向于选择采用所属研究社区的平台。鉴于此，与不同的科研社区开展针对性合作，为数据管理实践发展做出贡献也非常重要。莫纳什大学的经验是，如果一个大学科研人员所属的研究社区已经有了相对完善的平台或者管理策略，而且科研人员普遍认为这个平台能够满足其具体的需求，那么这个机构就应该采取措施促进该领域更多的科研人员更顺畅地使用这一平台。当然在某些情况下，也需要对这些平台进行一定程度的再开发，使其更好地满足机构自身的需要。

但是，由于莫纳什大学涵盖众多的研究学科，因此由大学为每一个学科提供平台也是不现实的。因此，应该有策略地选择出一些具体的学科，为其提供平台支持。那么，选择哪些学科？如何选择学科呢？莫纳什大学的做法是优先选择那些有着良好的基础，愿意参与数据管理实践变革，已经有所准备，并认为这对提升该机构的研究影响力和投入回报率具有重要战略意义的那些学科。云存储服务方式对科研人员以及服务人员的专业知识和技能要求都不高，可以大大降低存储成本，但是提供这类平台可能会给科研人员带来一定的风险，所以应该综合考量。

（二）开发策略

莫纳什大学的理念是，考虑到开发成本高昂及软件开发项目固有的众多风险和挑战，重新开发新的平台应该是最后的选择。然而，鉴于一些学科的研究需求和独特的研究环境，有的时候开发新的个性化平台也是必要的。莫纳什大学的经验是，为科研人员开发软件平台的过程通常与主流商业软件所需的开发过程完全不同。构建与软件开发商和科研人员之间的合作关系，通过解释沟通获取的功能需求信息，很多时候其实是模糊不清的。科研人员往往最终关注研究成果，其需求可能会随时间的推进而不断地产生变化。因此，很多时候，开发的软件平台其实满足的只是短期的需要。莫纳什大学在为其科研人员开发平台时，主要遵循以下原则和方法：

（1）科研人员必须主导技术解决方案的开发；

（2）这些解决方案必须由研究社区所有而不是机构所有；

（3）应该对现有的平台进行调整以节省开发时间，降低风险；

（4）应使用敏捷软件开发方法；

（5）软件应该能在其他机构轻松部署；

（6）应为该学科宣传推广平台的科研人员提供支持。

（三）部署策略

联合馆藏基础设施：莫纳什大学的观点是，开展联合数据收集涉及内部和外部的广泛群体，因此，联合馆藏数据的基础设施最好在机构外部进行托管并寻求支持。这提出了大学是否需要集中式的机构数据知识库的问题。建设机构数据知识库有展示研究机构的数据并跟踪研究机构数据的再使用情况、促使机构内的科研人员发现和重用可获取的数据两个主要用途。在初始阶段，莫纳什大学并没有提供涵盖所有学科的机构数据知识库。相反，它使用各种交换协议和格式，将元数据发布到由一系列数据工具（如研究数据管理平台和莫纳什大学的研究知识库）组成的联合馆藏基础设施平台上。澳大利亚研究数据联合澳大利亚数据馆藏使每个研究机构展示本机构的馆藏数据。这是莫纳什大学提升数据可发现性的首选方法。

数据管理平台：平台的数量在不断增加，它们可以由研究机构、区域性政府服务提供商、国家政府服务提供商、国际组织或商业组织主办，因此研究机构在提供和支持数据管理基础设施方面的灵活性十分重要。由于任何一个研究机构都无法负担并支持面向所有学科的一个平台，因此可以假设其科研人员使用的许多平台将从外部托管。但是敏感数据的情况除外，如从临床路线产生的数据，可能出于法律、伦理原因的考虑，需要在本地平台上统一管理。莫纳什大学提供虚拟协作托管平台、一系列流行的数据中心、大量免费的数据存储库（访问时间很长）以及其他软件平台。

数据存储：上述提到的数据存储基础设施项目建立国家科学数据存储平台，这对莫纳什大学的数据存储基础设施平台战略产生了重要影响。莫纳什大学作为数据存储基础设施项目的一部分，充当本地存储节点，并且考虑如何最大限度地实现节点与自身基础架构之间的最大化协调。这两个选项之间的数据转移是为了最大限度地发现和再使用数据。莫纳什大学认为数据存储基础设施是科研人员存储数据的主要位置，因为它支持项目资助结束后数据的长期存储。

四、数据管理基础设施与内外部系统的集成

（一）机构管理系统与数据管理平台的整合

在注册与研究出版物相关的数据馆藏时，或者鼓励重用数据时，最好提供有关科研人员的元数据，以及相关资助（包括授予机构）和相关出版物的元数据。莫纳什大学的数据管理平台打算逐步纳入越来越多的使数据馆藏和相关研究管理元数据之间建立关联的机制，建立数据馆藏与永久性标识符之间的关联，以及通

过发布、联合或收割公开发布数据馆藏的元数据。为了实现这个目标，机构需要考虑实现使其研究管理信息系统可通过数据管理平台进行访问的技术。莫纳什大学依靠询问集中式研究管理系统网络服务器的支持实现二者的整合。

（二）外部系统和数据管理平台的整合

为了最大限度地促进数据的协作和再使用，简化并加快工作流程，数据管理平台需要与各种外部系统整合，具体包括认证和授权系统、引用系统、传播系统、创建和维护永久标识符系统、适当提供分析的基础设施（如高性能计算）。

由于数据管理的一个主要方面是数据共享，且大多数科研人员往往和其他机构的科研人员进行合作，因此通过联合访问技术（如 shibboleth）支持单点登录的数据管理平台将更方便使用，而且更可能被采纳。shibboleth 是一个免费、开源的 web 单点登录系统，具有丰富属性的开放标准，主要是基于 SAML 协议的。这是一个联合系统，支持安全访问资源。有关用户的信息从身份提供者（identity provider，IDP）发送到服务提供商，shibboleth 准备对受保护的内容或应用信息进行保护。也就是说 shibboleth 有两个主要的节点分，一个是身份提供商，另一个是服务提供商。身份提供者提供信息的服务用户；服务供应商收集有关用户的信息，以保护资源。一个典型的例子是：web 浏览器访问一个受保护的资源，在其身份提供商处进行身份验证，并最终返回到受保护资源处重新登录。也就是说机构需要将其认证系统链接到确定的相关提供商，莫纳什大学采用了澳大利亚获取联合会（Australian Access Federation，AAF）提供的解决方案。

数据管理平台可能将描述其所收集数据的元数据发布到一系列存储库中，包括收集数据的国家/机构数据知识库、社区网站和电子期刊等。元数据还可能需要以各种格式传播，并使用各种技术。例如，澳大利亚研究数据将注册表交换格式-馆藏和服务（registry interchange format-cotlections and services，RIF-CS）作为描述数据的元数据，除了描述数据，还描述与其相关的科研人员、科研资助和服务，并使用 OAI-PMH 进行传播。

当数据作为文章、期刊、博客内容的一部分被提供时，永久标识符在实现数据重新定位方面非常有用。当选择标识符服务时，机构应该考虑标识符提供商的服务寿命、生成标识符的成本以及所在研究社区对标识符类型的接受程度。莫纳什大学选择使用澳大利亚国家数据服务和 DataCite 提供的数字对象标识符服务来支持数据集的永久识别，从而方便进行数据的引用和影响力的追踪。

第六节　数据管理技术性基础设施

一、数据存储

许多科研人员仍将他们的数据存储于个人存储设备，如CD、U盘、便携式硬盘和笔记本电脑。存储在这些介质上存在诸多风险，如很容易丢失、难以协同合作、容易被破坏等；这样的方式也导致了数据收集的分散化、碎片化。过去许多科研人员使用莫纳什大学业务网络存储平台存储其数据，但是普遍反映的问题是存储空间太小。增加存储空间相对成本较高，所以科研人员选择自己购买存储设备或做出关于要保留的内容及要删除的内容的决策。

鉴于此，莫纳什大学部署实施了一个 PB 级的数据存储平台——LaRDS（large research data store）。为了减少使用障碍，为良好的数据管理实践奠定基础，莫纳什大学的数据存储平台 LaRDS 开放给科研人员免费使用，同时也支持对访问进行个性化限定。为了提高数据存储平台 LaRDS 的性能并降低大学内部网络拥塞的风险，LaRDS 已经为一些研究团队提供了本地高速网络存储设施NAS（network-attached storage）作为一个缓冲环节，之后定期同步到PB级数据存储平台LaRDS上。由于数据存储平台LaRDS保存了每个数据集的多个副本，以确保数据的完整性和可靠性，因此其总存储容量远远大于可分配给用户的有效容量。

总之，莫纳什大学的数据存储平台LaRDS为科研人员提供了一个可靠的、可存储大规模数据的平台，既满足了科研人员数据存储安全性的需要，也使科研人员不再需要花费时间考虑哪些数据需要保留、哪些数据应该删除。

二、数据管理计划

莫纳什大学通过在数据管理网站上发布指南及数据管理计划核对列表的形式，提供有关数据管理计划的指导和帮助。这些内容是通过整理数据管理所需解决问题的各个方面而形成的，图书馆在科研人员撰写数据管理计划的整个过程中提供指导，这些问题也反映了澳大利亚《负责科学行为法案》和莫纳什大学的数据管理政策所列出的一系列问题。由于数据管理计划核对列表的内容以及支持过程仍处于不断完善的阶段，澳大利亚的资助机构也没有强制性要求提交数据管理计划，所以莫纳什大学最初并没有提供相应的软件工具来支持科研人员撰写数据管理计划。

三、机构研究知识库

莫纳什大学的机构研究知识库包含莫纳什大学研究活动的所有内容。它最初作为一个开放获取的出版物存储库投入使用，但已经被扩展到数据领域。机构知识库提供了一个安全存储和集中管理所选择的数据和相关出版物的位置，以便其在全球范围内的访问使用。它包含已发表研究成果的最终接受版本，如书籍、书籍章节、期刊文章和会议论文；以及论文、技术报告、工作论文和会议海报等未出版的手稿和灰色文献以及数据，具体包括数据集、图像集合、音频和视频文件等。莫纳什大学的机构研究知识库的主要作用是对在其他地方无法获取的研究资源进行统一管理。莫纳什大学计划在未来进一步扩大机构知识库在数据管理中的作用。

四、具体学科的数据管理平台

除了上述几种平台外，莫纳什大学还为科研人员提供了一系列面向具体学科的数据管理平台，具体如下。

（1）合作药物发现保险柜（collaborative drug discovery vault，www.collaborativedrug.com）：CDD Vault 提供了一个基于网页的解决方案来管理药品发现数据，主要针对小分子和相关的生物测定数据，其使用需要付费。

（2）DaRIS：DaRIS 是一个管理数据和元数据的框架，主要为生物医学图像数据和元数据提供一个安全的数据知识库，它对数据类型没有限制，部分是收费的。

（3）健康食品篮（healthy food basket，http://hfb.its.monash.edu.au）：健康食品篮是由莫纳什大学营养和健康领域的科研人员开发的，用来测量和监测典型家庭健康食品篮子的成本和负担能力的。其开发的信息技术平台使用移动设备从超市收集数据，减少数据收集和转录中可能出现的错误，简化所收集数据的管理和重用过程，提高数据分析和生成报告的效率。

（4）干扰素（interferome，http://interferome.its.monash.edu.au/interferome/home.jspx）：干扰物从微观分析流程中获取大量数据集，包括定性和定量的数据，其强大的搜索能力支持科研人员查询超过 2 000 个数据点。该平台还能够将所收集的数据的元数据发布到澳大利亚研究数据库。该服务促进数据的引用和数据的重用，还支持开展综合分析，如组织表达和调节分析，其使用免费。

（5）MyTRADIS（http://mytardis.its.monash.edu.au）：其一开始作为管理和共享原始蛋白质晶体学数据的自动化解决方案。后来，许多独立项目努力加强和发展了集中式 MyTARDIS 产品，增加了数据分段挂载、自动元数据提取器、参数集的创建和高性能计算任务调度等新功能，以满足科研人员的需求，其使用免费。

（6）OMERO（www.openmicroscopy.org）：数据密集型研究取决于管理多维异构数据集的工具。开放式显微镜环境远程对象（open microscope environment remote object，OMERO）是一种开源软件平台，可以访问和使用各种生物数据。OMERO 使用基于服务器的中间件应用程序，为图像、矩阵和表提供统一的界面，其使用免费。

（7）OzFlux 信息库（http://ozflux.its.monash.edu.au）：澳大利亚的生态系统研究，调查生态系统在生物圈和大气层之间水和碳的循环作用，以及这些生态系统对这些循环变化的反应。由于澳大利亚偏远的独立管理观测站的数据收集、归档和质量控制不协调，有效研究受到阻碍。OzFlux 存储库标准化、自动化收集数据，归档并控制测量站网络的测量质量，将不同来源的补充数据流集成到单个数据和元数据存储库中，并通过澳大利亚研究数据库提供数据链接，鼓励数据重用，其使用免费。

五、多用途的数据管理平台

大多数科研人员无法访问具体学科的数据管理平台，因此研究机构还需要为科研人员提供一个或多个通用的平台。由于研究学科之间的研究术语和研究过程可能会存在很大差异，所以预计只有一个平台是远远不够的。

在莫纳什大学，MyTARDIS 被许多学科有效地利用。除了正式支持蛋白质晶体学、电子显微镜和蛋白质组学的学科外，它还被用于医学成像、量子物理和材料科学领域。莫纳什大学还为科研人员提供了访问 arcitecta desktop 的功能，arcitecta desktop 是用于元数据和数据的 web 操作系统，可使用户从个人到分布式组，存储、发现和共享任何类型的数据。该工具是莫纳什大学拥有所有权的商业产品。

六、技术性数据管理基础设施的可持续性

莫纳什大学促进数据管理基础设施可持续发展的方法主要有以下几点：

（1）在开始部署或开发新的数据管理基础架构时，从一开始就考虑其可持

续性；

（2）在莫纳什大学决定支持开发任何新的具体学科的基础设施之前，都要进行战略评估；

（3）考虑基于云的解决方案，以降低运营成本并寻求外包专家的支持；

（4）在开发新的解决方案之前，先考虑采用或调整社区现有的解决方案；

（5）通过相关的科研人员和他们具体学科社区的基础设施宣传归属感，这是鼓励采纳并提供更好的资助的机会，因为与单个机构相比，社区可以获得更多的资金；

（6）有策略地设计并构建新的研究数据管理服务体系；

（7）将数据管理的责任下放到莫纳什大学的不同机构。

七、虚拟实验室

一般来说，数据管理基础设施是独立于其他研究系统的。澳大利亚的研究基础设施项目，表征虚拟化实验室（characterisation virtualization laboratory，CVL），集成了高性能计算，从关键仪器、数据管理和具有分析功能的数据存储和可视化基础设施中直接捕获数据以及成像工具，以支持下一代仪器。表征虚拟化实验室基于云的环境，被用于分析可视化多模态和多尺度成像数据。它由四所大学（莫纳什大学、悉尼大学、昆士兰大学和澳大利亚国立大学）和四个国家成像设施（澳大利亚显微镜和微量分析研究机构、国家成像设施、澳大利亚核科学技术组织和澳大利亚同步加速器）共同开发。这种远程桌面环境允许科研人员访问通过集中管理的环境提供的各种现有工具和服务。

因此，随着数据管理基础设施与其他研究基础设施的紧密集成，以及数据管理实践成为科研人员日常实践的部分常态，可以预见，数据管理将与研究过程的其他方面高度融合。表征虚拟化实验室将向着这个趋势继续发展。

第七节　本章小结

2006年至今，莫纳什大学实施了符合机构目标和研究议程的数据管理战略，同时也提供基于学科和科研人员需求的基础设施。为了建立数据管理能力，具有专业技能的大学的重点领域科研人员与高级管理层在合作环境中开展合作，形成了一个有关数据管理的、拥有共同关注成果的专业知识库，这推动了莫纳什大学根据科研人员需要及大学目标的发展而不断调整数据管理发展战略。

在机构层面上，莫纳什大学制定并批准了数据管理政策和战略；建立组织架构，规划、实施和推广数据管理服务；建设数据管理网站，提供指南等相关资源；开发能力建设方案；建立技术基础设施并部署多个数据管理平台；创造了一个大规模的、广泛的机构数字化数据存储平台；并建立莫纳什大学研究知识库。以上共同为莫纳什大学提供了灵活的研究基础设施。

从科研人员的角度来看，莫纳什大学提供了一系列面向具体学科的数据管理平台，以及相关建议，并开始就监管和展示数据的过程进行多方对话。在战略意义重大的领域，莫纳什大学提供了具体学科的数据管理平台，而对其他一些领域，则提供一个或多个通用的平台来满足科研人员数据管理的需求。莫纳什大学将继续开发基础设施，以满足科研人员不断扩大的多样化的需求。

莫纳什大学积极支持通过数据管理以改进科研人员现有的研究实践，吸引科研人员使用科学数据管理服务，开放获取研究成果，并鼓励通过再使用数据提升研究的影响力、验证研究成果并降低法律风险。为支持可持续发展，莫纳什大学努力实现数据管理与所有研究流程、实践和培训项目的整合，目标是使数据管理成为标准的研究实践的一部分，包括成为研究资助的一部分。现阶段已部署实施的复杂的基础设施，已经帮助莫纳什大学向实现研究价值的最大化迈出了坚实的一步。

第十章　科学数据管理服务推进策略——国家战略

第一节　案 例 概 况

2012 年，英国数据服务将先前的经济和社会数据服务（economic and social data service，ESDS）、安全数据服务（secure data service，SDS）以及经济和社会研究委员会的人口普查计划（ESRC's census programme）的大部分数据服务内容进行整合，形成一项新的由 ESRC 资助的综合型服务。该服务的宗旨是创造一个更统一的服务并确立 ESRC 在英国的数据服务中的地位。该服务的主要目的是为用户提供易于发现的数据及相关数据的获取，以推动和扩大社会和经济研究。同时，伴随着该服务产生的一个成果是，广泛提升了科研人员和数据创建者有关更好的数据管理实践的认识。该服务由埃塞克斯大学的英国数据档案馆协同 Mimas 和曼彻斯特大学的 Cathie Marsh 人口普查与社会研究中心（Mimas and the Cathie Marsh Certre for Census and Social Research）以及南安普敦大学地理系一起开展。由于英国数据服务针对的是社会科学研究领域的数据，因此本章通过分析英国数据服务为支持数据管理而开展的一些关键活动和服务，以期为人文社会科学领域开展数据服务的机构提供参考。

第二节　数据服务的结构和功能

该服务的整体结构在很大程度上参考了开放存档信息系统参考模型（open archival information system，OAIS）所提供的功能模型。OAIS 参考模型是美国国家航空和航天局（National Aeronautics and Space Administration，NASA）和空间数据系统咨询委员会（Consultative Committee for Space Data System，CCSDS）联合制定的一项标准。2003 年，参考模型最终成为 ISO 标准并被公布。OAIS 参考模型本身并不是专门用来解决数字信息长期保存的特殊技术，它着重论述了与数字信息保存相关的各种关系和框架概念，以及应对数字信息保存处理过程的策略。OAIS 参考模型是一个广泛的模型，涉及并论述了从数字信息存档设计到开放式存储整个过程中的相关问题。它由以下六个功能模块组成：①摄入，是指从信息生产者那里接收提交信息包，并且对内容进行准备，然后传递给长期存储模块；②长期存储，是指负责存储、维护信息包，并在获取功能模块提出请求时将提交信息包提供给该模块；③数据管理，是指植入、维护和存取那些标识并记录档案馆藏的描述信息以及对存储系统进行检索与管理；④系统管理，是指通过有关政策、规范、程序、工作流等来监测和控制整个长期保存系统的运行和各个模块的运行，对整体的档案系统提供操纵管理；⑤保存规划，是指通过监测 OAIS 的环境，提供相关建议，以确保 OAIS 中存储的信息在一段时间之后，仍然能够被相应的目标用户访问；⑥存取，是指提供用户检索元数据和索取数字信息单元的界面，提供检索机制，以存取存储在 OAIS 中的信息，还可能承担身份认证和授权管理责任等[244]。

OAIS 参考模型是提供数字保存服务的有用模型，对于不期望提供永久访问数字文件的服务而言，OAIS 参考模型可能相当复杂。不论 OASI 的复杂性如何，该模型提供了一种非常有用的管理知识库，从采集数据的提交信息包（submission information package，SIP）到最终创建传播信息包（dissemination information package，DIP）的数据资产工作流程的方法。作为分布式组织，英国数据服务部门围绕着具有联动活动的关键功能领域进行数据管理服务构建。该服务提供所有这些功能的推广和能力建设，特别是在摄入前和摄入阶段，旨在传播数据管理的最佳实践知识，以便数据以最佳形式进行存储。

一、预摄入

摄入活动包括在数据正式引入服务之前发生的所有活动。对于服务来说，有为数据生产者提供支持和培训及进行馆藏建设两个关键的摄入功能。这些功能可能对提供或计划提供数据管理服务的其他组织来说至关重要。

（一）为数据生产者提供支持和培训

该服务与广泛的数据生产者，主要是政府部门、国际机构、研究中心和团体以及科研人员合作，以确保生产者和服务本身可以获得最佳的数据管理实践。生产者支持功能为数据生产者提供有关数据生命周期基本元素的指导和建议，这些指导和建议在正式的“存储”数据或者将数据传输到服务或其他知识库之前进行。这包括考虑规划研究的所有数据相关方面，如数据活动成本核算，通过使用数据收集中的共享协议确定关键参与者的角色和责任，以及格式化、组织和存储数据、质量控制、验证、文档和语境化。应特别注意的最有可能排斥数据共享的领域，即道德和法律领域，包括同意和权利管理。总体方法是向科研人员解释创造高质量可共享数据资源的责任，以及科研人员可以从良好的数据管理和共享行为中获得的好处。

该服务自 1995 年以来与 ESRC 密切合作，通过制定和实施其数据政策[245]，为资助申请人、资助者和资助同行评议者提供指导。该服务还指导医学研究委员会（Medical Research Council，MRC）制定数据政策。最后，该服务一直是以咨询、同行评审和运行专门项目的形式，在 JISC 管理数据计划[246]中扮演关键角色。该计划提供了及时的协调努力，注入资金，并在英国高等教育机构（Higher Education Institutions，HEIs）中形成了巨大的合作动力，以管理当地的数据资产。相应地，这已经证明了数据中心（如英国数据服务）在利用其领域专业知识帮助开发更统一的数据管理服务环境方面的关键作用。

（二）进行馆藏建设

此功能能够确保选择最相关的高影响数据进行摄入，并就新数据进行主动识别和协商。该服务通过与数据所有者和生产者谈判（可能是复杂和长期的），以保持访问关键数据源，并就权利和许可问题达成一致，这意味着服务团队能够最大限度地在用户和数据所有者的需求之间进行调整。针对该服务的馆藏发展政策旨在最大限度地提高服务所收集的数据的价值，因为不可能获取或摄入可能对 ESRC 目标研究团体有价值的所有数据，或者需要保持一段时间的数据[247]。任何政策必须是可靠和可实施的，而且具有灵活性足以适应外部驱动因素的影响，高层次政策会导致范围或方向的改变，或者用户实际需求的变化。该政策由内部馆藏评估小组负责完善，并确保政策得到适当执行。

任何有义务保存数据的组织应设计和实施数据选择政策，列出将要保存的关键参数，如在什么职权范围内、使用多长时间及使用什么级别的描述性元数据。这样的声明为这些活动提供了明确的界限，应该通过更高层次的投入、支持和相关资源进行证实。在英国数据服务部门，一旦确定要收集的数据，在其评估过程中就会创建一个“处理计划”，其中列出许可事宜，如增加多少价值和合适的访问机制（即哪些交付机制及其条款和条件）。

二、摄入

摄入（ingest）是为长期获取数据做准备的活动。在此过程中进行的活动包括错误和完整性检查，确保适当的匿名化处理和检查机密性，编译用户文档、编目和索引以及准备用于保存和获取的数据。在摄入过程中创建的大部分元数据用作保存级元数据。摄入过程中涉及的技能可能是单一功能中最多样化的，这就是为什么本书特别强调其重要性，特别是围绕大规模复杂调查的摄入过程。此功能中的关键活动是确保存在不依赖于软件的存储数据版本，并且在需要时可以将服务迁移到最新格式。机构知识库需要设计或调整流程，以确保其系统中摄入的数据在更长时期内可用，同时保持其真实性，这包括以稳健的方式处理数据和元数据的版本。

对于许多机构知识库来说，摄入过程可能不太具有区别对待的情况，但是英国数据服务的主要组织的长期经验表明，在数据监管过程中应尽可能早地最大化摄取处理工作，以确保在总成本较低的情况下可以进行长期获取。

三、数据管理

OAIS 参考模型使用数据管理的概念概括与数据内部管理相关的一些活动。关于英国数据服务的功能模型，这里使用“档案存储”和“技术服务”等术语来概括大部分这些活动。然而，技术服务超出了 OAIS 定义的数据管理活动。

（一）档案存储

数据服务的档案存储功能确保数据长期可用。相比之下，数据的可用性在很大程度上取决于摄入和保存功能所进行的活动。该服务提供永久的数据访问、维护和允许重用和引用每个主要版本的数据。无论是为了增加文档，向纵向调查添加新数据，还是简单地纠正以前未检测到的数据错误，可能都需要更改保管的数据文件。随着时间的推移，确保文件的逻辑完整性，从而确保数据用户能够使用与该研究相同的数据文件验证以前的研究也很重要。英国数据存档（作为英国数据服务主要组织之一）已经基于“数据印章”（data seal of approval）[①]进行评估，并且正在继续发挥其重要作用，帮助欧洲其他国家的数据档案获得这一基准。对机构知识库至关重要的是在考虑其寻求达到的档案层级时，应该谨慎使用“受信任的数字存储库”这一模糊用词。

① Data Seal of Approval[EB/OL]. http://datasealofapproval.org.

（二）技术服务

技术服务与内部基础设施活动和整体网络服务密切相关。技术服务对数据服务基础设施的各方面都有深远的影响。服务中的几乎所有活动都包含一些技术方面，尽管从具体的功能来看需要许多人为操作。技术服务为服务的单一技术基础设施提供协议，包括内部访问控制机制（必须确保数据的完整性和来源，并符合ISO 27001的规范；ISO 27001是一个专门的信息安全管理系统规范），保存元数据、用户身份和用户访问管理。最后两点对机构知识库特别有效，机构知识库可能有义务使某些研究委员会资助的数据可供重用，但也有义务阻止公众对其他一些材料的获取，这些材料是公众可能无权限获取的材料（大多是由于严格限制或商业敏感的原因）。

在单一的综合工作流程中对技术相关的活动进行管理，如管理数据收集、数据传输的流程和工具等。这种无缝的工作流程有助于减少数据生产者的工作量，提供数据管理效率。在数据收集的过程中，应支持任何通用的、自动的方式对数据进行充分记录，支持创建具体的元数据以支持数据的获取和保存。这些活动可以帮助简化与数据服务相关的基础性工作，防止工作冗余。

英国数据服务已经存在了四十多年，这使得重建内部的“传统”系统，同时不影响自身提供的服务，非常具有挑战性。对于处理数据的任何知识库来说，尽可能地规划未来是至关重要的，因为数据共享的文化、访问条件和传送机制以及其他要求可能会随时间发生变化。由于研究领域越来越多地受指标和证明影响力的文化驱动，适应这些变化是任何希望在研究领域保持高效、最新和有意义的服务或机构知识库的必要条件。

为此，该服务一直在积极发展访问控制机制以更好地满足开放数据议程的要求，同时保护有潜在被泄露可能的敏感数据，特别是当与其他数据链接时。该服务的开发计划包括内部管理信息的统一用户界面，其中一部分可以提供有价值的外部自助服务报告。

（三）开放获取

对数据服务平台或数据知识库而言，数据的访问和使用的增加是最重要的目标之一。在提供数据和相关研究成果的同时，最重要的是要确保无论它们位于何处，都易于查找和获取，这可能更为关键。对任何基于网络的资源提供商而言，实现资源的快速、方便获取是最终目标。此外，材料的存在是已知的和有记录的也非常重要，即使它们由于某些原因（如机密性、权利或其他限制）而无法访问。在这些情况下，提供相关的描述性元数据至关重要。英国数据服务采取的做法是将数据传输系统与安全数据服务系统（secure data service）提供的一般可获取数据和“安全数据”进行整合。由于通过安全访问提供的数据的敏感性，以及对访问的强大限制，不可能协调这些数据的传送系统。但是，可以确保两个访问系统的元数据目录均可互相检索。元数据已经从ESRC数据存储库（ESRC data store）中收割，ESRC数据存储库是针对ESRC资助的科研人员的自存储系统，目的是使discover[248]（服务的综合目录）被更广泛地使用。由于已经实现了元数据不同字段的映射，不必再像先前那样，在不同的目录中进行这些检索，而是可以进行跨库检索，这就为英国的社会数据统一资源的发现创造了条件。因此，可以说该服务一直在国家层面为规定和统一数据馆藏的核心元数据做出努力。

英国数据服务的大部分技术基础设施，包括网站都是基于面向服务的架构，该服务所有的数据都是通过网络以某种方式传送的。由于用户需要具有功能且直观、可靠和有效的web服务，因此知识库使用这些机制来提供数据访问就显得非常重要。这就要求数据必须易于查找，而且找到数据的机制必须易于使用。机构知识库面临完全相同的挑战，用户必须对他们发现的数字材料的状态（或版本）有信心，该服务必须能够为引用他们提供的数据和相关对象提供适当的永久标识符。

有效地访问数据资源不仅取决于有效和用户友好的资源发现系统；对于英国数据服务而言，用户授权和用户访问管理系统也是至关重要的。授权处理许多变化的许可证制度，如来自这项服务的人口普查的数据可以被英国的科研人员使用，其中一些数据被进一步限制，只有那些得到批准的用户才可访问使用。访问管理非常重要，因为它不仅可以帮助了解所收集数据的使用方式，还可以将这些信息提供给数据生产者和数据所有者。这有助于向这两个群体以及英国数据服务的资助者展示二次分析的价值。虽然大多数高等教育领域的研究知识库不需要复杂的身份验证系统，但是找到适当的方法来收集管理信息也是非常必要的。对于那些需要证明其以用户为导向的活动或获得更多资助的数据知识库来说，这些管理信息甚至是重要的决策因素。

对于英国数据服务来说，安全访问（与可管理的传播）几乎肯定存在数据获取的例外，但是服务的“敏感”数据组合将随着访问需求的增长而增长。该服务越来越需要安全的访问方法，以允许科研人员使用个人敏感数据。而数据所有者认识到这些数据可以提供相当多的研究价值，在没有严格的使用条件的情况下，他们不能合法地允许科研人员使用它。这些安全的访问形式不太可能是高校的要求，但是，基于高校平台开展数据管理服务的人员，如果要求提供对可能被认为是个人资料的数据的访问时，应该了解《数据保护法》（*Data Protection Act*）的规定。许多社会调查实际上被认为包括个人资料，2012年信息专员办公室（Information Commissioner's Office）提供的匿名化处理指南进一步提出了参考意见。高校需要了解提供咨询和其他服务的各种专业服务。

英国数据服务发布的数据是通过安全的“门户”提供获取的。但是，应该认识到，运行这种安全访问服务的成本，与“非安全”服务的需求量相比要大得多，因此必须仔细监控其使用和影响。提供安全访问服务的关键部分是为用户提供强制性用户培训，提供适当的分析软件并支持对敏感数据的审核和控制。

（四）用户支持和培训

英国数据服务提供通用型的一般支持和专业型支持，前者是在整个服务中进行的，后者首先提供属于核心服务的数据馆藏。用户培训的目标是，提高对关键数据的广泛认识，并帮助学术本科生和研究生、学术研究和教学人员、非学术用户和非传统用户四个主要用户群体建立数据管理的能力。

任何有效的服务都需要向用户提供某种帮助，找到他们所需要的数据。反过来，这要求员工了解他们提供获取的数据资源的复杂程度。该服务拥有一支专家队伍，具有强大的研究能力，专注于提供用户支持、咨询和培训。许多高等教育机构可能不会有资源提供这种级别的支持，因此在传播信息包中提供尽可能多的相关信息变得至关重要，以便最终用户能够自信地了解和使用数据。

英国数据服务利用单一的基于 web 的帮助查询系统，为整个服务提供联合支持。英国数据服务的目标是，构建一个内容丰富且不断成长的专业在线资源库，其应支持学术和非学术用户快速、轻松地获取信息和建议。这些资源可以是以预先准备的帮助指南的形式，涵盖一系列话题的多媒体培训、一套专题网页及开放获取的可搜索的网络问答论坛，科研人员在这里可以互相帮助。这些资源使用户能够快速地找到自已所需要的支持和帮助。英国数据服务部门重点为复杂的大规模调查数据，包括纵向数据、国际宏观数据及定性和混合方法获取的数据提供专业指导。

数据服务永远不能替代传统的学术培训方法，但可以作为对这些教育途径的补充，在适当情况下，将用户指向其他相关信息和培训。在专业的培训领域，如通过安全访问系统使用敏感数据，专注于评估数据机密性和确保控制数据不被披露的实用方法。这些面向分析的培训课程补充了英国数据服务为数据创建者提供的数据管理培训，使用户对收集数据涉及的因素有所了解，并使其可开放共享。

（五）交流和影响力

虽然这些活动不是 OAIS 功能模型的一部分，但是它们是所有数据服务基础设施的基本构成要素之一。机构知识库对这些专门的活动可能要求较少，但是应该有一个明确的理由来改进对在机构层面提供的服务的使用。这些资源的质量、资源的可见性的提高，会导致使用增加；使用的增加是一个可以证明数据管理服务影响力的指标。这对保证数据管理服务在长期内可持续发展是至关重要的。

在数据管理服务开展过程中进行充分交流，尤其是就影响力进行沟通交流，是强调和解释有关数据使用、数据重用和数据共享的关键[249]。通过组织具体学科的焦点小组研究，主动针对非用户宣传服务，并通过与现有的和潜在的数据所有者更积极的合作，拓展针对非学术用户和国际用户的宣传服务。英国数据服务部门也谋求利用与政府统计服务（government statistical services，GSS）、国家调查机构和国际统计组织（如世界银行）等主要的数据生产者和数据所有者（即利益相关群体）进行更密切的合作，推动数据管理服务的发展。

（六）保存规划

该服务确保其关于保存的活动完全基于国际最佳实践，并就这些活动与这些重要组织和网络保持联系。英国数据服务部门坚持自身的标准和技术，以确保为资助机构创造最大的价值。此外，英国数据服务还为其他国际上正在建立数据保存服务的社会数据档案中心，提供非正式的培训和指导。管理承诺对英国数据服务的平稳运行至关重要，同样地，如果想要成功，高校需要为管理其数据知识库提供专门的资源。

第三节　本 章 小 结

英国数据服务的案例展示了对高等教育领域的数据管理基础设施产生影响并发挥补充作用的方法。本章通过分析，得出以下五个相互关联的因素导致了高等教育机构重新思考数据管理服务：

（1）科研人员对其数据的责任正在开始发生改变；

（2）随着研究资助机构强制公开获取资助的研究数据的力度不断增强，需要相关的数据管理计划和实践，以便最大限度地提高所有研究领域的透明度和可接受性；

（3）政府要求研究的透明度；

（4）期刊出版社越来越多地要求提交同行评议出版期刊论文中使用的数据；

（5）预算紧缩的压力使科研人员对数据重复利用提出了要求。

这些驱动因素意味着科研人员需要改进提升其数据管理的技能，以应对以有效和高效的方式生产最高质量的研究成果的挑战，从而产生共享和重用这些科研成果的能力。这些举措也意味着高校需要设立其活动的标尺，以支持长期获取这些数据，同时解决其数据资产面临的伦理和安全风险问题。虽然高校的责任会发生变化，但是投资建设能力是必要的。

数据中心可以为一些领域的能力建设做出宝贵的贡献，特别是围绕数据资源和已知用户需求的具体的学科领域。英国数据服务公司的主办机构之一，英国数据档案馆（United States Data Archive）已经开展了一些项目，为大学、机构知识库和研究人员提供数据管理咨询。英国数据服务和英国数据档案馆将来会继续进行这些活动，为新兴的机构数据知识库提供个性化的建议和能力建设支持。

第十一章　科学数据管理计划的应用价值

第一节　研究过程与数据活动

数据作为一种重要的、独立的学术成果，它的价值逐渐得到各界的认可。美国、英国、澳大利亚等国家的许多科研资助机构都已经开始要求项目申请者在提交项目申请书时附带相应的科学数据管理计划。美国自然科学基金会指出该计划应该包含对项目研究中产生的数据的描述，对描述数据的元数据及相关标准的说明，使其他人获取和共享数据的政策，关于数据如何被再使用、再传播的声明，对数据进行存储以确保其可以长期获取的方法五部分内容[250]。

如图 11-1 所示，伴随着整个研究过程，会发生一系列与数据相关的活动。首先，科研人员为了验证假设需要获取的数据提出研究假设；其次，对数据进行分析、可视化呈现和解读；最后，通过各种形式（期刊论文、会议、博客等）发表自己的研究成果，在学术交流过程中又产生新的研究假设。伴随这一过程，科研人员首先需要制订管理数据的计划，发现并获取现有的数据，收集并组织新的数据，确保数据的质量，使用元数据、数据文档等对数据进行描述，在分析、建模和可视化过程中使用数据、保存数据、共享数据，同时通过数据的共享促使新的研究假设形成[207]。

由此可见，所谓数据管理计划，实际就是一份书面文件，它描述项目期望在研究过程中获取的现有数据或生成的新的数据，描述如何管理、分析和存储这些数据，以及在项目结束时将使用什么机制来共享和保存数据。该计划不仅是满足资助机构申请要求的一个文件，还可以帮助科研人员更好地组织、管理数据，使其更容易被其他人使用。例如，实验室可以使用计划，帮助指导新加入团队的科研人员和研究生。当项目主持人需要了解科研团队中谁负责数据的存储、数据存

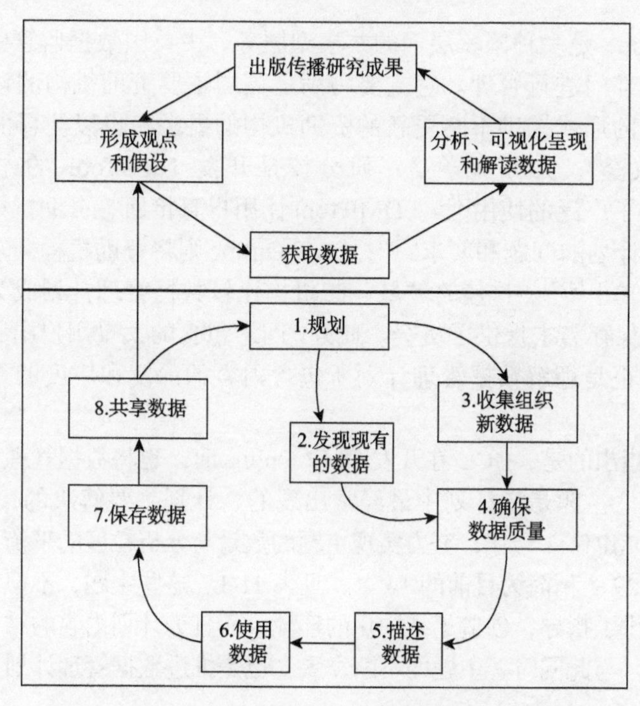

图 11-1 贯穿整个研究过程的数据相关的活动及其关系

储在什么地方时可以快速查阅计划文档。那么，科研人员自身对数据实践的描述文档、计划有怎样的价值呢？这些可以如何应用呢？本章通过梳理相关研究，对以上问题进行回答。

第二节 支持科学数据管理计划价值挖掘的工具

一、撰写遵从最佳实践的数据管理计划的工具

无论资助机构的具体要求是什么，目的都是希望科研人员能够撰写遵从最佳实践标准、可以很容易地被其他人理解且可以被整个研究团队使用的数据管理计划。换句话说，一个好的计划应该呈现给科研人员自身和其他人一个简单的、易于遵循的路线图，指导和解释在项目整个生命周期过程中以及项目完成后管理数据的一系列行为。然而，制订一份高质量的计划对于刚接触数据管理工作的科研人员来说不太容易，为此英国、美国各自开发了在线生成计划的辅助工具 DMP Online 和 DMPTool，使得计划的撰写更加快捷、规范[251]。

DMP Online 是一种国家层面的共享型服务，由英国数据监管中心代表英国整个高等教育部门进行管理。它主要为满足英国主要资助机构的计划要求提供支持，以模板的形式提供不断更新的资助机构的要求，也以注释的形式提供填写模板的建议[252]。加州大学洛杉矶分校是开发 DMPTool 的先锋，在该校 DMPTool 得到了广泛的使用[253]。DMPTool 让用户直接回答资助机构或用户所在机构数据管理计划的问题和要求[254]；DMP Online 则将资助机构要求映射到通用的计划核对清单上[255]。这使跨领域、跨机构比较数据管理计划成为可能，为了解学科文化和保存需求提供了机会。此外，网站包含的大量用户出版的数据管理计划范例，这也是理解数据管理计划所包含内容的深度和广度的重要的、有价值的资源。

尤其需要指出的是，DCC 在开发 DMP Online 时，也将数据管理计划主题的概念引入该工具。主题是指计划中最经常出现的、计划主要解决的一些问题[256]。DCC 与美国 DMPTool 合作，努力实现主题的数量与分析粒度的平衡，目前计划主题已从最初的 29 个精简为目前的 14 个，见表 11-1。这些主题，不但为各个机构撰写计划指南提供了指导，创造了结构化的环境，而且为计划内容的结构化分析和挖掘创造了条件。与此同时，主题的不断发展，也是推进数据管理计划分析的动力。

表 11-1 DDC 主题元素及发布日期

发布日期	DCC 主题
2013-04	ID；项目描述；相关政策；现有数据；与现有数据的关系；数据描述；数据格式；数据量；数据类型；数据获取方法；数据质量；数据说明文档；元数据；可发现性；道德问题；知识产权和许可；存储和备份；数据安全；数据选择；长期保存；保存时间；数据知识库；再使用要求；数据共享方法；数据共享时限；共享的限制条款；可管理的获取程序；责任；资源分配
2016-09	数据描述；数据格式；数据量；数据质量；元数据；道德与隐私；知识产权；存储与备份；数据安全；数据共享；发布时间；使用数据的限制；数据知识库；长期保存；角色与责任；预算；相关政策
2016-12	数据描述；数据格式；数据量；数据收集；元数据与数据描述文档；道德与隐私；知识产权；存储与安全；数据共享；数据知识库；长期保存；角色与责任；预算；相关的政策

二、数据管理计划质量评价标准化量表

获得博物馆和图书馆服务研究所的资助，2015 年俄勒冈州立大学、俄勒冈大学、宾夕法尼亚州立大学、佐治亚理工学院以及密歇根大学合作进行“将数据管理计划作为研究工具（DART Project：using data management plans as a research tool）”的项目研究。此项目的成果之一是开发了一个针对国家科学基金会数据管理计划的分析型评价量表——DART Rubric，既为图书馆员提供了一种测度科研人员遵守国家科学基金会学部数据管理计划要求程度的工具，也使不同机构之

间开展有意义的横向比较成为可能。DART Rubric 包含 12 个评价标准，涵盖所有国家科学基金会学部提到的要求，每项指标都分三个评价等级——低、中、高。“低”意味着没有提到任何所要求提供的信息；“中”表示提到了少量所要求的信息或信息表述模糊；“高”表明所要求的信息全部提供且描述详细[185]。

DART Rubric 的出现，使跨机构对数据管理计划进行一致的、大规模的评价成为可能，是了解科研人员实践和服务需求的一种有效方式。借助该评分量表，图书馆员可以将数据管理计划作为一种研究工具，尤其是那些没有具体研究实践或数据管理经验的图书馆员，使用该评分量表可以更好地理解本机构科研人员的数据管理实践，确定可以提供哪些服务，判断是开发全新的服务还是改善现有的服务，以及决定如何将有限的资源分配到那些最有影响力的内容上。基于 DART 项目的研究成果，英国一批数据管理人员也为英国主要资助机构制定了数据管理计划评价量表。

第三节　数据管理计划的价值挖掘及其应用方向

数据管理服务包括对数据管理进行培训，为数据管理计划的撰写提供咨询，为元数据元素和数据知识库的选择提供支持，等等。例如，斯坦福大学提供的数据管理服务如下：①有关资助机构数据管理计划要求的资料；②编写数据管理计划指南和最佳做法说明；③嵌入在线工具 DMP Tool 支持数据管理计划的撰写；④提供具体机构的数据管理计划样例；⑤编制数据管理计划常见问题（frequently asked questions，FAQ）并举办数据管理计划研讨会；⑥开展数据管理计划评阅服务。然而，资助机构对数据管理计划的要求存在较大差异，不同的科研群体也有不同的数据管理实践。因此，创建、实施、营销和评价新的数据管理服务任务艰巨，尤其是在缺乏清晰、一致的指导和实践的情况下。幸运的是，通过对已提交的数据管理计划进行内容挖掘，可以为图书馆有效设计和实施服务提供帮助。

一、为了解科研人员的数据实践提供了资源

雪城大学图书馆首先对来自多个国家的 966 位获得国家科学基金会资助的科研人员进行在线调查，了解他们的数据管理态度和实践，然后分析了 68 份由科研人员自愿提供的数据管理计划的内容，发现科研人员主要是使用非正式的方法（如 e-mail 请求）共享数据，很少使用元数据来描述数据，也没有考虑数据再使用的问题[257]。作为密歇根大学给国家科学基金会基金申请者提供数据管理服务

的先导计划的一部分，Nicholls 等从成功获得国家科学基金会资助的工程学教职员工那里获得了 104 份数据管理计划，通过分析这些数据管理计划满足国家科学基金会指南规定的情况，发现多数科研人员对数据管理责任分配不明确[184]。明尼苏达大学科研人员的 182 份数据管理计划的分析，揭示出不同领域科研人员的数据共享行为和保存行为均存在显著差异[258]。乔治亚理工学院的 181 份数据管理计划的内容分析，发现即便都是使用机构知识库进行数据共享，不同学科的表述也不一致，由此推测不同学术部门有自己的用语偏好，建议统一语言，并针对具体的部门提升其机构知识库意识[259]。密歇根大学图书馆使用 DART Rubric 对工程学领域科研人员的 29 份数据管理计划进行评价，发现大多数科研人员对数据管理的角色分配不清晰、责任归属不到位，缺乏知识产权意识[186]。

数据管理计划是科研人员自己撰写的文档，它能够在一定程度上反映科研人员对其数据潜在价值的理解，反映其数据创建和准备的环境以及他们在当下和未来确保其数据可以被其他人利用的意愿和能力。上述研究表明，科研人员基本上理解了资助机构的要求，然而与数据管理最佳实践要求还有一定差距。例如，没有指出具体负责数据管理的人员；没有描述项目完成之后数据存储的时间；缺少监督数据再使用或传播的政策说明；没有提到具体的元数据标准或者数据描述方法；依靠非正式的、不可靠也缺乏持续性的方法，如 e-mail 请求、个人或项目网站等共享数据。这说明，科研人员对数据的整个生命周期缺乏充分仔细的考虑，不了解元数据以及元数据在帮助数据实现可发现、可重用方面的作用，没有意识到非正式数据共享方法存在的缺陷。因此，尽管撰写了数据管理计划，但是从长期来看，其数据可能并不容易被发现或再使用。

二、为分析用户需求、改善服务内容提供了渠道

自 2011 年国家科学基金会提出数据管理计划的要求以来，图书馆开始积极探索在数据管理计划场景中可以发挥作用的领域。为科研人员提供支持的一种方法是提供数据管理计划模板。科罗拉多州立大学焦点小组研究的参与者指出，他们先前就知道并使用过该图书馆的数据管理计划模板，并认为该模板非常有用[195]。伊利诺伊大学图书馆针对具体的国家科学基金会学科部类提供了具体的数据管理计划模板[260]。休斯敦大学图书馆为科研人员提供了在线表单[29]。约翰·霍普金斯大学提供从提供数据管理计划咨询到使用机构知识库存储数据，涵盖数据整个生命周期的数据管理和监管服务[41]。普渡大学开发了机构知识库，主要用于传播和监管数据[209]，并与教职员工合作以解决他们不同的数据需求。还有图书馆目前提供数据信息素养教育。

对数据管理计划进行结构化的评阅，可以了解科研人员在理解和应用数据管理概念和实践时存在的不足和弱项，找出那些阻碍应用最佳实践的障碍。数据管理计划内容分析的结果可以直接用于改进数据管理计划咨询服务，也可以用于为开发潜在的服务方式提供有价值的信息。例如，韦恩州立大学通过分析工程学和艺术学领域的科研人员的数据管理计划之间的差异，发现相对于艺术学来说，工程学科研人员较少提到通过期刊论文的附录材料进行数据共享的方式，这表明需要提升工程学科研人员对通过这种方法共享数据的了解；与工程学相比，艺术学领域的科研人员较少指出数据保存期限、描述数据再使用和再传播的政策以及提及保护敏感数据和知识产权的问题，这表明艺术学领域的科研人员缺乏对数据生命周期重要性的了解，缺乏对确保数据安全具体措施的了解。图书馆可以此为依据，改善数据管理教育的内容[203]。Parham 等基于 DART Rubric 对五所大学的 500 份数据管理计划进行评价，发现除了增加对数据管理主题（如元数据及其应用程序，适合共享数据的格式及数据重用文档）的培训，科研人员显然还需要有关数据许可和知识产权政策的指导；这些领域的专门知识属于一个机构内的各种群体，因此要成功实施培训计划，必须重视建立图书馆、信息技术中心、资助管理者和其他机构之间的联盟与合作网络，这是建立数据管理能力和满足当地需求的优先事项[261]。

三、为培训图书馆员、提升其数据服务能力提供了平台

为了有效开展数据管理服务，对图书馆员进行相应的教育和培训是必需的基础性工作。Antell 等调查发现，图书馆员认为“帮助撰写数据管理计划的过程中取得的经验”十分有用，但是只有 2%的图书馆员认为他们拥有这些技能或者正在努力获取这些技能[262]。Cox 和 Pinfield 也发现缺乏具体领域的专业知识，以及有限的科研经历等已成为图书馆员在该领域发挥关键作用的障碍，他们建议图书馆员根植于真实的实践活动进行学习，以取得最佳效果[44]。目前，不同的图书馆依据机构文化、可利用的资源以及科研人员的需求，对图书馆员进行各种形式的培训。公认的比较好的是新英格兰的合作数据管理课程。尽管许多使用者都对其灵活性和完整性表示赞赏，但是同时也指出这一培训方式需要花费大量的时间和精力[263]。

这就使得通过数据管理计划评阅服务提升技能，这一既相对而言最省时省力，又根植于实践的培训平台的优势体现了出来。开展数据管理计划评阅服务，首先，给图书馆员创造了能够让他们更熟悉数据管理计划以及资助机构有关数据管理计划要求的机会。尽管图书馆员对数据管理计划中应该包含什么有一个概括性的了解，但是每一个学科所要求的数据管理计划内容是不同的。图书馆员只有

熟悉不同的要求，才能给出有针对性的、切实有帮助的反馈意见，图书馆员和图书馆服务的价值才能得到认可，科研人员才能发自内心地视图书馆员为科学研究过程中的重要合作伙伴。其次给图书馆员提供了能够更好地理解科研人员如何对管理数据进行规划和考虑的机会，帮助他们确定为科研人员提供帮助的方向。将数据管理计划评阅服务作为一个平台、一个技能训练场地，可以使图书馆员持续不断地提高数据服务的意识，掌握知识并发展专业技能。

韦恩州立大学图书馆发现完成数据管理计划质量评价对其数据服务团队是非常有价值的经历，这提供了机会让服务团队增强对资助申请和数据管理计划过程的了解，加强数据服务团队、大学管理者和其他研究支持员工之间的关系，也为构建面向其他图书馆员的数据管理计划专题研讨会提供了有价值的信息。目前北卡罗纳州立大学图书馆开展了基于团队的数据管理计划评阅服务，并探讨了基于数据管理计划评阅服务开展图书馆员技能培训的可行性。它从图书馆不同部门中整合具有不同的技能和专业知识的图书馆员，以快速、有效地为科研人员撰写满足资助机构要求的数据管理计划提供支持。其通过共同承担、馆员交换和邀请学科馆员参与数据管理计划评阅过程的方式，为参与人员提供分享最佳实践、互相学习的机会，形成更广泛的覆盖整个校园的研究支持网络。此外，评阅真正的数据管理计划，也可以使图书馆员快速地获取第一手经验，发现自己知识和技能的差距，并建立起与学校其他学院和部门管理者之间的联系网络和服务团队[224]。

第四节　本 章 小 结

作为科研人员对自己撰写的数据文档，数据管理计划体现了科研人员的数据管理的意识、知识和进行数据管理的能力，是一种极有价值的资源。与此同时，为撰写符合最佳实践要求的数据管理计划提供支持的标准化工具 DMP Online 及 DMPTool，以及致力于标准化、跨机构评价数据管理计划质量的评分量表的广泛应用和不断完善，为挖掘这一资源的价值提供了有力支撑。数据管理计划中展示的关于数据的信息可能相当复杂，是针对领域中的专家所撰写的，如果没有相关的学科背景知识，完全理解它存在一定的困难。除此之外，科研人员撰写数据管理计划的目的是获得机构的资助，因此他们有可能是为了迎合机构的要求而撰写数据管理计划，而不是真的准确描述了其数据管理的实践和意图。但是，不可否认数据管理计划的价值和数据管理计划内容分析方法的优势。

从目前的相关研究成果来看，数据管理计划文档的价值主要通过三个主要的应用方向体现：首先，它是一种信息资源，通过对数据管理计划内容进行结构化分析，可以深入了解科研人员的数据管理实践与行为特征，作为本机构数据服务用户研究的第一步，是理解用户需求的开始，也为进一步的深度访谈提供背景材料，为做好数据管理服务规划和设计奠定基础；其次，它是一种反馈渠道，数据管理计划内容显示出的科研人员理解和应用数据管理概念和实践的不足和弱项、所面临的阻碍应用最佳实践的障碍都为图书馆改进当下数据管理服务，为用户数据信息素养教育内容的设计提供了思路，也对潜在服务的开发带来了启发；最后，它是一个根植于实践的培训平台，通过开展基于团队的数据管理计划评阅服务，在宣传图书馆数据管理服务，打造数据管理服务影响力的同时，又促进了不同人员之间的互相学习和知识共享，加强了机构内相关机构的联系与协作，搭建起覆盖整个机构的服务网络，同时也使图书馆员的数据服务知识和技能得以有效提升。

第十二章　科学数据管理计划评价量表

第一节　科学数据管理计划评价量表的设计背景

科学数据管理计划是概括介绍项目研究过程中及研究项目完成后数据处理方式的正式文件。外部政策要求和内部科研需要是制订数据管理计划的两大影响因素。政策一般来源于政府、资助机构、科研机构、期刊和出版商等，其中资助机构的政策占主要地位。2011 年，美国国家科学基金会提出了创建数据管理计划的要求。2013 年白宫科技政策办公室（Office of Science and Technology Policy，OSTP）规定，所有接受研发资金 1 亿美元及以上的机构需提交数据共享政策，以增加联邦资助研究成果的可用性[264]。过去几年，越来越多的科研资助机构提出了提交数据管理计划的要求。与此同时，科研项目中产生的大量数据也需要管理，数据管理计划能够对科研项目的各项数据管理工作进行指导说明，但制订一份高质量的数据管理计划对于刚接触数据管理工作的科研人员而言并不容易。这就为图书馆创造了机会，越来越多的学术研究型图书馆寻求为这一活动提供服务的方式。围绕数据管理计划，斯坦福大学提供资助机构数据管理计划要求链接及数据管理计划撰写指南；嵌入在线工具 DMPTool 支持数据管理计划的撰写；提供数据管理计划的样例，并编制数据管理计划 FAQ；举办数据管理计划研讨会并开展数据管理计划评阅服务。

科研人员撰写的数据管理计划是一个丰富的数据来源，图书馆可以使用这些数据来帮助开发数据管理服务。作为科研人员撰写的文档，数据管理计划提供了一个了解科研人员数据管理知识、能力和需求的窗口。对数据管理计划进行结构化评阅，可以识别科研人员理解和应用数据管理概念和实践的差距和不足，明确应用最佳实践的障碍。对数据管理计划进行评价，可以深入揭示本机构的数据管理实践及能力，为数据管理服务的开发提供参考。数据管理计划评价量表就是在这一背景下产生。从评价量表的设计依据和应用目的、各项评价要素以及评价等级与等级描述入手，对目前已经出版的或者处于草案征求意见阶段的评价量表进行比较分析，能使利益相关者更加了解制定评价量表的意义，为今后我国开发类似的评价量表提供参考。

第二节　科学数据管理计划评价量表的设计要素分析

"rubric"的原义为"marks in red，即红色的标记"，它的引申意为"（书本或试卷等上的）标题、提示、说明"，有的文献也将"rubric"称为"scoring rubric/grading rubric"，意为"评分量表"。它是一种用文字来说明的评分体系，与其他评价工具最大的不同点在于，它明确列出了每一项评价标准，并对每项标准的不同层次水平进行清晰表述，从高水平一端到低水平一端，将等级描述和要素分析结合起来，具有很强的可操作性。它是一个二维表格，包括绩效标准和绩效水平两个部分，从结构上看，可分为整体型评价量表（holistic rubric）和分析型评价量表（analytical rubric）两类。前者强调整体评价，后者重视各种具体表现。从评价目的看，前者倾向于结果取向，优点在于可以快速评价整体现状、效率较高，缺点在于不能提供充分的反馈；后者则倾向于过程取向，优点在于可以提供充分和具体的反馈，帮助认识优势和弱点，缺点在于费时、效率低。

一、设计依据与应用目的

获得博物馆和图书馆服务研究所（Institute of Museum and Library Services，IMLS）的资助，2015 年俄勒冈州立大学、俄勒冈大学、宾夕法尼亚州立大学、佐治亚理工学院以及密歇根大学合作开展"将数据管理计划作为研究工具"的项目研究，成果之一是开发了一个针对国家科学基金会的数据管理计划的分析型评价量表——DART rubric。目的是为没有应用研究领域直接研究经验，也没有数据管理实践的图书馆员提供一个研究工具，使其可以对本机构的数据管理计划进行大规模、标准化分析，以更好地理解科研人员的数据管理实践，帮助图书馆获得洞察力，将有限的资源分配到最有可能产生影响力的项目上。

基于DART项目的研究成果，相继出现了一系列数据管理计划评价量表，包括艺术和人文学科研究委员会（Arts and Humanities Research Council，AHRC）、生物技术与生物科学研究理事会（Biotechnology and Biological Sciences Research Council，BBSRC）、工程和自然科学研究委员会、经济与社会科学研究理事会、医学研究理事会、自然环境研究理事会、科学和技术设备委员会（Science and Technology Facilities Council，STFC）、惠康基金会（Wellcome Trust）、英国癌症研究组织（Cancer Research UK，CRUK）、欧盟展望2020计划（horizon 2020），见表 12-1。此外，约翰·霍普金斯大学也制定了供资助申请评审者使用的数据管理计划评价量表。不同于上面的分析型评价量表，它属于一种整体型的评价量表，目的是帮助资助申请书评审者判断数据管理计划的综合质量，见表 12-2。从设计目的来看，上述数据管理计划评价量表设计的主要目的都是为科研人员提供反馈，帮助科研人员撰写符合资助机构要求的数据管理计划；从设计依据来看，资助机构的数据管理政策、所在机构的数据管理计划模板和指南等是不同机构评分量表设计的主要依据。

表 12-1　评价量表的设计依据与应用目的

机构	设计依据	应用目的
DART	国家科学基金会数据管理计划要求	给图书馆员使用
AHRC	技术计划、数据政策、研究资助指南、同行评议手册	给科研人员提供反馈
BBSRC	BBSRC 数据共享政策、BBSRC 数据共享 FAQ、BBSRC 生物数据共享手册、BBSRC 数据管理计划指南	给科研人员提供反馈
EPSRC	EPSRC 研究数据管理的说明、EPSRC 研究数据的政策框架	给科研人员提供反馈
ESRC	ESRC 同行评议指南	给科研人员提供反馈
MRC	MRC 数据共享政策、申请者指南、数据管理计划模板、数据管理计划 FAQs 和评审者指南	给科研人员提供反馈
NERC	NERC 数据管理计划纲要、数据管理计划纲要模板、数据管理计划模板	给科研人员提供反馈
STFC	STFC 数据管理计划指南、STFC 数据政策	给科研人员提供反馈
Wellcome Trust	惠康基金会数据管理和共享政策、惠康基金会数据管理计划指南、惠康基金会选择机构知识库的建议	给科研人员提供反馈 给同行评议者提供指导
CRUK	CRUK 数据共享和保存政策、CRUK 科研人员撰写数据管理计划的指南、面向 CRUK 科研人员的数据共享指南	给科研人员提供反馈
H2020	欧洲委员会 2020 年地平线数据管理指南	给科研人员提供反馈
JHU	国家科学基金会及主要学部的数据管理计划撰写指南	给资助申请评审者提供指导

表 12-2　约翰·霍普金斯大学的评价量表

研究产品	来源	格式	规模	如何保存	如何共享
表、图像、计算机代码、课程项目、物理样本等	数据存储库、仪器仪表、采访、项目负责人先前项目	JPG，MATLAB，Excel、设备格式	>1TB，20K 文件	丢弃、PI 保留、数据存档	通过请求、网站、存储库

数据共享	项目期间的数据管理
数据是否可公开访问？数据何时共享？谁来管理？ * 谁将从中受益。	存储：有备份计划；使用位置和媒体：*2+拷贝与 1 个离线；*指定谁负责；*数据安全/访问控制；*有命名和组织文件的约定；*版本控制；*协作协调
共享准备：使用其研究领域的元数据标准；为再使用创建足够的描述文件；元数据或补充文件说明（内容/文件结构/过程/代码本或可变级别细节）；*与数字文件相关联的元数据；*将文件转换为非专有格式	项目完成后的数据保存
数据共享政策：设置重用的条件；*隐私（个人标识符）/安全问题；*知识产权（版权，专利） 如果计划声明没有要管理或共享的数据，有理由吗？	数据保存在哪里？保存多久？谁负责？ *提供保存数据的原因（特别是原始数据）； *使用归档服务或存储库？

存档服务（如果指明要保存和共享数据）		
存档类型	保存活动	数据共享服务
PI 的机构存储库（文档） *研究数据知识库	数据完整性检查 *迁移到新格式，媒体	数据文件公开获取 *持久数据引用

*表示除了达到资助机构政策的基本要求外，更详细的数据管理计划应该包含的内容

二、各项评价要素的选择

无论是整体型的评价量表还是分析型评价量表，确定评价的具体评价要素都是最主要的内容。2013 年英国数字监管中心在改善 DMP Online 工具时，提出了数据管理计划主题的概念。所谓主题是指数据管理计划中最经常出现的、主要解决的问题，它发挥类似标签的作用，建立起数据管理计划模板问题和数据管理计划指南之间的映射。通过与美国 DMPTool 合作，DCC 努力实现主题数量与分析粒度的平衡，主题已从最初的 29 个精简为目前的 14 个，见表 12-3，并以此为依据，总结不同数据管理计划评价量表的评价要素，见表 12-4。

表 12-3　DCC 的 14 个科学数据管理计划主题

主题名称	具体内容
1.数据描述	（1）对将要收集或创建的数据进行简单描述，包括内容、规模和数据类型等；（2）考虑数据如何与已有的数据进行整合和补充，或者是否存在现有的数据可以再使用；（3）指出哪些数据具有长期价值，应该进行共享或者保存；（4）如果购买或者重新使用了现有的数据，解释如何解决版权和知识产权问题
2.数据格式	（1）明确指出数据将采用的格式，如 txt、csv、TIFF（tif、tfw）；（2）说明格式选择依据，如员工的专业知识、对开放格式的偏好、数据中心接受的标准等；（3）使用标准化、可互换或开放的格式，确保数据的长期可用性

续表

主题名称	具体内容
3.数据量	（1）表明要创建的数据量（MB/GB/TB），并说明原始数据、已处理数据和其他数据的比例；（2）考虑存储、获取和保存的数据量，如是否需要增加额外费用（3）考虑共享或传输数据的时候，数据的规模大小是否会带来挑战，如果会，如何解决这些挑战
4.数据收集	（1）介绍如何收集和处理数据，包括相关标准或方法、质量保证和数据组织；（2）表明项目期间数据的组织方式，提及命名约定、版本控制和文件夹结构；（3）阐明如何控制和记录数据收集的一致性和质量，包括校准、重复抽样或测量、标准化数据捕获、数据输入验证、数据同行评审等
5.元数据文档	（1）将提供什么元数据以帮助他人识别和发现数据；（2）实现重用所需的其他文档，包括用于收集数据的方法、分析程序、变量定义、测量单位、假设、数据格式和文件类型以及用于收集或处理数据软件；（3）明确如何捕获此信息以及记录在何处，如某一具体的知识库、提供链接、在“readme”文件中等
6.道德隐私	（1）涉及人类研究对象的研究，描述保护参与者的身份信息的方法；（2）描述谁可以查看/使用它，以及保存多长时间，证明知道这一点，并有相应的执行计划
7.知识产权	（1）说明谁拥有任何现有数据，以及新产生数据的知识产权，对于多伙伴项目，知识产权所有权应包括在联盟协议中；（2）介绍数据共享所需的任何限制，如保护专有或专利数据；（3）解释数据将如何被许可重用
8.存储与安全	（1）描述在研究活动过程中数据存储和备份的位置；（2）确定谁将负责备份以及执行的频率；（3）考虑数据安全，如详细的个人数据、政治敏感信息或商业秘密等敏感数据的处理方法，注明是否有任何合适的机构数据安全政策；（4）指出遵循的标准
9.数据共享	（1）指明如何共享数据，如存储在数据存储库中，使用安全数据服务直接处理数据请求或使用其他机制；（2）何时实现数据的开放获取；（3）数据如何在其他环境中重用
10.数据知识库	（1）指明数据将在何处存储，如果不打算使用已建立的知识库，那么数据管理计划应该证明可以在授予的有效期内有效地监管数据；（2）表明已了解相关知识库，了解其政策和程序，包括元数据标准和所涉及的成本
11.长期保存	数据保存多长时间，存储在何处，为了存储数据，是否需要额外资源或是否能够负担数据知识库的任何费用
12.角色和责任	（1）概述所有活动的角色和职责，如数据捕获、元数据生产、数据质量、存储和备份、数据归档和数据共享，尽可能给出具体人的名字；（2）对合作项目，应该解释合作伙伴之间数据管理责任的协调
13.预算	（1）仔细描述交付数据管理计划所需的任何资源，包括存储成本、硬件、工作人员时间、准备存储数据的成本和知识库费用；（2）概述任何可能需要的相关技术专长、支持和培训及其如何获得
14.相关政策	（1）描述参照的任何现有的程序，如当地指南，应给出链接；（2）列出任何其他相关的资助者、机构、部门或团体关于数据管理、数据共享和数据安全的政策

表 12-4　不同数据管理计划评价量表涵盖的主题

主题	AHRC	BBS-RC	EPS-RC	ES-RC	MRC	NERC	STFC	Wellcome	CRUK	H2020	DART	JHU
数据描述	√	√	√	√	√	√	√	√	√	√	√	√
数据格式	√		√	√	√	√		√	√	√	√	√
数据量	√	√	√	√	√	√			√	√	√	√

续表

主题	AHRC	BBS-RC	EPS-RC	ES-RC	MRC	NERC	STFC	Wellcome	CRUK	H2020	DART	JHU
数据收集	√	√	√	√	√	√			√	√	√	√
元数据文档	√	√	√	√	√	√	√	√	√	√	√	√
道德隐私			√		√	√		√	√	√	√	√
知识产权			√	√	√	√		√	√	√	√	√
存储与安全	√	√	√	√	√	√		√	√	√	√	√
数据共享	√	√	√	√	√	√	√	√	√	√	√	√
数据知识库					√	√		√		√		√
长期保存	√	√	√		√	√	√	√	√	√	√	√
角色和责任	√		√	√	√	√				√	√	√
预算	√							√		√		
相关的政策					√	√				√		

√表示数据管理计划评价量表中至少包含此主题的一项相关内容

就指标形式而言，所有评价量表的指标都是提问（具体问题）的形式；从设计思想看，有些是先将评价内容划分为若干个大的模块，再细分每个模块下的具体指标，而有些则是直接设计评价问题。例如，约翰·霍普金斯大学按照共享数据、项目过程中的数据管理（存储和备份，数据安全和访问控制，文件命名、文件组织、版本控制和协作约定）、项目完成后的数据存储（保存和存档、数据存档服务）三大模块来组织指标。Horizon 2020 则是按数据描述、高质量的数据（可发现、可获取、互操作、可重用）、资源分配（成本、角色和责任）、数据安全、伦理等模块来考虑具体指标设计。AHRC 从数据描述、标准与格式及硬件与软件、技术方法（安全）及技术支持与专业知识（角色和责任）、数据保存与获取四个部分来设计其评价指标。

MRC 通过 7 个模块共 34 个问题来评价数据管理计划，它是唯一要求数据管理计划中介绍项目名称及研究类型的评价量表，也是指标划分最详细的一个量表。NERC 的评价量表分为两部分，一部分是对数据管理计划大纲的评价，另一部分是对整个数据管理计划内容的评价。大纲评价部分主要关注数据类型、格式和规模三个主题。整个数据管理计划内容评价部分包含 6 个模块，即角色和责任（数据收集与创建、元数据创建、数据传输的负责人及责任）、数据产生活动（现有数据集、新数据集类型、新数据集规模、收集数据的具体时间、收集方法、新数据集的格式）、项目进行过程中的数据管理（存储位置、保证存储安全的措施、数据备份、数据传输和重用的挑战）、元数据与文档、数据质量、特殊期望。NERC 的数据管理计划评价量表将角色和责任设置为评价的第一个模块，将数据质量作为一个单独的评价模块列出，体现出责任明确、数据质量有保证对做好数据管理工作的重要性。

就指标设计的独特性而言，AHRC 特别提到了数据管理专业知识的问题。BBSRC 特别强调对最终数据的存储、数据开放获取的时间、现有数据以及数据未来使用价值等问题的描述。与约翰·霍普金斯大学类似，EPSRC 也特别关注数据共享这一主题，21 个问题中有“共享哪些数据？如何共享？何时共享？共享的条件？”4 个问题与数据共享相关。ESRC 特别提到了现有数据和新数据的问题，将现有数据和新数据分开评价，而 CRUK 则对最终数据集和项目过程中的数据集进行区分评价。MRC 和约翰·霍普金斯大学都特别提到了知识库的问题，除此之外，约翰·霍普金斯大学还提到数据引用的评价。Horizon 2020 虽然没有将评价指标分得很细，但是却是所有分析型评价量表里，唯一对每一个评价指标都进行举例描述解释的评价量表。Wellcome Trust 将数据的潜在价值、提高数据可发现性的措施以及数据引用，都作为独立的评价指标，而这三个方面是其他大多数评价量表没有涉及的。

三、评价等级与等级描述

确定绩效指标后，则需要确定具体的绩效等级并进行描述。清晰地列出各绩效等级的细则，避免“过程评价”的主观随意性，帮助评阅者高效把握数据管理计划中良好的数据管理实践与存在的问题，为科研人员提供具体、及时的反馈。一般而言，从描述最高绩效等级开始，用一个段落，甚至一两句话描述完全符合此项绩效指标要求的最理想的状态。然后斟酌不同评价等级之间用词的差异，尽量避免使用概括性的、含糊不清的词语，如“好”“中”“差”等。上述所有评价量表，都参照 DRAT rubric 设置三级评分体系，见表 12-5，它们只是因在不同等级的描述上结合本机构的政策、指南或者模板的要求，而有略微差异。

表 12-5　DRAT rubric 的一部分

具体标准	绩效指标	完全/详细	提到但不完整	没有解决问题
通用评价标准	确定将用于项目的元数据标准和格式	对将遵循的元数据标准明确描述。如果没有学科标准，项目具体的方法将不能被清楚地描述。例如，数据将使用达尔文核心文档（Darwin core archive）元数据进行描述，并附有 readme.txt 文件，提供有关现场方法和过程的信息	将遵循的元数据标准不清晰。如果不存在学科标准，项目特定的方法描述模糊	没有说明将遵循的元数据标准，没有描述项目特定的方法

续表

具体标准	绩效指标	完全/详细	提到但不完整	没有解决问题
通用评价标准	描述项目期间创建的数据格式	清楚地描述了数据的文件格式，如纯文本、Excel、SPSS、R、Matlab、Access DB、ESRI Shapefile、TIFF、JPEG、WAV、MP4、XML、HTML 或其他特定软件的文件格式。例如，通过数据记录器收集的土壤温度数据，并从记录器导出制表符分隔的文本文件	描述了一些，但没有描述所有类型数据的格式或格式标准。如果不存在标准，则没有说明如何解决这个问题	没有包括任何数据格式的信息
具体学部的评价标准	识别用于存储数据的数据格式	清楚地描述了将用于存储的数据的数据格式，并解释了原理或复杂因素。具体格式有硬件日志和/或仪器输出格式、ASCII、XML、HDF5、CDF 等 例如，NMR 数据将以专有的格式保存嵌入的信息，并转换成 JCAMP 格式以方便获取	仅部分描述了用于存储数据的数据格式，或者基本原理和复杂因素	没有描述用于存储数据的数据格式，也没有提供原理或讨论复杂的因素
	如果项目涉及使用不常用的数据格式，数据管理计划描述了将数据转换成可获取格式的方案	清楚地说明了如何将数据转换成更易获取的格式。通常提供了方案和补救措施。例如，来自显微镜的静止图像将会从专有格式转换为易于保存和共享的 OME-Tiff 格式	对如何将数据转换成更易获取的格式，说明得很含糊	没有解释如何将数据转换成更易获取的格式，以供其他感兴趣的人使用

第三节　本章小结

好的科学数据管理计划可以很容易被其他人理解、被科研项目团队使用。为了创建高质量的科学数据管理计划，科研人员应遵守以下十条简单的原则，即明确研究资助者的要求、确定需要收集的科学数据、明确科学数据的组织方式、解释如何对科学数据进行文档记录、描述如何确保科学数据质量、呈现一个可靠的科学数据存储和保存策略、明确项目的科学数据政策、描述科学数据的传播方式、分配角色和责任以及准备一个现实的预算。因为科学数据管理计划的内容和结构取决于具体的研究项目以及资助机构的具体要求，所以什么是最佳的科学数据管理计划，其实没有绝对正确的答案。尽管对科学数据管理计划应该涵盖的内容的认识在逐渐统一，但是资助机构所提出的科学数据管理计划要求仍在不断更新，科学数据管理计划评价仍属于非常新的、处于演变过程中的概念。然而毋庸置疑，科学数据管理计划评价量表，一方面为科研人员、图书馆员、资助者之间的交流和沟通提供了一个很好的平台，帮助图书馆员深化对资助机构要求的认识和理解；另一方面，依据评价量表的标准向科研人员解释科学数据管理计划的优缺点以及改进方向的反馈会更规范和容易实施。目前的科学数据管理计划评价量表反映了DCC设计的大多数主题，但是不同的评价量表在设计方法和具体指标上仍存在较大差别。与此同时，即使设计的指标相同，对评价等级的具体描述也不同。我国的科研资助机构有必要学习国外优秀经验，出台科学数据管理计划相关政策并设计科学数据管理计划评价量表，只有这样才能有效推动科学数据管理工作的开展。

第十三章　科学数据管理计划支持服务案例

本章从一系列学科中选择了一些典型案例，以显示不同机构如何利用科学数据管理计划支持服务，从而使科研人员了解和认可图书馆科学数据管理服务。

第一节　伦敦经济与政治学院

2014 年伦敦经济与政治学院图书馆设立科学数据管理支持服务，对数据管理计划的支持包括与科研部门一起为申请人提供一个先前成功申请的计划，并让他们学习和参考。由于该图书馆设立了数据管理支持服务，资助申请管理者或者将科研人员转交给图书馆，或代表科研人员与图书馆联系。通过图书馆网页的宣传活动，每两周一次的开放问题会议和“编写数据管理计划”培训等活动，科研人员正在将服务与数据管理咨询联系起来，尽管大多数数据管理计划咨询仍然来自科研部门的转介。从 2016 年 10 月起，伦敦经济与政治学院要求所有资助项目的科研人员提交数据管理计划。伦敦经济与政治学院图书馆已经将 DMP Online（https://dmponline.dcc.ac.uk）进行个性化开发，使其与面向具体资助机构的模板以及针对硕士和本科生论文的模板相匹配。为了与数据提供者产生关联，该图书馆还引入了一个规则来编写获取该校数据计划。

作为一个以社会科学为重点的机构，该校获得了大量来自经济与社会研究委员会的资助，产生了大量的社会科学领域的数据。为此，该校图书馆围绕 ESRC 或 Horizon 2020（欧盟委员会）的数据管理计划要求，培训科研人员使用 DMP Online。该培训还对作为数据存储平台的英国数据服务库 ReShare 和欧洲委员会的存储库 Zenodo 的情况进行了介绍。

评阅数据管理计划使该校图书馆员在信息安全（数据存储、备份实践和基础设施）、法律（数据保护、信息和知识产权）、图书馆（收藏、组织、元数据）和归档（文件格式、大小）方面知识和技能不断得到提升。如果遇到难以解决问题的情况，图书馆可以得到校内各方人士和部门的支持。伦敦经济与政治学院在信息安全、研究伦理学、《数据保护和信息自由法案》（*Freedom of Information*，FOI）、版权和研究方法方面都有专家，当然还有一个很好的图书馆团队。此外，通过英国数字监管中心、英国数据服务和其他数据存档机构，JISC 托管的数据管理邮件列表，国际社会科学信息服务与技术协会（International Association for Social Science Information Service&Technology，IASSIST）和研究数据联盟等组织提供正式或非正式的支持。伦敦经济与政治学院数据管理支持服务机构认为，图书馆应该在学校层面主动支持科研人员。早期的迹象表明，当服务满足初期需求时，学校内部对支持服务的需求将会大大增加。这种方法表明需要开发一个反映机构特征的支持框架。在这种情况下，应有意识地选择将数据管理支持与具体的资助机构以及特定的资助计划相关联。

第二节 伦敦卫生和热带医学学院

作为一家专门从事全球健康研究的大学，伦敦卫生和热带医学学院拥有大量的临床试验单位，主要的数据管理问题涉及如何处理与研究参与者有关的个人和敏感数据。研究必须符合数据保护立法、国际协调良好临床实践理事会标准和其他有关规定。这需要考虑在研究过程的每个阶段执行的数据处理方法。

首先，必须考虑如何收集数据。传统上使用纸质表格进行社会调查和医疗评估。然而，越来越多的研究使用移动设备，如手机和平板电脑。这些设备比基于纸张的收集更有优势，能够引入自动化的质量检查，并避免了耗时的数据录入活动。然而，它们可能具有挑战性，特别是在发展中国家进行研究时。对科研人员而言，一方面他们需要关于如何使用相应硬件和软件设施的建议，另一方面他们也需要了解购买这些设备的成本信息。项目规划阶段的进一步讨论将探讨其在现场使用的实用性，如确保设备定期在每天运行发电机几个小时时收取费用的程序，以及应用于有限的电话和互联网接入地点的数据同步方法；还将思考如何解决可能出现的问题，如在不能使用移动设备的情况下使用纸张表单。

其次，必须考虑在研究过程中应用的信息安全实践。这包括物理安全方法，如使用锁定和管理设施，以及数字安全技术，使用加密和访问控制。科研人员常常多次联系，以查询安全措施；在初始阶段要求概述不同的可用选项，并且稍后要求对具体工具进行培训或对现行做法进行更新。例如，使用加密笔记本电脑的科研人员可能需要就保护手机、平板电脑或录音设备的实用性提供建议。

最后，有必要考虑保护研究参与者的要求与使数据开放获取的义务的平衡。这是一个多方面的问题，需要结合技术、法律领域的专业知识来解决。首先通过审查研究参与者签署的数据内容和同意书，确定提供数据的可行性是必要的。可以容易地识别直接标识符，如名称和位置细节，其可以单独用于识别个体。然而，评估价值组合以重新识别个人的可能性是有问题的，特别是当信息被保存在单独的数据集中时。在这些情况下，可能需要领域专业知识来确定以前的涵盖了相同的研究人群的研究和资源。同时，应审查同意协议以确定提供的权限。如果没有考虑数据共享（对长期研究仍然很常见），有必要向机构的道德委员会征求关于提供数据的可行性和任何相关条件的建议。如果数据可以被匿名化并提供给所有人，则可能会将其上传到数据知识库。否则，可能需要限制，如要求用户在提供分析数据之前说明其兴趣并签署法律协议。

数据管理在健康研究中发挥关键作用，确保科研人员遵守各项法律、法规和道德义务。但是，不能仅仅是为了满足第三方的要求而提供的一个简单的复选框。仔细规划数据管理活动是确保以保护研究参与者的方式进行研究并使研究目标得到满足的内在因素。这种方法将数据管理计划视为对整个研究过程都有价值的活动。

第三节　加利福尼亚洛杉矶分校

岩石艺术档案（rock art archive，RAA）拥有一套私人收藏的论文、研究报告、网站报告、信件、期刊、书籍、视频、录音带、电影、塑料和织物的追踪以及岩石摄影的幻灯片图像与洞穴象形文字和岩画（岩石艺术）。这些馆藏在某些情况下构成了不在其他地方存在的唯一现有记录。历史上，考古学中的一些子领域将岩石艺术视为一种无形的人造物，任何提到的将岩石艺术与考古遗址的研究结合起来的都将在脚注中对此进行注释。岩石艺术的考古价值得到越来越多的认可，目前有关岩石艺术的研究被认为考古领域一个重要的子学科。岩石艺术研究在国际和各种背景下进行。档案馆的建立是为了支持和保存岩石艺术科研人员和职业技术人员捐赠的收藏品。人员配置为系主任、工作学生和志愿者。

加利福尼亚洛杉矶分校创建了归档主数据库、通信和特殊集合目录三个主要数据库来存储和维护有关集合的信息。数据库包含描述集合中每个项目的元数据并定期更新。其共有 15 个特别收藏品和 14 个重要的收藏品。材料按类别组织可分为参考资料、现场记录、特别收藏、视觉材料和教材。许多出版物是由RAA存档的材料产生的。

为回应RAA编写的五年部门间审查报告，工作人员寻求协助开发数据管理计划。对 RAA 收藏和系统的全面审查显示了 RAA 工作人员想要解决的问题，特别是版权和知识产权问题影响了收藏品中的物品。作为数据管理计划的结果，团队制定了面向捐助者的协议表，并回顾了以前所有的捐助者，以确保和记录权利协议，为希望使用馆藏的科学人员额外开发了一个过程。

由于馆藏中的许多项目正在数字化，数据管理计划流程提供了一个机会来考虑构建和共享数字集合的结果。为了继续发展，该馆首先按照普渡大学图书馆的规定进行了一个数据监管访谈（data curation profile，DCP）。除了 DCP，该馆还使用了加利福尼亚数字图书馆和美国校际社会科学数据共享联盟提供的数据管理计划信息。该小组还研究了具体学科的知识库，如开放环境（open context）、数字考古记录（digital archaeological record，tDAR）和考古数据服务等。

这些工作的一部分重点是对岩石艺术社区利益相关者——政府机构、文化遗产组织、科研人员以及资助机构的考虑。由于破坏行为、人身影响、盗窃和文化价值观的威胁，限制访问地理位置信息是一种被普遍接受的做法。这项工作从位流保存和功能保存两个角度考虑了长期保存数字图像的要求。位流保留与确保包含图像的位不被损坏、丢失或损坏有关。功能保护涉及关于描述、提供访问和维护可用性的活动，而不考虑硬件或软件技术的变化。这种方法是有帮助的，因为 RAA 主要集中于模拟保护和数字化过程本身。考虑到长期保存和传播的需求以及元数据要求的范围，该团队认为建立一个遵循最佳实践的内部存储库比将数据定位在现有的存储库之一更可取。

RAA 工作人员热衷于执行 DCP，反过来，科茨考古研究所（Cotsen Institute of Archaeology）的其他研究人员开始考虑类似的保护措施。例如，为科茨考古研究所的另一位研究员准备了一个涉及反射变换成像和考古遗址或人工制品的附加数据管理计划。数据管理计划是 DCP 的合理结果，在与管理层和资助机构沟通 RAA 方面很有用。提供服务帮助的 RAA 工作人员了解其工作和信息管理之间的联系，并需要具有信息研究和数据管理专长的人员作为可持续经营的一部分。事实上，一名工作人员决定在这个项目上获得信息研究领域的研究生学位。

在磋商过程中，很明显需要为每个人进行界定用于保护摇滚艺术描述的术语以及监管和保存的语言，这经常涉及对意义和背景的理解的讨论。审查其他存储库（如 tDAR 和 ADS）网站上可用的资源，有助于加深对该领域和相关术语的理解。由于 DCP 和数据管理计划的工作，RAA 正在制作一本在线手册并指导其收集的数据。此外，团队继续联系，为 RAA 工作人员准备资助后续步骤。数据的有效保存以及具有良好数据管理意识的工作人员，使后续步骤的实施更有效。这丰富了团队对该领域的了解，也进一步引发了团队对数据管理计划和数据保护的思考。加州大学洛杉矶分校的案例体现了科学数据管理计划可以对新兴学科带来的许多好处。

第四节　俄勒冈大学

作为数据管理服务开发的一部分，图书馆与研发部门的授权管理人员和预审人员建立并保持合作关系。其成果之一是积极地向教师介绍图书馆的数据管理服务。在这种情况下，负责科研管理的人员将地质学教授介绍给图书馆。这位教授正在撰写国家科学基金会北极自然科学研究的申请书，撰写数据管理计划是他的第一次尝试，他是在提案截止日期前一个星期与数据馆员联系的。

国家科学基金会北极科学部门提出其在计划招标中共享数据的政策。该政策概述了数据和相关元数据必须存放在适当的开放存取知识库中的要求。此外，要求将发现的元数据存放在高级合作北极数据和信息服务（Arctic data and information service，ACADIS）北极数据知识库中，并描述了应提供的一些元数据类型。

但是，其对提案作者和只为他们的提案提供支持的图书馆员，没有强调更详细的细节。当资助者指导记录一个功能相关的数据知识库时，即使作为一个代表性的例子，消除了一些歧视，但这往往是制定良好的数据管理计划的障碍。ACADIS 的引用为科研人员提供了一个途径，探索和了解元数据记录目录的存储库结构、数据存储过程和元数据目录的应用，以查找、理解和使用数据。图书馆员在许多不同的科学课题上进行了磋商，这也是其更加熟悉这一资源和了解北极科学的特殊要求的机会。

建议科研人员优先使用国家数据中心和可持续资助的开放领域的知识库，或使用该校的机构知识库。有时候，提案预算没有考虑数据管理费用，但这并不是一个问题，因为教授预计数据量将低于图书馆通常收取费用的门槛值。最终，图书馆员希望为数据管理基础设施开发一个更明确的成本结构。教授的第一个计划草案基于该校图书馆数据管理网站的信息，该网站概述了国家科学基金会数据管理计划的常见内容和最佳实践。图书馆员和教授一起审查了教授的数据管理计划草案和国家科学基金会指导，并分享了另一位地球科学领域的教师的样例。虽然它针对的是不同国家科学基金会的学部，但也是一个很好的数据管理计划结构和内容的范例。最终，教授完成了一个质量颇高的数据管理计划。

这个案例说明提供关于一般或详细的资助机构要求的建议是一个常规任务，同时提高了科研人员对保存和共享计划的信心；还说明了这种互动如何成为数据专业人员反思图书馆开发和提供的服务的机会。在这种情况下，可以考虑研究办公室与图书馆之间建立的协作关系的有用性及数据知识库服务的有效性。

第五节　格拉斯哥大学

病毒研究中心的科研人员参加了图书馆的数据管理培训，以了解图书馆提供的数据管理计划评阅服务。该中心必须编写一份数据管理计划作为其医学研究理事会（Medical Research Council，MRC）五年期资助审查的一部分。MRC资助的八个主要研究项目，最初有两种方式来编写数据管理计划——八个单独的数据管理计划或一个总体数据管理计划。其中，一些计划有广泛的多合作伙伴；其他一些则需要得到道德委员会审批的研究。

图书馆员提出，每个主要项目负责人将编写一个数据管理计划，其中应包括MRC模板中与其自身的研究计划相对应的部分；中心主任将编写一份主要的数据管理计划，其中包括了其他部分；两者在数据安全性、数据共享和访问部分、责任和相关政策方面有一些共同点。这种方法是向 MRC 提出的，同时被认为是可以接受的。每一个研究项目在数据的类型和规模方面有很大的不同，它需要有自己独立的数据管理计划。

每个项目负责人都被分配了一些撰写数据管理计划的时间。在此期间给他们介绍了 DMP Online、机构数据知识库，并提供机会讨论其数据管理计划的内容。在项目负责人完成这些计划后，图书馆员进行评议并提出建设性的反馈意见。该主任还支持撰写总体数据管理计划，并提供了有关机构数据知识库的样板文本。该中心已经获得五年的资助，涉及的许多主要项目负责人评论道，图书馆的数据管理服务非常有价值，并且他们撰写的数据管理计划对成功获得资助是非常重要的。

来自评估应用程序的科学数据管理计划的唯一反馈是整个研究计划中的方法和协议的标准化，而不是数据管理计划本身的。通过与中心的科研人员直接合作，图书馆员能够将数据管理服务和图书馆提供服务的信息传播给比以前更广泛的用户群体。此后，病毒研究中心的一些科学人员陆续参加了图书馆提供的数据管理培训课程，其他科研人员将数据存储在机构知识库中。图书馆员认为，像这样的积极互动创造了“数据管理冠军”，他们更有可能将数据管理的好处传播给同事，从而帮助图书馆吸引更多的科研人员使用其服务。

第六节 哥伦比亚大学

科研人员通过该校的科研处长，直接联系图书馆的数据管理部门。研究人员正在寻找关于天文学项目的数据管理计划的审查和指导，该项目将基于仪器生成按照时间顺序存档的数据。与许多天文学项目相同，该项目预计的数据总量大约为 100TB。幸运的是，天文学领域具有广泛认可和应用的数据标准，如灵活图像传输系统（flexible image transport system，FITS）、网络通用数据格式（network common data format，NCDF）和分层等面积 isoLatitude 像素化（hierarchical equal-area iso-latitude pixelisation，HEALPix），所以数据格式不是一个问题。在该学科中相当成熟的是使用预印本存储库 arXiv（arXiv.org），它为天文学领域的科研成果提供了可公开获取的途径。鉴于天文学生产大量数据的历史，以及共享数据的文化，科研人员还可以使用强大的数据共享平台，如由美国国家航空航天局开发的数据共享平台。科研人员明确表示，该项目旨在通过在规定的时间范围内利用现有的学科资源来实现这些数据共享的愿望。

虽然天文学领域在数据共享方面有坚实的基础，但该馆通过鼓励科研人员考虑项目的具体问题来协助其撰写数据管理计划。这些问题包括澄清特色数据产品及其各自的品质、详细介绍数据记录实践、提供未公开发布的数据的联系信息，以及在科研人员调动到不同机构的情况下进行数据保护和保管的应急计划。图书馆员能够发挥的较大作用是建议使用数据引文来获得更好的对所有权、来源和再使用情况的跟踪。大多数这些问题及其解决方案并不具体针对某个学科（注意事项是数据描述符和元数据的具体实现，而不是使用它们的一般原则）。认识到这些问题是各个学科共有的很重要，如此一来，提供数据管理服务的人员不需要具备专业的学科背景知识，就可以在机构内有效提供面向各个学科的服务。

图书馆员与撰写数据管理计划的科研人员合作的原则是，科研人员是学科专家，他们熟悉项目和数据；图书馆员是数据管理的专家，熟悉其原则、实践和可用资源。图书馆员有机会介绍自身的考虑和做法，最终将有助于构建更强大的数据重用生态系统。然而，由于项目及其数据的本质，不宜将科研人员引导到本地资源。不管最终该项目能否获得资助，这个交流为图书馆员提供了一个机会，使其更多地了解天文学领域的工作、数据和实践，并为科研人员建立起固定的学科实践，以帮助其实现未来数据的再利用。

前两个案例是关于如何将为撰写数据管理计划提供建议作为桥梁，与学院进行协作的案例。就格拉斯哥大学而言，精简流程和消除重复工作已得到承认和采纳。

科研人员对他们需要什么感到不确定，并感激图书馆员给予的相应指导。哥伦比亚大学的学科拥有更强大的数据共享传统和标准化的文件格式，即使如此，其在数据监管和引用方面仍然有很多不熟悉的领域，科研人员迫切需要得到相关指导。

第七节　圭尔夫大学

圭尔夫大学多年来一直参与开发加拿大国家在线双语数据管理计划工具 DMP assistant（http://assistant.portagenetwork.ca/en）。该校已为即将应对的加拿大三方机构资助理事会的数据管理计划要求及其近期的出版物开放存取政策（包括数据存储要求）做好准备，在整个研究生命周期中创建了涵盖数据管理各个方面的在线指南和支持材料。为了应对存储数据需求不断增加的趋势，该校的数据知识库服务已经开发完成。在过去两年中，图书馆一直与科研部紧密合作，向数据管理计划和开放获取要求有关的教师和研究生提供相关信息并举办研讨会。

圭尔夫图书馆的数据管理服务始于 2009 年。2010 年，随着各大院系外联工作的引入，图书馆员与一个长期领导多机构研究项目的研究小组建立了联系。他们意识到，如果没有一致的机制来管理、存储和保存数据，数据丢失的潜在风险将随着时间的推移而增加。这是图书馆第一个大型项目的管理请求。图书馆员开始针对该地区的项目负责人和一些研究支持人员进行访谈；记录他们的疑虑并讨论他们当前工作流程的重要性。基于这些讨论，图书馆员开发了一个问卷，以便根据 DCC 数据资产框架（data asset framework，DAF，www.data-audit.eu）的标准进行数据审计。在审查结果时，图书馆员确定了项目的风险领域，并评估了与调查结果相关的风险水平。

图书馆员向科研小组提供了一个初步报告，强调了在若干领域的发现。在与主要科研人员进行协商，审查报告并确定潜在的解决方案后，图书馆员完成了一份最终报告，该报告提供了一系列可付诸实施的建议、解决方案的目标日期以及确定实施责任应该中止的方案。

这个研究小组非常支持图书馆的工作，并立即开始在最关注的领域实施解决方案。一些解决方案，如数字化基于打印的手册和其他文档、建立新的文件夹和文件命名约定与访问控制，以及建立描述数据资产的协议，是随时间推移的简单解决方案。科研团队承认，承担处理文件迁移问题及其数据库迁移到客户端-服务器平台进行多机构获取需要大量资源。该案例说明通过 DCC 手册之类的文件以及培训机会获得完成此类服务所需技能的国际知识和技术的重要性。

第八节 巴斯大学

巴斯大学图书馆为科研人员提供多项服务，包括数据管理服务。在宣传推广数据管理服务时，图书馆鼓励科研人员使用它查询与数据管理相关的任何内容，包括讨论要求或请求对其数据管理计划进行审查。图书馆员收到了卫生系（department for health）一个科研人员的请求，他希望讨论一个对参与的社区使用数字技术的研究方案。与科研人员会面后，图书馆员了解到该项目将尝试使用各种技巧来组织参与者体力活动的定性数据，包括面试和讨论记录，以及由参与者创建的数字照片和叙述文字。

图书馆员认为首要任务是更清楚地了解该研究实际涉及的内容。由于图书馆员没有这方面的专业知识，所以不得不与科研人员就一些专业术语进行交流，如“参与式行动研究”，实际上是“数字混合”。在这种情况下，后者是一个网站，首先参与者将会提供拍摄的照片和叙述文字，并与科研人员一起创造一个家乡的印象。然后确定科研人员必须解决的数据管理问题，一个主要的问题是数据保护、隐私和征得用户同意。图书馆员指出了隐私权可能被意外损害的一些方法以及避免这些损害的技术，如模糊图像，剥离嵌入在音频文件、数字拍摄、录制录像等中的元数据。图书馆员还就同意书中应包括哪些内容提出了建议，如保留和共享匿名数据的权限、说明是关于什么内容的协议以及修改的内容，以及是否可以以限制的方式共享某些没有完全匿名化处理的数据，并建议科研人员咨询大学的数据保护小组。图书馆员鼓励科研人员考虑他们拍摄的照片可能损害参与者隐私的风险。因此，科研人员计划在培训参与者时增加质量保证检查来解决此问题。

另一个相关领域是知识产权。除了录音的版权，科研人员还必须考虑参与者贡献的照片和叙述的版权。他们决定要求参与者提供联合版权，并根据图书馆员的建议，允许无限制地使用照片进行任何研究活动。图书馆员强烈鼓励科研人员使用机构储存条款。科研人员采纳了图书馆员提出的使用第三方工具编辑录音和照片的元数据的建议，但是没有采纳图书馆员提出的使用外部录音服务，他更愿意聘请科研人员来完成任务。在讨论了大学可以提供的用于托管 Bricolage 的服务之后，图书馆员同意最好使用外部解决方案，并将其介绍给采购服务部门以获取有关选择 web 开发公司的建议。

由于图书馆员在项目设计阶段就参与了有关数据管理计划的讨论，因此科学人员在提交 ESRC 的项目申请书时，所提供的数据管理计划已经相当完善。在这一点上，图书馆员最重要的贡献可能是帮助科研人员认真思考了具体学科的数据管理的问题。研究人员非常感谢图书馆员的帮助，并再次向图书馆员请求帮助，以存储来自另一个项目的数据和为第三方机构撰写的数据管理计划。图书馆员也发现提供这项服务产生了滚雪球效应。以前获得图书馆员帮助的科研人员不但撰写的数据管理计划的质量明显提高，而且自愿帮助图书馆宣传图书馆的数据管理服务，促使大量新的服务需求的出现。

上述两个案例显示了在提供建议之前花时间深入了解研究的重要性。就像一些早期的案例一样，上述案例很好地利用了DCP、DAF、DMP Online等数据交互工具。在此之后，支持小组与科研人员（或整个研究小组）定期会面，并提出问题，直到他们充分了解研究项目的目标。通过这种方式，数据专业人士获得了快速提供具体项目建议所需的信心。作为合作伙伴，科研人员和数据专业人士共同认可并确认彼此的专业领域。

第九节　本 章 小 结

正如这些案例所表明的那样，提供数据管理服务可以根据科研人员和机构的需要而采取各种形式，但有一些共同的阶段。创建数据管理计划就是一个共同阶段，它可以作为服务切入点，将科研人员吸引到图书馆数据管理服务上来，它的成功可以产生滚雪球效应。在科研人员努力完成数据管理计划时，获得直接解决问题的建议让他们非常感激，并积极地在部门内部广泛宣传。致力于提供研究支持的图书馆员也将因其数据管理能力的提高而受益，从而更好地了解本机构正在进行的工作，并形成新的学科见解。

随着科研人员完成数据管理计划的经验越来越丰富，他们可能不再需要太多的支持。成功的计划将被分享——通过数据管理基础设施或非正式的部门层面有策略进行安排，将加速这一过程。通过上述案例可发现，数据管理不仅仅关注资助申请或归档数据集；这些案例也显示了科研人员和数据专业人士可以讨论的广泛的数据管理问题，数据管理计划的价值不仅仅是满足资助机构申请的要求。如果作为坚持持续更新的文档，也可以记录研究项目在获得资金后所经历的演变。对于数据图书馆员或数据专业人员来说，这给他们提供了一个参与研究项目的机会，有助于增长知识、改善实践、促进保存和再使用文化的进一步发展。总的来说，概括为以下几点：

（1）大多数资助机构都需要数据管理计划，为数据图书馆员提供早期参与项目的良机；

（2）应尽早准备数据管理计划，并作为促进更广泛的数据管理服务的一种方式；

（3）创建数据管理计划的工具包括 DMP Online、DMPTool 以及来自加利福尼亚数字图书馆、ICPSR、UKDA 和类似组织的咨询页面和清单；

（4）整个研究生命周期均有数据管理计划覆盖，包括方法问题、信息安全、治理、伦理、资助者要求和数字技术问题；

（5）对特定资助机构的数据管理计划要求的研究可以提升图书馆员的专业知识能力，增加开发有效服务以满足用户需求信心；

（6）数据管理计划本身并不复杂，但是对于许多科研人员来说，他们对数据管理计划并不熟悉，因此有时他们需要的只是得到图书馆员的进一步确认，而不是详细的建议；

（7）成功地向数据管理计划提供帮助通常会出现更有竞争力的资助申请书，从而引起科研人员的关注；

（8）如果定期修订，数据管理计划就可以超出满足资助者要求的目的，作为管理研究项目的重要工具。

总之，在开展数据管理计划支持服务时，需要仔细思考以下的问题。

（1）图书馆应该在解释、准备或评估数据管理计划方面提供哪些支持？

（2）图书馆可以在多大程度上与组织中的现有支持部门联络，而不是重复工作？

（3）图书馆自身的协助数据管理计划的经验如何用于发展未来的支持服务方向？

（4）应为数据管理计划的关键部分提供标准化文本，还是分别将其视为定制文件？

（5）图书馆是否计划长期和多次参与研究项目，或者科研人员是否更有可能会迅速采纳图书馆的建议并对这些问题充满信心？以上两种途径的优缺点是什么？

第十四章　科学数据管理服务平台

随着数据价值的增加，共享技术的发展以及资助机构和研究机构数据出版要求的提出，实现数据的共享和出版成为重要的研究问题。然而，数据的共享和出版面临一系列挑战。首先，数据缺乏独立性。科学论文是独立的，它通常包含数据的处理结果，阅读论文就可以了解研究要点和结论。然而，对于数据而言，如果没有元数据，理解和使用它是非常困难的。与此同时，设置元数据的过程既耗时又不是进行研究所必需的事项，因此科研人员提供元数据的主动性不强[265]。其次，科学论文有既定结构，以 PDF 格式在线出版易于实现，而数据却存在多种不同的格式、规模，并且许多学科领域对如何管理数据并没有达成共同认识[266，267]。最后，作为确保科学论文和研究成果有效性的核心的同行评议，尚未完全引入出版数据的过程，H 指数等评价指标也不适用于数据的评价[268]。

应对这些挑战，促进数据的共享和出版，需要技术、管理和文化三个方面的解决方案。技术方面是指开发出版和共享数据的基础设施，即各种数据共享、管理和出版平台；管理方面是指要制定数据共享的制度、政策等；文化方面是指科学社区形成数据共享的文化。南洋理工大学是新加坡第一个颁布数据政策的机构，开发了电子实验室笔记支持项目进展过程中的数据管理，同时基于哈佛大学的 Dataverse 开发了数据知识库 DR-NTU，支持该校科研人员的数据出版与共享。本章对当前数据出版和管理的现有技术方案进行调研，结合对新加坡南洋理工大学科研人员的情景化访谈和系统使用测试分析，总结数据管理、出版平台的基本功能要求和用户体验要求，以期为相关机构设计平台或选用现有平台提供参考。

第一节　数据平台的基本功能与利益相关群体

一、数据平台的基本功能

数据是指科技活动或者通过其他方式所获取的反映客观世界的本质、特征、变化规律等的原始基本数据，以及根据不同科技活动需要，进行系统加工整理的各类数据集。数据出版是指将数据作为一种重要的科研成果，从科学研究的角度对数据进行同行审议和公开公布，创建标准和永久的数据引用信息，供其他研究性文章引证。数据出版并不是简单的数据发布，它的目的是使数据达到可引用和追溯的状态，核心内容是为数据引用提供标准的数据引用格式和永久访问地址，因此数据出版包括数据提交、同行审议、数据发布和永久存储、数据引用和影响评价 5 个基本环节。数据出版是数据共享的高级形式，是深化数据共享的重要手段，既能激励数据生产者发布和共享数据，又能保护数据的知识产权。

数据出版与研究过程中的数据管理息息相关，因此不存在绝对独立的数据出版或数据管理平台，只是不同技术方案侧重点不同而已。目前的技术解决方案，如 iRODS（integrated rule-oriented data system，即集成面向规划的数据系统），是基于开源软件为研究机构设计的管理研究数据的平台[269]；英国开放知识基金会的开源数据出版平台 CKAN，适合发布数据，但不支持整个数据生命周期的数据管理[270，271]；哈佛大学定量社会科学研究所（Harvard Institute for Quantitative Social Science，IQSS）的开源科学数据出版平台 Dataverse，与 CKAN 类似，专注于出版数据，但更加强调引用数据[272，273]；除此之外，还有用户可以定义数据知识库所有数据模型和内容类型的开源存储库 Hydra Project[274，275]，如旨在成为所谓的“灰色文献”的出版平台的 Invenio[276]以及被 Elsevier 整合到其出版物管理系统中的数据管理工具 pure[277]。通过对这些平台的功能进行分析，总结数据出版和数据管理平台的基本功能，如表 14-1 和表 14-2 所示。

表 14-1　数据出版平台的功能需求列表

功能需求	评价指标	提供的原因
存储和出版大规模的数据集	文件的最大规模	不需要服务大数据，即使是标准的数据文件也可能具有很大的规模
对检索结果进行分类	可以根据各种分类标准对检索结果进行分类，如数据集的出版日期、语言、创建日期等	由于平台包含许多数据集，因此检索相关的数据集的过程需要相对简化

续表

功能需求	评价指标	提供的原因
提供的元数据模板	元数据模板遵从现有的元数据标准或最佳实践	元数据是对数据集的描述，应该被数据集创建者之外的其他人所理解
支持数据的自动上传	平台提供应用程序接口（application program interface，APT）以及相关说明	有些数据手工上传工作量太大，需要自动化的上传方式
支持数据可视化	数据可视化遵从该领域的最佳实践	帮助用户理解数据
提供对数据集的访问控制	可以通过用户账户、用户组和 IP 地址等对数据访问进行控制	有些情况下，数据集只对一部分用户开放或者需要有一个开放时滞期
必须是安全的	满足行业安全标准要求	确保机密信息的安全
用户角色分配	如管理者、贡献者、保存者和访客	出版平台涉及多个群体，如图书馆员和 IT 人工，他们的职责不是创建数据，而是管理系统和保存数据，需要平台对他们进行角色分配
与机构现有的用户管理系统进行整合	系统的用户管理模块具备可扩展性，可以整合外部用户数据管理系统	每年不断有新用户加入，机构人员不断变化，保持多个系统更新会引起许多问题
提供名词术语的解释	当遇到不熟悉的名词术语时，能够得到帮助信息，如悬停文本	大多数科研人员对数据出版并不熟悉，帮助他们理解数据出版的相关词汇非常重要
提供标签添加功能	可以给数据集和文件设置标签	标签允许系统对类似的数据集和文件进行分类，帮助发现相关的文件和数据集
过滤检索结果	可以按照学科领域、数据规模和数据创建者对检索结果进行过滤	如果平台包含许多数据集，从过滤结果中发现相关的数据集的过程要更简单
与长期保存系统整合	选定的数据集可以长期保存	长期保存可以实现数据集的持续使用
支持保存不同版本的数据集	可以存储和展示不同版本的数据	数据集可以处理和更改，但旧版本应该可用，因为有人可能会使用旧版本的数据
允许下载引用数据集	提供引用格式	使引用数据集更简单

表 14-2 数据管理平台的功能需求列表

功能需求	评价指标	提供的原因
不干扰正常研究工作	使用不占用研究人员太多时间	如果太耗时，则不会被科研人员使用
出版数据过程简单	从研究数据管理平台出版数据集，与系统交互的次数要尽可能少	分离数据管理和数据出版系统没有意义，只有出版过程容易，出版才更有可能
存储数据及其元数据	系统中的元数据应与出版平台的元数据标准一致	没有元数据的数据是不完整的，应使元数据成为研究数据管理工具的一部分
提供图形用户界面	可通过互联网使用图形用户界面	不是所有的用户都喜欢命令行界面
提供命令行界面	有命令行界面，可以通过安全壳协议（secure shell，SSH）访问	不是所有的用户都喜欢图形用户界面
与数据收集工具集成	一旦集成，用户就不需要手动地将原始数据上传到系统	对科研人员而言，计算机化程度越高，研究过程越好
与研究工作流系统集成	将 API 集成到现有的工作流系统中	适应研究工作流程自动化的项目
允许对共享文件进行评论	注释功能	评论有助于开展协作
与现有的用户管理系统集成	与现有的机构用户管理系统集成	不用添加更多的用户账户而产生混淆
研究数据可随时随地获取	不会根据 IP 地址限制使用，但使用用户管理系统对用户进行认证	方便研究人员在不同场所访问平台

二、数据平台的利益相关群体

（一）科研人员

科研人员是数据平台的核心用户组，他们向平台提供数据并使用平台。对于科研人员而言，可以使用数据出版平台出版选定的一组数据集使其被其他人使用并获得引用；可以获得唯一可引用的URL（uniform resource locator，即统一资源定位符）和永久标识符，以这样的方式出版数据，吸引他人对研究的关注并获得引用；可以以可获取地址的方式出版数据集，不需要在其他的平台上反复复制元数据；可以在个人网页或数据文档页面提供数据链接，通过出版数据提高自身的知名度；基于现成的数据出版方案，科研人员可以有更多的精力投入研究方案设计，既节省时间又提高了获得资助的概率；可以实现数据和元数据的同时存储，确保数据不会被没有经过授权的人浏览和使用；可以发现合作的机会；该平台可以作为课题组新成员快速了解团队研究数据的渠道，提高工作效率；也可以作为符合领域最佳实践要求的简单化的数据管理方案。

（二）教师与学生

除了研究之外，大学的任务是教学。随着越来越多的数据密集型科学的发展，大学需要适应并提供给学生使用相关数据集进行学习的机会。因此，对需要使用大量数据的课程，教师可以通过数据出版平台，发布若干数据集，让本课程的学生使用。从长期来看，可以减少教师花费在大量数据管理工作上的时间，更加专注于教学。与此同时，学生可以尝试在线发现其他相关数据集。例如，写论文的时候，可以先检索和获取与研究相关的已有数据集，提高研究效率。如果参与的项目产生数据，平台除了存储数据外，使用平台本身就是一种很好的有效学习管理数据最佳实践的方式。

（三）研究课题组

课题组可以基于平台实现数据集和元数据的集中存储，并实现数据共享范围的控制。元数据的开放获取，也有助于促成课题潜在合作者之间的合作。基于数据出版平台这一收集方式可以实现不同隐私等级的数据集的共存，如默认的方式是私有的数据集，但是可以从中选择一些数据进行公开出版。与此同时，把研究数据收集工具整合到研究数据管理系统中，有助于提高研究过程的自动化程度。现有的很多数据出版平台，都支持使用大学已有的用户管理方式，这使得增加新成员到课题组非常容易。

（四）图书馆员

图书馆员可以在使用数据出版平台参与机构数据集出版的过程中，利用元数据和知识描述的相关知识帮助科研人员，使他们的数据集以最好的方式进行记录，使元数据得到最好的应用。在这个过程中，图书馆员将元数据和数据出版的知识传递给科研人员，使他们可以在工作时考虑图书馆员的建议，工作变得更高效。最终实现数据集出版系统与机构目前使用的、已经存在的其他数字出版系统的整合和交互。

（五）其他

机构中数据服务平台一般是由信息技术部门的人员进行维护和管理的。因此，数据共享、管理和出版平台，也会对信息技术部门的员工产生重要影响。作为应用系统的开发者，信息技术部门的员工可以从中获取有趣的，可用于应用系统开发的数据集。此外，对于资助机构而言，也可以获取那些应该实现开放获取的数据集。

第二节　数据平台的用户访谈与使用测试

一、方法与目的

现有数据平台功能大多类似，由于笔者2016年12月到2017年12月在新加坡南洋理工大学图书馆访学，该校图书馆基于 Dataverse 开发了数据知识库DR-NTU，目前正在测试阶段，因此，这里以新加坡南洋理工大学科研人员作为访谈和测试对象。基于情景化访谈，新加坡南洋理工大学图书馆数据服务组与负责不同学科的学科馆员合作，由学科馆员帮助联系不同学科领域的科研人员，如语言学的博士生、生物信息学的副教授等，在其工作环境中进行访谈和观察。访谈的目的是了解新加坡南洋理工大学科研人员对共享和出版数据的看法，收集他们以前共享和使用他人数据的经验。访谈不是独立进行的，是与用户系统使用测试过程同步进行的深度访谈。

实施主要用户测试，借助新加坡访问学者群“流浪狮城”求助在新加坡南洋理工大学不同学院访学的访问学者，联系其所在实验室的博士生和其他科研人员，进行 Dataverse 使用测试。共有 10 位人员参与测试过程，4 位博士，2 位博士后和 4 位科研人员。具体过程如下：参与者描述他们的数据实践，介绍其目前数据共享和管理的方法；图书馆员简单介绍 Dataverse 的不同功能，不详细介绍的目的是希望他们阅读服务小组设计的用户指南，并得到关于系统易用性的反馈；邀请参与者上传数据集到 Dataverse，并和他们一起参与这一过程，讨论 Dataverse 数据出版平台满足其需求的程度；让参与者使用哈佛大学的 Dataverse 发现其研究领域的相关数据集，观察并了解其在整个过程中的使用感受。通过对这些交互过程的观察和交流，了解 Dataverse 平台的可用性，总结在使用过程中出现的问题。

二、访谈与测试结果

（一）访谈发现

所有的参与者都表示没有系统了解过数据管理的知识，经验和习惯决定了其目前管理数据的方式。语言学和生物信息学领域的两位科研人员，先前有数据共享的经验，提到学科领域有共享数据的文化，但是没有提供关于元数据的做法。大部分参与者通过公共的云服务（如 Dropbox）与合作者共享数据集。两位参与者指出，为了使用他人的数据集，他们被要求引用使用该数据集的论文。数据出版对所有测试者都是一个新概念。测试用户中没有人在线发布过数据。当被问到是否愿意使用 Dataverse 将其数据公开发布时，6 位用户都提到数据隐私、共享限制条件以及需要花费大量时间去设置元数据等困难。

用户及其研究小组目前主要通过网盘来共享项目组内的所有数据，但是没有关于如何描述数据集元数据或如何组织网盘的文件结构的明确指南。所有参与者均希望数据出版平台能够提供大规模数据文件的存储。他们赞成数据共享和出版，认为有利于推动科学的发展，但表示由于保密规定、数据隐私、规模过大等问题不能共享全部数据，但愿意共享部分数据，其中最大问题是没有存档研究数据的基础设施。如果 NTU 提供数据共享出版平台，他们希望该平台除了能支持与校内外的合作者以及学生共享数据外，还可以提供他们个人的信息存储空间。

（二）Dataverse 使用测试

1. 上传过程

按照用户指南，测试者可以快速地掌握上传和检索数据集的过程。数据集 d

文件有“拖放”和“添加”两种上传方式，用户认为上传过程相当简单。上传页面中有一部分内容是让用户插入与上传数据集相关的关键词（keywords），如图 14-1 所示。但用户对此表示困惑，10 位用户中有 8 位对此提出疑问。此外，上传页面只包含使数据集可检索的最基本的元数据。另外的一些元数据，如反映收集数据细节的元数据，需要在最初的数据上传完成后才可以添加。测试发现，一些用户后来并没有注意到增加元数据的提示，一些注意到的人也不知道在哪里可以添加元数据。因此，这种方法尽管使上传过程变得更容易，但是却可能导致一些元数据的缺失。

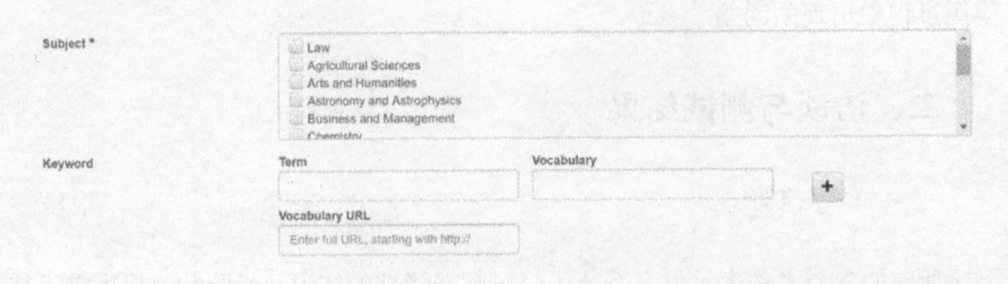

图 14-1　上传数据集页面中导致用户产生疑问的关键词选项

2. 检索功能

元数据可以同时添加到数据集级别和文件级别，基于元数据的全文搜索使数据集可以被发现。从测试结果看，测试者可以轻松找到搜索栏，并搜索相关数据集。但是，普遍反映对检索结果感到困惑。这并不完全是检索系统的问题，因为用户发现数据集的名称和有关数据集的摘要质量参差不齐，这给发现相关的数据集造成了困难。使用高级检索，有助于缩小检索范围。但在使用高级检索功能时，所有测试者都没有用到“数据规模”或“相关的元数据”这两个检索途径。

尽管检索结果页面提供对结果进行排序的功能选项，但是几乎所有的用户都没有注意到使用这一功能。默认设置是根据相关性对结果进行排序，但是问题是对于相关性用户并不清楚，因为默认搜索是搜索数据集、Dataverses 和文件中所有可搜索的字段。这些检索结果混合在一起，不利于发现相关数据集。可以选择将数据集、Dataverses 和文件从搜索结果中筛选出来，但大部分用户都忽略了此功能选项。推测可能是因为这些词汇对于测试者而言，都是新概念，尤其是 Dataverse。

3. 悬停文本

Dataverse 在术语上提供了悬停文本，如图 14-2 所示，最初有 8 位测试者没有注意到这一特征。但是在后来的使用过程中都偶然发现这一工具，并发现它的有用性。因此，推测如果对有用的悬停文本进行明示，比如在其旁边设置一个“？”，可能会对用户的使用更有帮助。

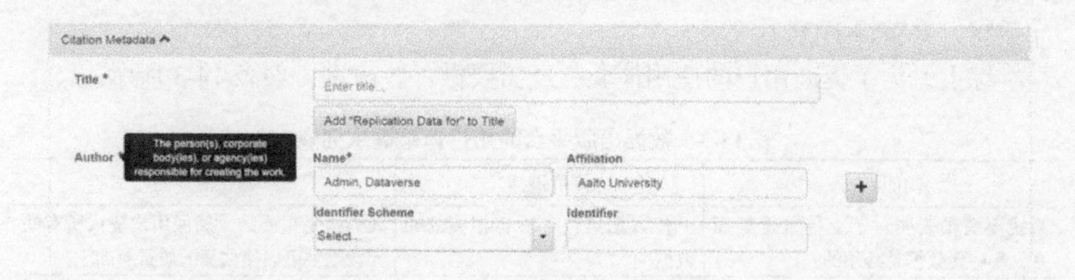

图 14-2　悬停文本

4. 研究数据可视化

数据可视化是数据出版平台的一个有吸引力的新特征。Dataverse 包括用于可视化表格数据集的 TwoRavens 应用程序。然而，用户对此功能的使用反馈是，可视化会产生混淆，尽管用户通过精通统计方法仍无法理解屏幕上显示的信息是什么意思，以及如何从中获取有价值的信息。

5. API

Dataverse 允许通过手动的方式上传数据集或通过 API 以编程方式自动上传数据集。其一旦发布，可以上传新版本的数据集，并保留所有版本。在系统使用较长时间后，实现计算机自动上传的需求变得越发迫切。例如，语言学领域的科研人员表示经常有上百个视频文档需要上传到数据出版系统，如果手工操作的话会花费太长的时间。此外，一些数据每天都会生成，如果每天都要发布数据，也需要一个自动化系统。Dataverse 提供了一个应用程序编程接口（application programming interface，API）和使用指南，支持数据的自动上传，但用户反馈指南晦涩难懂，API 使用起来相当不容易。

6. 用户管理

Dataverse 内置的访问控制系统允许向个人和团体授予权限，访问控制也可以与 Shibboleth 集成。Dataverse 的用户管理工具简单且易用，它提供了默认的一组角色，涵盖研究数据出版过程的整个需求。如果默认的角色不够的话，可以进行个性化角色设置。个人或群组的权限可以改变，这使管理员在数据出版前可以让不同的群组看到不同的部分。

7. 唯一标识符 DOI

Dataverse 使用 EZID（easy-eye-dee，http://ezid.cdlib.org/learn/）服务为数据集提供DOI，但是对该功能没有相应说明。当用户设置自己的Dataverse时，可以发布数据，并获得 DOI。

综上，为了提高用户的使用体验，还需要做一些改进，如表 14-3 所示。

表 14-3 数据出版平台的用户体验需求列表

功能需求	评价指标	提供的原因
系统要清晰表明对于上传数据集而言，哪些元数据是必须的	上传数据集包含所有相关的元数据	元数据是重要的，确保用户输入所有的元数据，可以使数据的质量更高
搜索结果以某种方式显示，即使有大量搜索结果，用户也不会感到困惑	即使检索返回大量的数据集，用户仍能找到其所需数据	当系统包含许多数据集，如何展示检索结果成为关键
向用户提供有关如何编写其数据集的清晰描述的示例	描述很短，并遵循领域的最佳实践	当用户搜索和尝试查找相关数据集时，数据集的描述就非常重要，可以帮助用户获得对数据集的基本了解
研究数据管理工具与商业云服务一样易于使用	用户认为数据工具与商业云存储平台一样好用	商业云服务平台是大多数用户的主要工具，因此数据平台应该比其更好
当搜索时，如果结果太多，则应提示用户缩小搜索范围	如果有超过一百个搜索结果，则应提示用户缩小搜索范围	用户无法找到所需内容就会感到沮丧，提示缩小搜索范围，帮助用户找到结果
用户可以访问其整个数据，包括发布和未发布的数据集	出版平台和研究数据管理工具整合到一个共同的演示板上	用户想要追踪他们的项目，甚至想要展示他们目前的贡献
数据可视化应该具备交互性	用户可以定义可视化的参数和可视化数据子集	数据可视化是一种理解数据的方式
基于使用数据的用户奖励	系统产生报告和徽章，使用户可以展示在其在线档案中	应该对用户共享研究数据的行为进行奖励
系统可以不时地突出显示已发布的数据集	系统的首页具有用于突出显示数据集的专用空间	突出显示数据集是一种奖励用户并曝光数据集的方式

第三节 本 章 小 结

从目前机构实施数据的管理、共享和出版的主要平台看有四种平台，即国际协作平台、开源平台、国家合作平台和个性化平台。国际协作平台，如 EUDAT B2Share，旨在为欧洲研究机构提供研究数据管理、共享和出版工具。这一方式使得与其他正在开展相应工作的机构进行协作变得更加容易，能够减轻本机构的实施负担。但是如何使国际解决方案符合本机构的需求成为难点。开源平台，如基于Dataverse和CKAN等开发的平台，增加了研究数据的整体复杂性，机构需要负责平台维护工作，同时基于同一个开源软件开发平台的机构形成了一个实践社区，可以互相学习借鉴。国家合作平台，如芬兰的开放研究和科学计划，使国家层面的合作更容易，但使得如何与国际展开合作成为挑战。开发个性化平台，虽然可以充分满足机构的需求，但对于本机构而言太耗时费力，因此不是最有效的方式。

使数据可获取有可能会提高科学研究的质量，但要实现这一点，需要实施更好的技术解决方案。尽管技术平台对促进数据的共享和出版很重要，但很明显，数据共享和出版绝不只是一个技术问题。首先，数据共享和出版与研究过程中的数据管理密切相关。如果在项目过程中没有因考虑未来开放获取而未对数据进行适当处理的话，那么最终其开放的过程将非常困难甚至不可能实现。其次，共享数据的文化仍在不断发展，关于数据管理或共享的知识还不够完善。最后，科研人员的贡献主要是在研究论文的引文中进行分析，没有分享数据的动机。图书馆、信息技术部门和科研人员在数据管理、出版和共享中的角色尚未界定清楚。访谈和测试均表明，科研人员对数据出版的了解不多，更不知道如何进行数据出版。因此，除了改进这些技术方面的问题外，未来还需要继续宣传和推广有关数据管理和出版的知识，营造数据管理和共享的文化氛围。

第十五章　科学数据管理服务的可持续发展

第一节　科学数据管理服务类型

科学数据作为学术记录的一部分好处已被资助者、政府机构和研究机构认可，他们发表了原则、声明、指导方针，在某些情况下，甚至颁布了指令，以促进将数据管理作为学术交流的关键因素，如美国自然基金会、英国研究委员会以及欧盟委员会。研究型大学也是数据管理的利益相关者，因为重要数据集的出版和再利用有可能提升其所属机构的学术声誉。许多大学现在乐于记录其教师和学生所产生的学术成果（包括数据集），经常利用科研信息管理（research information management，RIM）系统、Elsevier Pure、Symplectic Elements 来记录和描述这些成果。跟踪数据的创建和重用可能对高校具有实际意义。

随着数据成为资助机构要求的新型主题，许多高校已经开发了各种形式的数据管理服务，帮助其教师和学生在研究过程中和研究完成后有效地管理数据集本身。这些服务远远超出了为数据集提供永久性存储，包括从提供教育和外联计划，以提高科研人员对数据管理的重要性和基本要素的认识，到提供复杂的数据管理服务，即确保数据的长期、持续的可识别、可理解和可访问性。具体而言，可划分为以下三大类。

一、教育服务

教育服务的主要目标是教育科研人员和其他重要的利益相关方，在某些情况下负责任地管理其数据并对其长期监管进行安排。这些服务的一个重要方面是提高一般学者的意识，让他们有意识地确保其数据可供将来再使用。更为重要的是，教育服务的目的是使科研人员了解与特定学科相关的数据管理规范和实践。教育服务也使科研人员了解资助机构、国家、国际机构甚至科研人员自身所在机构相关的数据管理政策和要求。

教育服务的另一个重要方面是让科研人员了解良好的数据管理实践的基础知识。这可能包括制订有效的数据管理计划的工具和建议、创建描述性元数据以促进发现归档数据集的指南，以及针对数据管理技能构建的培训研讨会或培训课程。数据管理资源列表（如具体学科知识库、可免费使用的数据管理工具、相关信息资源）在这里特别重要。所提供的数据管理参考资料可以是针对普遍关心的问题而组织的，也可以是针对具体研究领域或学科领域的特殊需求而个性化组织的。

尽管产生最好的数据管理实践的最重要的动力可能是符合资助机构的要求，但教育服务有时也需要指出科研人员进行数据有效管理可能会获得的其他好处，如有利于对研究过程进行更好的记录和管理，有助于提高科研人员和机构共享的声誉。一般来说，教育服务有助于提高科研人员对服务于开放科学的良好的数据管理和满足资助机构要求重要程度的认识；教育服务设计了一系列基本的数据管理实践和技能；提供了一系列广泛的内部和外部的可用数据管理资源；并阐述了使科研人员投入大量注意力来保护其数据的重要激励措施。

二、专业服务

专业服务为科研人员面临的具体的数据管理问题，提供决策支持和个性化的解决方案。此类服务可能包括直接针对数据管理相关问题的“求助热线”资源；直接咨询数据或联络馆员；个性化的数据管理支持服务，如元数据创建、数据准备和协调存储。与专业技能相关的数据管理服务的另一个例子是，对目前或将来负责支持该机构的数据管理的内部员工的培训计划。这些举措侧重于创造支持上述各种服务所需要的专业知识。

专业服务的两大特色值得关注。首先，这样的服务往往是基于数据管理专家和科研人员之间的直接的、一对一的交互，而不是基于图书馆指南或者在线自学教程之类的资源。其次，专业服务往往与研究过程本身并行运行，或者换句话说，它们被嵌入科研人员研究周期的不同阶段。这与相对独立的教育服务正好相反。总而言之，与专业相关的数据管理服务的要求是，服务人员要具备解决科研人员在研究过程中遇到的具体数据管理问题的综合能力。专业服务超越了教育服务意识提升功能，通过与专业知识有关的服务对数据图书馆员、技术人员以及其他支持人员的专业知识进行统筹部署，以确保个人的数据管理的需求和要求能够得到满足。

三、监管服务

监管服务提供技术基础设施并支持整个研究周期中数据管理的相关服务，包括活跃数据（active data）的管理（在研究过程中管理数据）以及长期数据管理（关注研究活动结束以后数据的获取）。数据管理监管服务涵盖一系列功能，包括永久存储、分配唯一标识符、访问控制、元数据创建和管理、版本控制和长期保存。监管服务可以处理研究生命周期的各个阶段的问题，从短期支持开始（与研究过程中数据的积极使用相吻合），延伸到中期支持（涵盖有限的时期，如在研究过程结束后 3~5 年），并可能进一步扩大到长期支持（在存储完成后继续延长一段时间）。

数据集的监管可能需要大量基础设施的投入，通常是与用于其他校园知识库服务不同的专门的数据管理系统，如机构知识库。即使通过使用外部提供的数据管理资源来减少本地基础设施投入，也可能会在制定有效的校园过渡策略时面临困难和挑战，即如何将分布式的监管服务整合进一个融合的工作流。

虽然数据监管服务依赖于基础设施，但在实施这些服务的过程中，政策也是同样重要的。保留政策是数据监管过程中可以发挥作用的一个很好的例子：是否所有数据集都将被接受进行存储，或者是否需要实施一个评价过程；已经进行存储的数据集，是否将被无限期保留，还是在规定期限后保留；哪些标准可能导致无法获取数据；机构自身的保留政策是否能确保符合资助者和其他外部机构的要求。其他重要的数据管理政策领域包括但不仅仅局限于元数据要求、针对敏感数据的获取限制和隐私保证。

总而言之，数据管理监管服务提供在整个研究生命周期中管理数据所需的技术功能，由本地或分布式监管基础设施提供支持。值得注意的是，这些功能通常受到本地政策选择的限制，结果是数据管理监管服务的本质将因机构而异。

从实施的角度来看，教育服务、专业服务和监管服务可以是独立的，也可以通过相互结合的方式相互促进。例如，对于一所非研究密集型大学而言，仅仅提供数据管理教育服务可能就已经能够充分满足其教职员工和学生的需求。相比之下，如果是一个研究型的大学，则可以选择提供所有的三类服务。鉴于此，需要强调的重点是，并不是每一个打算建设数据管理服务能力的机构，都需要在数据管理服务规划中包含三个服务模块；对于任何一个具体的机构而言，是否缺乏三类服务中的一个或者多个并不能作为评价机构数据管理服务质量的标准[278]。

教育服务、专业服务和监管服务只是列出了数据管理服务可能的范围。没有理由认为具有不同研究背景的不同机构，在组合这三个数据管理服务类别，或者从每一个服务类别中选择性地开展服务时会存在较大程度的相似性。事实上，对于任何机构而言，在考虑构建数据管理服务能力的时候，首先选择开展哪些类型的服务都是至关重要的。

第二节　科学数据管理服务整体规划

一、基于数据生命周期进行规划

建立新服务的过程通常包含相当多的程序。因此一般情况下，应该就预算和人员进行规划。同样，新服务和旧服务之间的平衡和协调也是需要考虑的重要问题，而这一过程往往并不容易。效率和价值是开展服务必须考虑的首要问题，这对获得高级管理层的资助和支持是极为重要的。但是数据管理服务的建立不可能是一蹴而就的，必须是循序渐进的。

由于数据管理的技能和基础设施往往分布于多个不同的部门，这就决定了必须有一个真正的跨机构治理委员会对其开展情况进行指导和监督。当然，由于数据管理服务主要是针对科研人员的，因此选取机构中广大科研人员的代表参与指导和监督，无论是作为领导还是成为某种指导小组的成员，也是非常必要的。大型机构可能需要一个董事会或指导小组以及一个处理日常业务的管理团体。目前，牛津大学使用两层次的方法，即由高级管理层和数据管理专家组成的“数据工作组”及由数据管理专家和图书馆员组成的“执行工作组”共同指导和监督的方法。如果在数据服务开展的过程中没有合适的指导和监督，将存在以下风险：吸引足够数量的科研人员的广泛参与，以确保服务符合目标的难度大；整个机构层面的集中服务难以开展；新服务缺乏吸引力和需求。这三个风险中任何一个的出现，都将导致服务无法持续进行。

根据研究或数据生命周期的映射以及对现有服务的差距分析，这两种方法在规划数据管理服务时可以结合使用。研究生命周期追踪科研人员在研究项目过程中的活动；类似地，数据生命周期追踪数据的路径或将数据移动到下一阶段的数据所需的动作。图 15-1 展示了爱丁堡大学的数据管理培训计划。该计划通过将数据管理的日常任务分解到数据生命周期的不同部分设计培训内容对科研人员进行培训。学术支持服务可以将现有服务映射到如图 15-1 所示的生命周期，然后寻找服务中的差距。例如，“创建”作为研究计划的一部分，可能会支持数据管理计划。或者可能有一个数据发现服务，以帮助科研人员确定数据是否已经存在一组给定的参数。对于“文档”，可能会有元数据咨询服务。“使用”可以包括软件支持、统计和地理信息系统（geographic information system，GIS）咨询、培训计划等。“存储”可能意味着一个集中的、备份的、安全的文件服务器可以免费使用或付费使用，或者一部分免费使用，一部分付费使用。“共享”可能意味着机构知识库，也可能代表一种服务，帮助科研人员找到一个合适的知识库来存储其数据，或两者兼而有之。“保存”可以由数据知识库处理，也可以是一个个性化的服务，允许人们在没有共享的情况下长期存储文件。“保存”需要政策来帮助机构在个人离开之后处理数据，需要考虑《数据保护法案》的需求，此外还需要提供文件所包含内容的元数据记录。

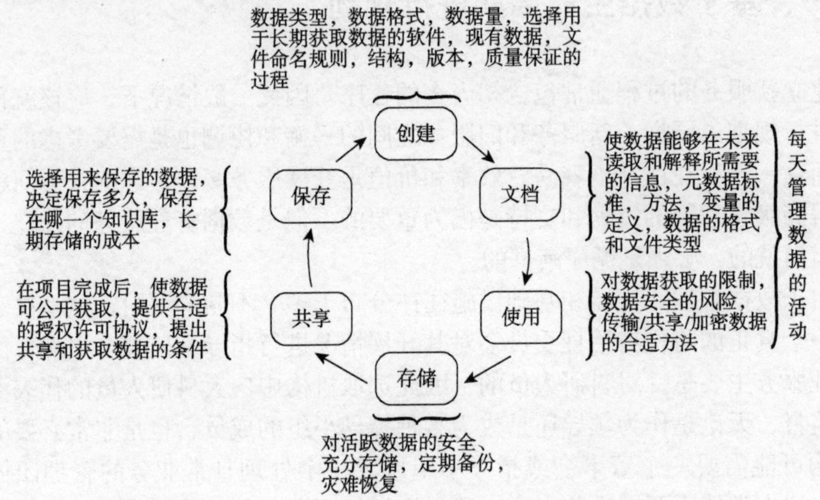

图 15-1　爱丁堡大学基于数据生命周期的数据管理培训内容设计

二、数据管理服务规划的经验

爱丁堡大学数据管理服务始于 2009 年，当时在信息服务部门建立了一个 RDM 网站，就各种 RDM 主题提供建议，并指出可以提供帮助的大学联系人。基于 2008 年数字监管中心数据资产框架研究项目的调查结果，项目指导小组推荐爱丁堡大学在大学数据管理政策、对员工和研究生进行培训、设立数据管理网页指南、现有支持服务差距分析四个方面采取进一步的行动。

爱丁堡大学数据管理政策 2011 年 5 月通过[279]。政策描述了科研人员和大学对实现 RDM 良好实践应承担的责任和义务，指出需要开发一些服务来履行机构的义务。数据馆员开始对博士生进行培训，从而促使了由 JISC 资助的数据管理培训项目 Mantra（http://datalib.edina.ac.uk/mantra/）的产生，该项目创建了一个开放的教育资源，共有 9 个数据管理和处理模块，目前仍保持使用[①]。

信息服务部门参与数据管理的服务管理人员使用数据生命周期映射和差距，分析描绘改善现有服务和帮助实施大学数据管理政策所需的新服务，产生了一个 RDM 路线图，描述 2012 年 1 月至 2016 年 7 月 4 日爱丁堡大学将开展的以下四类服务，如图 15-2 所示。

（1）数据管理计划：通常在收集或创建数据之前执行的规划活动的支持和服务。

（2）活跃数据基础设施：存储当前研究项目中积极使用的数据设施，并提供对该存储数据的访问，以及帮助处理和记录数据的工具。

（3）数据管理：帮助描述、存储和连续访问完整的数据产品的工具和服务。

（4）数据管理支持：提高认识和进行宣传，开展数据管理指导和培训。

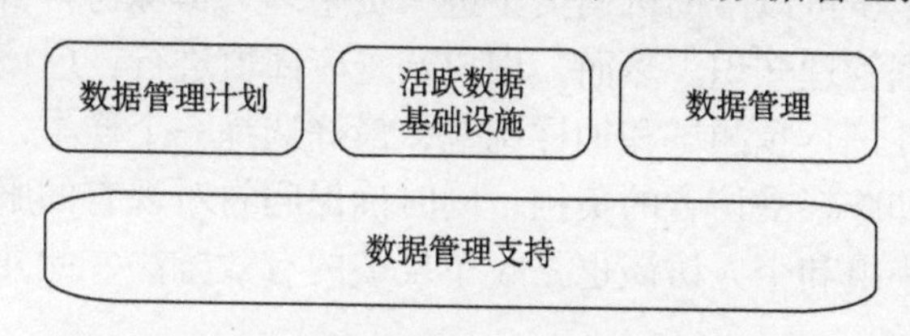

图 15-2 爱丁堡大学数据管理服务模块

前三个类别反映了一个非常简单的数据生命周期或生命历程（研究项目开始之前、研究项目期间、研究项目完成后），第四个类别支撑整个过程，赋予研究人员权力寻求帮助，无论何时他们遇到困难，数据管理支持服务都会帮助其进行技能重构。2015~2016 年，数据管理计划已经转变为不仅包含对数据管理的工具和支持，还包括其他数据相关服务和培训机会、数据库和咨询、软件保存以及关于使用基于云的工具和研究协作平台的指导。目标是使该服务成为一个数据解决方案中心，科研人员可以在任何可能遇到的数据相关问题上寻求帮助，或者在数据管理和使用中重新调整自己。

总之，在推出全新服务之前，明智之举是采取一些小步骤来获得信心，从服务使用者那里学习，并根据早期的经验对计划进行微调。试图为两个或三个友好的用户群体提供支持服务是非常有帮助的，以确定服务是否适用于不同学科的目的，并可以通过口碑传播获得声誉。

---

① EDINA. http://datalib.edina.ac.uk/mantra/.

三、数据管理服务开展效果评价

一旦机构开始实施数据管理服务，那么它就需要在其实现的每个步骤进行评估。评估意味着需要一套衡量服务的有效性或是否成功的方法。例如，可以与其他组织进行比较，判断新开展的数据管理服务或流程是否正确。花时间考虑可以使用哪些指标测量机构数据管理服务的开展效果，并收集相关的证据对数据管理服务的可持续发展是非常重要的。

数据管理服务的一个重要的方面是提高科研人员对数据管理的认识，这是很难衡量的。在适应性教育和入职培训或教职工会议上宣传数据管理知识的效果肯定没有科研人员和学生在自己需要时主动学习更有效。此外，由于研究生，甚至许多机构的科研人员的更替率高，这并不是一件容易被标记为完成的活动。正式和非正式的反馈至少可以帮助机构员工进一步整理、提炼与科研人员更加相关和对其更有用的数据管理知识。然而，用户调查应谨慎进行；应该就用户对问题的理解和问卷可用性进行预测试和抽样调查，最好选择一个样本，而不是整体，以帮助提高响应率和减轻受访者的负担，同时确保问卷对现有的服务或潜在的服务进行描述。焦点小组和个人访谈也是收集反馈的有效方法，此外“问答时间”也是不错的评价指标。

例如，使用系统存储或共享数据时，可以很容易地计算一些统计指标，如随着时间的推移，有多少次登录、多少文件、多少存储量、多少用户数以及下载次数等，但是确定比较的分母则比较困难。例如，如果三分之一的新一代存储容量在几个月内被填满，那么这是好或不好呢？如果四分之三的部门第一年后在开放的数据存储库中创建了馆藏，是好还是坏？是让所有部门使用它，还是从现有部门获取更多的馆藏重要？一个月内的30次下载是否意味着数据集很受欢迎？如果三位主要调查人员在一个月内向图书馆咨询关于数据管理计划的问题，那么这是否说明服务需求量大呢？有多少人没有咨询图书馆或信息技术服务就撰写了数据管理计划，这对评价有影响吗？是否需要知晓在获得资金后，有多少科研人员或研究小组正在跟踪和更新他们的计划？ 这些都是每个机构需要解决的问题。已经有一些数据管理的机构案例研究可以作为定性比较的材料。

此外，如果机构知识库符合COUNTER（counting online usage of network electronic resources，即计算网络电子资源在线使用，http://www.projectco unten.org/abont/），则可以将某些知识库统计信息如下载次数，与其他数据库进行比较。IRUS-UK服务允许通过数据类型（如“数据集”）进行比较，并且正在尝试针对数据知识库的特殊视图（如考虑可以在单个数据集中下载的大量文件）。

四、学术研究型图书馆扮演的角色

来自不同国家的一些图书馆机构已经发表了关于学术图书馆需要参与数据支持以确保他们今后与学术记录和科学相关性的报道。欧洲研究图书馆协会的 e-science 工作组编制了一个有用的文件——《图书馆开始数据管理的十大建议》。

欧洲研究大学联盟（European Research Universities，LERU）于2013年制定数据路线图，对数据管理和机构的作用有更广泛的认识。其中，学术研究型图书馆是关键的参与者和贡献者。路线图考察了数据管理在以下几个方面面对的挑战，如政策和领导、宣传、选择收集、监管、描述、引用、法律问题、数据基础设施、费用以及角色、职责和技能。其正跟随 LEARN 项目进行这项活动，该项目旨在提供一个支持实施的数据管理政策构建模式和工具包，并以多种语言传播。

学术研究型图书馆可能是开发新的数据管理服务的领导者，也可能是跟随者。然而，学术研究型图书馆却可以更好地考虑希望发挥的作用，而不是人为决定图书馆该做什么。图书馆员是否要面对这项服务，为科研人员提供关于数据管理计划的咨询，还是根据需要将其转交给其他专家？是否应该作为培训师，拓展现有的信息素养角色？是否会与科研人员密切合作，通过提供有关知识产权和许可证的意见来确定其共享策略？是否可以使用传统的图书馆技能，并积极就发现元数据和特定领域的元数据方案提供建议？是否会尝试以收费的方式进行深入支持，甚至直接在资助计划中进行成本核算？是否可以选择向大学知识库或其他地方存入数据提供帮助？是否能对长期保存学术数据资产或开放和限制的数据集负责任？这些问题的答案将取决于学术研究型图书馆的资源、人员和主动性、现有服务的性质，以及图书馆和其他机构领导人的决心和动力。

第三节　科学数据管理服务的资金来源

一、美国高校图书馆的情况

尽管科研人员通过使用数据中心，意识到数据中心在提高其研究、教学和学习效率中的重要性的提升，但对于科研人员而言，数据的价值超出了数据共享和保存的成本。图书馆界普遍认识到提供数据管理支持服务很必要也很迫切，但是也逐渐开始意识到需要有可持续的资金来源，保证服务的可持续发展。数据知识库的成本要远高于传统的注重电子出版物的机构知识库的成本，这主要是因为提供数据获取而带来的成本。目前图书馆界已经意识到提供数据管理服务的成本问题，在开始规划开展数据管理服务时，必须要考虑数据管理服务可持续发展的资金来源问题。

目前高校数据管理服务有以下几种资金获取渠道，如表 15-1 所示。

（1）机构预算支持。数据是一种有价值的大学资产，由大学为其基础设施提供持续的资助。

（2）项目申请涉及数据保存成本。对获得科研资助的研究项目，应该将数据管理的成本包含在科研项目的预算中，以确保要求资助机构来承担科学数据管理的成本。

（3）向科研人员收取服务费用。数据管理部门可以选择将成本转嫁给科研人员或者科研人员所在的院系，主要有两种方法，一是设置一个具体的时间段收取数据维护费用，之后重新评估；二是采用一次支付方式，来担负持续产生的成本。

（4）向使用数据的用户收费。选择让那些使用科学数据并可能从中受益的用户为使用而支付相应的费用。

（5）获得捐款。利用获得的慈善捐助成立一个基金会来解决成本问题。

（6）机构知识库资助。作为机构知识库的一部分，使用机构知识库的资金运转。

（7）权宜之计。一种选择是为了提供数据管理服务而终止其他一些现有服务；另外一种选择是将其外包给外部的数据知识库。

表 15-1　不同资金获取渠道的优势、劣势对比分析

资助策略	优势	劣势
机构预算支持	将数据作为机构的资产进行保护；无论资助的来源是什么，对所有的科研人员提供支持；教职工支持	获取行政支持很困难，除非有额外的资金可用；需要重新分配机构的基金
获取资助预算：直接资金项目申请涉及数据保存成本	这是目前大多数数据管理活动主要资助形式	仅涵盖受资助的科研人员；超过资助时间后不允许延长；科研人员抵制这一做法
拨款预算：间接成本或开销项目申请涉及数据保存成本	最理性的选择；科研人员支持这一选择	获得行政支持很困难。因为再协商这一比率非常慢而且是有争议的
向存储者收费（员工或部门）	成本由这些产生数据者（和资助机构承担）	使未受资助的科研人员被排除在外；是重新分配问题，而非解决问题
向数据使用者收费	成本由这些从大学数据集中受益的用户承担；可能会产生一个机构外的收入来源	只接受需求迫切的商业相关的数据的支付；大多数资助机构强制鼓励或者要求开放获取
捐助	相对稳定、持续的支持；无论资助的来源是什么，对所有的科研人员提供支持	数据量大大超过捐助资金能负担的程度；一些机构在财政年无法处理付款

续表

资助策略	优势	劣势
对机构知识库开发的资助	目前可行；有助于启动项目；对所有的科研人员提供支持，无论资金的来源是什么	针对有限的目的和有限的时间段进行资助；不支持正在进行的项目
权宜之计：看现有的预算哪部分可用	对所有的科研人员提供支持，无论资金的来源是什么	必须削减其他服务或项目；对一些学科来说，外包只是一个选择，许多并接受外包的机构不提供数据长期保存

一项有关北卡罗来纳大学教师的全面调查——“在你看来，应该从哪里获取资金来作为科学数据管理和存储的成本？”显示，超过一半的被调查者的回答是应该由大学从来自资助和合同的资金中拨付资金来提供支持。63%的被调查者认为科学数据管理的成本应该由大学承担。这表明机构资助，不管是通过自上而下的拨款或者其他的渠道获取，都是大多数科研人员的优先选择[280]。因此推测，现阶段将这些方法结合起来是必要的。最初大多数机构基于一个或两个资金来源启动科学数据管理服务，随着服务的不断发展，其将探索其他的资金获取途径。作为科学数据管理服务提供商，应该意识到不断进行融资选择，就关于理想的长期可持续性的融资方法进行机构层面的对话与沟通。为了确定最佳的行动方针，每个开展数据管理服务的机构都需要在提供数据管理服务的成本与负责机构资产所获取的益处之间进行平衡。

二、其他国家和地区图书馆的情况

1. 澳大利亚

（1）截至 2016 年 9 月还没有强制要求数据共享或者制订数据管理计划；尽管研究委员含蓄地表达了鼓励这样做的思想。

（2）没有资助机构或政府被授权以提供存储和管理数据集的服务，但是政府通过科学数据存储基础设施项目（research data storage infrastructure project）每月提供 50 美元，许多机构用此实现数据的可获取性。

（3）research data australia 有关元数据的描述通过澳大利亚国家数据服务项目（Australian national data service）受澳大利亚政府的资助。

2. 加拿大

（1）加拿大联邦资助者目前在资助意见中提出了一个强制性数据管理计划的条款。已经有两个资助机构制定了存储数据集的相关政策。

（2）没有政府或国家层面的机构支持数据集的保存。

（3）加拿大研究型图书馆协会（Canadian Association of Research Libraries,

CARL）正在与区域联盟合作建立一个国家级的面向所有加拿大机构的专业型数字保存基础设施。

3. 中国香港

（1）截至 2016 年 9 月，研究科研资助机构没有提供强制性的数据管理或共享的要求。

（2）截至 2016 年 9 月，主要的研究资助机构研究资助委员会，表示当科研人员愿意共享数据时，会作为额外的权重，在资助时给予考虑。

（3）目前没有政府或国家层面的机构负责对该地区的科学数据进行存储。

4. 荷兰

（1）荷兰科学研究组织（Netherlands Organization for Scientific Research，NOW），有一个实验项目，要求科研人员解释他们如何使数据可发现和进行合理的再使用，成功获得资助的项目申请者必须提交数据管理计划。

（2）大多数大学为科研人员提供数据管理支持，这通常是由图书馆员提供的支持服务。

（3）长期的数据管理成本是由政府补贴的，通过 3TU.Datacentrum、DANS、SURFSara 三个国家数据存储中心的财务系统进行补贴。

5. 新西兰

（1）目前还没有资助机构强制要求制订数据管理计划。

（2）没有政府机构提供来自研究机构的数据存储和管理服务，尽管有针对研究论文和相关资源的元数据收割服务。

（3）关于是否需要考虑国家层面的数据存储服务用于存储数据的讨论正在国内展开。

6. 英国

（1）JISC 是国家层面数据共享服务的代表，是在管理和共享数据方面更有效和更高效地支持机构实施数据管理。

（2）JISC 积极地参与一系列欧盟的项目，如 FOSTER、OpenAIRE2020、EUDAT2020 以开发机构层面的数据管理支持工具和基础设施。

（3）英国研究委员会坚持认为，使用公共资金支持有效的数据共享是一个可以接受的成本，其可以以项目费用或间接成本的形式包含在资助条款中。

（4）英国高等教育机构认为向大学的科研人员收费以实现那些公共资助所产生的数据的获取和再使用虽然不太可能，但是对用于商业目的的数据的再使用者收费却是可能的。

第四节　赢得科研人员和高层管理者关注和支持的策略

数据管理服务要实现可持续发展，必须赢得广泛的利益相关者的参与和支持，尤其是高层管理者和广大科研人员。

一、使用风险评估工具引起科研人员的关注

伊利诺伊大学香槟分校图书馆的数据服务部门开发了一种风险评估工具，鼓励科研人员考虑与没有数据管理相关的风险[281]。这项活动的目标是使科研人员有能力优先考虑其数据管理活动，并有动力在重点阶段解决数据管理问题。拟开展数据管理服务的图书馆可将风险评估的概念和工具应用于本机构针对科研人员的数据管理的相关宣讲和培训中，作为一种有效的引导科研人员反思并接受数据管理新观念的方式，从而吸引他们关注和使用图书馆的数据管理服务。该工具的具体使用步骤如下。

（1）步骤 1：让科研人员确定自己的项目和受众可能关心的项目数据（表 15-2）。

表 15-2　项目的过去、现在或未来

项目名	对这个项目的数据感兴趣的用户 （如老板、资助者、记者、同行评议者、研究诚信办公室等）

（2）步骤 2：计算项目的风险分数（表 15-3、图 15-3）。

表 15-3　所有项目的风险评分

写入您在步骤 1 中考虑的项目名称和受众。每个单元格只写一个项目和一个受众。您可以写多个项目		如果来自这个受众的人请求您的这个项目的数据，您找不到这些数据或解释的话，会怎样？ 首先，使用下面的指标评估每个组的风险和担忧。 然后，使用这些评分来计算该项目的风险分数。 （情绪困扰+声望影响）×可能=风险分数			
项目	受众	情绪困扰	声誉影响	可能性	风险评分

情绪困扰	
分数	定义
5	高度情绪困扰
4	情绪困扰较高
3	中度情绪困扰
2	情绪困扰较低
1	没有情绪困扰

+

声誉影响	
分数	定义
5	声誉影响极大
4	声誉影响大
3	声誉影响一般
2	声誉影响小
1	没有声誉影响

×

受众请求该项目数据的可能性	
分数	定义
5	几乎确定；预计会发生
4	可能；大概会发生
3	可能；可能会在某个时候发生
2	不可能；可能会在某个时候发生
1	罕见；可能发生

= 风险得分

图 15-3　风险得分的计算方法

（3）步骤 3：确定行动计划（表 15-4）。

表 15-4　不同风险等级的行动计划

风险评分	行动计划
非常高的风险（41~50）	在所有其他活动之前，优先考虑数据管理和数据文档，立即制订和实施计划
高风险（31~40）	找时间来处理数据管理和数据文档是一个优先事项，尽早制订和实施计划
中等风险（21~30）	希望能够找时间来处理数据管理和数据文档需求，应监测风险
低风险（11~20）	一般不需要采取行动，但应定期审查
风险极低（1~10）	无须任何行动

（4）步骤 4：制订高风险或极高风险的个人行动计划（表 15-5）。

表 15-5　针对某项目的数据管理的个人行动计划

任务	截止日期	责任伙伴	后果	奖励	当任务完成时进行检查
任务应该是具体的、可以一次完成的。例如，设置一个自动化过程来备份我的文件到远程存储设备	根据您的风险评分和您的其他优先考虑，选择合适的期限	写下你信任的人的名字。要求这个人在你的最后期限的一周内与你确认，是否对这个任务进行更新。如果你愿意，要求他们做同样的事情	描述一个最坏的情况，如果你不完成这个任务可能实际发生的情况。例如，我的硬盘可能会崩溃，导致我失去了所有的工作成果	当你完成这个任务时，描述一个奖励自己的计划。例如，我会自己出去吃冰淇淋	

科研人员的呼声通常比图书馆员或那些运行集中支持服务的部门的呼声对高层管理者的决策更有影响力。因此，通过上述方法，找到那些最可能需要、

最可能支持图书馆数据管理服务的科研人员，让他们通过切实的服务感受，成为图书馆数据管理服务的代言人和宣传者，这对数据管理服务的可持续发展至关重要。

二、赢得高层管理者关注和支持的策略

赢得高层管理者（机构高层领导、学院院长、图书馆领导及一些研究团队负责人）对数据管理服务的认可是非常重要的，因为它通常是为研究团体最初开发任何数据管理服务的先决条件。然而，与高层管理者公开讨论数据管理服务所面临的问题和存在的困难并不容易解决。在 2017 年 2 月第 12 届国际数据监管会议（international digital curation conference，IDCC）上，就该问题进行讨论时，许多与会者表示，他们的高层管理者并没有将好的数据管理服务作为一个机构发展的重要领域，还有一些则抱怨说，他们甚至没有机会和他们的高层管理者讨论这个问题。造成这一困难的原因来自三个方面：一是高层管理者和许多其他人一样，倾向于将个人学术/科研经验和科学实践作为决策的背景；二是缺乏衡量和评价数据管理服务重要性的有形指标，以说服高层管理者认同数据管理的有用性和重要性；三是为了向高层管理者充分传达数据管理服务的真正价值，需要明确的支持性业务案例和衡量科学数据管理服务成本的方法，然而目前公布的业务案例很少，也没有相应的标准化成本核算方法。与会者总结了一些赢得高层管理者关注和支持的策略，具体如下。

（一）总结不开展 RDM 服务的后果

总结科研人员不遵守良好的数据管理实践可能发生的后果。如果有人在他们发表了相应的研究论文五年之后，指责其伪造研究数据，他们该怎么办，他们是否有足够的证据来反驳这种指控。通过这种潜在破坏的可能性，高层管理者可以意识到 RDM 的重要性。此外，意外的灾祸导致的后果也是一种理由。例如，诺丁汉大学由于火灾毁坏新建的化学大楼；南安普敦大学由于火灾导致价值 1.2 亿英镑的设备和设施毁坏；2016 年在英国曼彻斯特研究所和圣克鲁斯大学也出现了类似的事件。

（二）研究诚信与 RDM 的关系

欺诈性研究案例也有助于使高层管理者意识到 RDM 的重要性。例如，蒂尔堡大学（Tilburg University）的 Diederik Stapel[282]或杜克大学（Duke University）

的 Erin Potts-Kant[283]进行的欺诈性研究，通过伪造数据获得了 2 亿美元的资助。研究伦理和研究诚信与良好的 RDM 实践直接相关。因此，在讨论何为 RDM，以及宣传最佳 RDM 实践时，提及其对机构而言的价值、证明其与机构使命或行为守则的一致性和促进作用就显得非常重要。高层管理者在批准 RDM 服务时，应明确提及其与机构使命的关系。英国“开放研究数据协议”（*UK concordat on open research data*[284]）列出了数据管理和共享的期望，可以作为说服高层管理者的参考资源。此外，大多数高等教育机构都有教学和研究任务，因此关于 RDM 的良好做法可以先征求伦理委员会的认可，继而向高层推荐。

（三）发挥社交网络的作用

在获得高层管理者对 RDM 的认可方面，关键是要了解不同的利益相关方的兴趣点和关注重点，对目标群体进行思考：谁是潜在的盟友？对 RDM 的重要性最犹豫的群体是哪些？他们为什么会犹豫？一个与会者提到他们通过一个诺贝尔奖得主，建立起与高层管理者的对话，并赢得该机构高层管理者对 RDM 服务的认可和支持。也有与会者提到收集缺乏良好数据管理实践的科研人员教训（如由于笔记本电脑被盗导致数据丢失，以及由于缺乏足够的数据文档而需要重新进行所有的实验或丢失专利的案件）的方法也值得借鉴，他们在机构设置了一个“诚实盒”，让科研人员匿名分享有关数据管理的教训。此外，机构可以考虑将不良数据管理实践的后果添加到机构风险登记库中。在说服高层领导者时，良好的数据管理实践带来时间和效率的节省也是很有说服力的理由。

（四）与科研资助机构开展更多的协作

资助者及其要求往往是机构政策变化的主要推动因素。这可能发生在两个不同的层面上。一个层面是提供资金支持，条件是任何产生的数据需要在研究生命周期中得到妥善管理，并在项目结束时进行共享。不遵守资助机构的政策可能会导致未来申请资助受到影响，导致整个大学的经济损失。一些资助机构，如英国工程和物理科学研究理事会，明确要求获得其研究资助的机构应该支持他们的科研人员坚持良好的数据管理实践，提供足够的基础设施和政策框架支持，这实际上是直接要求机构支持 RDM 服务开发[285]。另一个层面是抽样调查，资助机构可以通过对得到资助的研究项目进行抽查，了解是否真正实现了数据的开放获取，EPSRC 自 2016 年以来一直坚持抽样调查，以此确保其数据管理和共享政策得到真正的贯彻执行。同样，如果资助机构做更多的工作来审查和跟踪作为资助申请一部分提交的数据管理计划的话，将有助于说服科研人员和高级领导层重视和支持 RDM 服务。因此，获得科研资助的机构应该更积极地与资助机构合作制定新政策。

还需要特别强调的是，与机构其他基础设施或服务提供者，如 IT 部门、其他大学部门同事们的密切联系和良好的关系对推动 RDM 服务可持续发展必不可少；与此同时获得来自同行实践社区的支持也是至关重要的，JISC 提供了各种资源和参考资料[286~289]，可以从这里获得一些启发。总之，RDM 服务成功的关键在于展示服务与机构使命的相关性，数据是机构的重要资产，需要仔细管理，利用这一点是使高层管理者了解并提供对 RDM 服务是关键所在。

第五节 本 章 小 结

整体而言，目前大多数图书馆的科学数据管理服务还处于初级阶段。但是，随着机构开始实施科学数据管理服务，以及根据实践经验不断总结经验教训，好的实践已经开始涌现。例如，英国的爱丁堡大学和牛津大学、美国的普渡大学和约翰·霍普金斯大学，但是即使这些出版文献中提到的先进机构，也只能反映图书馆数据管理服务的冰山一角。对于图书馆而言，实施数据管理服务，第一，要明确机构数据管理的总体愿景，以及它与机构的使命和优先事项之间的关系，并概述主要的发展目标和原则。第二，制定政策，应涵盖知识产权和数据开放性等问题，以帮助战略通过正规程序得以落实。第三，细分数据管理用户，针对具体的数据用户群体，描述图书馆数据服务的具体内容、图书馆员扮演的角色和承担的责任。第四，规范过程、使用标准和标准化的程序，结合数据生命周期，针对单个项目制订数据管理计划，对数据进行处理，并将数据提取到核心系统中，选择进行保存的数据。第五，搭建数据存储平台，为数据的存储和传输提供支撑。

对于刚开始提供科学数据管理服务的图书馆而言，构建数据管理服务实际就是考虑清楚以下两个问题：首先，在资源有限的时候，应该如何着手开展自身的数据管理服务；其次，在需求变得明显的时候，应该如何进一步发展数据管理服务。为了以最小的成本实现最优的服务效果，在起步阶段，应借助其他机构的需求评估来形成对自身机构需求的认识，而不是进行一个耗时耗力的全面性需求调研。为了帮助科研人员熟悉数据管理的相关概念并发展相应的技能，可以在现有的网站上建立相应的培训资源链接，设计简短的向学院和感兴趣的科研人员展示数据管理的音频、视频资料。建立机构的研究资助信息列表，把精力放在与本机构相关的研究社区的资助者的要求上。充分利用现有的数据管理计划创建工具创建数据管理计划。鼓励科研人员提供关于数据的结构化信息、提供情景，使别人发现、正确使用和引用数据。至少，应建议科研人员清楚地告诉潜在的数据使用者如何收集和使用数据，以及是出于什么目的收集和使用数据。这些信息最好放置在一个 readme.txt 文件中，包括项目信息和项目级元数据，以及对数据本身进行描述的元数据（如文件名称、文件格式和使用的软件、标题、作者、日期、资助者、版权持有人、描述、关键词、观察单位、数据种类、数据类型和语言）。科研人员参照永久标识符的最佳实践，获取他们和所创建的数字对象的唯一标识符。最后是制定政策鼓励科研人员遵从合适的许可授权进行数据的再使用。搭建自身的数据知识库或者罗列开放数据知识库平台，实现数据发布、保存和归档。但最需要强调的一点是要让科研人员意识到数据管理的重要性，并促进其所提供的数据管理服务和资源的改善。

在数据管理服务的发展阶段，图书馆在全面了解数据保存和管理机构的需求后，结合本机构的具体情况，确定具体服务的可持续发展方案；明确哪些是与本机构的需要相关的政策、基础设施、数据知识库和机构战略目标，哪些需求是科研人员个人所表达的需求，科研人员面临的困难是什么；制定一个数据保存服务的机构战略，并根据组织的水平、部门和学院的要求制定数据管理政策。使图书馆成为数据管理培训的中心，一方面开发各种数据管理教学资源，包括在线的和离线的，制定一个全面的科研人员培训计划；另一方面使用并个性化定制支持撰写数据管理计划的工具，提供数据管理计划咨询，确保科研人员了解他们可能需要的安全的数据类型和可以重复使用的数据资源。帮助科研人员在研究过程中管理数据，并帮助他们实现数据的可获取性，帮助科研人员提供所需的元数据。当研究项目完成且成果出版，将研究所生成的数据产品存储在合适的位置实现开放获取。最后，一定要有意识地宣传和推广机构的服务。

对于图书馆而言，缺少财力和人力来实现和维持数据管理活动是当前数据管理服务可持续发展面临的主要难题。数据存储库的成本大大高于针对电子出版物的一般机构知识库的成本，这些成本主要发生在数据集的获取、摄入及配置的过程中。数据管理的资金问题亟待解决。当前，学术研究型图书馆实施数据服务主要通过机构预算支持、项目申请涉及数据保存成本、向科研人员收取服务费用、向使用数据的用户收费、获取捐款、机构知识库资助、权宜之计方式获取资金。其中，由高校从其常规费用或财务资金中拨款支付是大多数科研人员主张的方式，也有相当一部分科研人员认为图书馆的基本预算中应包括数据管理这一部分花费。尽管采取科研人员付费、院系付费及信息技术部门的预算等都有支持者，但是没有人认为应该由用户付费。由此可见，将多种筹资方法组合起来可能才是解决数据服务可持续发展资金问题的最佳选择。

总之，数据是大学的宝贵资产，尽管数据管理耗资巨大，但是不提供这项服务会造成昂贵的数据重复收集的代价。因此，学术研究型图书馆应该积极转变角色、适应变化、迎接挑战、创新服务，不断推动图书馆科学数据管理服务朝更适当、更有价值的方向发展。

参 考 文 献

[1]Hey T，Tansley S，Tolle K. The Fourth Paradigm：Data-Intensive Scientific Discovery[M]. Washington：Microsoft Research Publishing Company，2009.

[2]黄鑫，邓仲华. 数据密集型科学交流研究与发展趋势[J]. 数字图书馆论坛，2016，（5）：8-11.

[3]陈建新. 科学数据服务：图书馆服务的新领域[J]. 图书与情报，2013，（4）：93-97.

[4]Association of Research Libraries. E-science and data support services：a study of ARL member institutions[EB/OL]. http://www.arl.org/storage/documents/publications/escience-report-2010.pdf，2017-07-23.

[5]New Media Consortium. NMC horizon report：2014 library edition[EB/OL]. http://redarchive.nmc.org/publications/2014-horizon-report-library，2014-08-21.

[6]Smith S. Is data the new media?[J]. EContent，2013，36（2）：294-302.

[7]National Science Board. Long-Lived Digital Data Collections：Enabling Research and Education in the 21st Century[M]. Arlington：National Science Foundation，2005.

[8]Pryor G. Why Manage Research Data?[M]. London：Facet Publishing Company，2012.

[9]Nielsen H J，Hjørland B. Curating research data：the potential roles of libraries and information professionals[J]. Journal of Documentation，2014，70（2）：221-240.

[10]Boyd D，Crawford K. Critical questions for big data：provocations for a cultural，technological，and scholarly phenomenon[J]. Information，Communication and Society，2012，15（5）：662-679.

[11]Borgman C. The conundrum of sharing research data[J]. Journal of the American Society for Information Science and Technology，2012，63（6）：1059-1078.

[12]Tenopir C，Allard S，Douglass K. Data sharing by scientists：practices and perceptions[EB/OL]. http://journals.plos.org/plosone/article?id=10.13171/jowrnal.pone.0021101，2011-06-09.

[13]Cox A M，Pinfield S，Smith J. Moving a brick building：UK libraries coping with research data management as a “wicked” problem[J]. Journal of Librarianship and Information Science，2016，48（1）：3-17.

[14]Kruse F，Thestrup J B. Research libraries' new role in research data management，current trends and visions in Denmark[J]. Liber Quarterly，2014，23（4）：310-335.

[15]Vlaeminck S，Wagner G G. On the role of research data centres in the management of publication-related research data[J]. Liber Quarterly，2014，23（4）：336-357.

[16]Borgman C. Research data：who will share what，with whom，when，and why? [C]. China-North America Library Conference，Beijing，China，2010.

[17]MacMillan D. Data sharing and discovery：what librarians need to know[J]. Journal of Academic Librarianship，2014，40（5）：541-549.

[18]Jahnke L，Asher A，Keralis S D. The Problem of Data[M]. Washington：Council on Library and Information Resources，2012.

[19]Goodman A. Ten simple rules for the care and feeding of scientific data[J]. PLoS Computational Biology，2016，10（4）：e1003542.

[20]Buckland M. Data management as bibliography[J]. Bulletin of the American Society for Information Science and Technology，2011，37（6）：34-37.

[21]Tenopir C，Robert J，SuzieAllard S，et al. Research data management services in academic research libraries and perceptions of librarians[J]. Library & Information Science Research，2014，36（2）：84-90.

[22]Verban E，Cox A M. Occupational sub-cultures，jurisdictional struggle and third space：theorising professional service responses to research data management[J]. Journal of Academic Librarianship，2016，40（3~4）：211-219.

[23] Giarlo M. Academic libraries as quality hubs[J]. Journal of Librarianship and Scholarly Communication，2013，1（3）：1-10.

[24]Erway R. Starting the conversation：university-wide research data management policy[EB/OL]. http://www.educause.edu/ero/article/starting-conversation-university-wide-research-data-management-policy，2013-06-25.

[25]Madrid M M. A study of digital curator competences：a survey of experts[J]. International Information and Review，2013，45（3~4）：149-156.

[26]李慧芳. 大数据时代高校图书馆开放科学数据服务[J]. 中国中医药图书情报杂志，2015，39（2）：24-28.

[27]张凯勇. 数据密集型科学环境下的高校图书馆科学数据服务[J]. 图书馆学研究，2014，（3）：69-74.

[28]肖潇，吕俊生. E-science 环境下国外图书馆科学数据服务研究进展[J]. 图书情报工作，2012，56（17）：53-60.

[29]Peters C，Dryden A R. Assessing the academic library's role in campus-wide research data management：a first step at the University of Houston[J]. Science & Technology Libraries，2011，30（4）：387-403.

[30]Bach K，Schafer D，Enke N，et al. A comparative evaluation of technical solutions for long-term data repositories in integrative biodiversity research[J]. Ecological Informatics，2012，30（11）：16-24.

[31]Brown S，Swan A. Researchers' use of academic libraries and their services：a report commissioned by the research information network and the consortium of research libraries[EB/OL]. http:www.rin.uk/system/files/attchments/researchers-libnaries-services-report.pdf，2007-04-01.

[32]MacColl J. Library roles in university research assessment[J]. Liber Quarterly，2010，20（2）：152-168.

[33]Cheek F M，Bradigan P S. Academic health sciences library research support[J]. Journal of the Medical Library Association，2010，98（2）：167-171.

[34]Steinhart G，Saylor J，Albert P，et al. Digital research data curation：overview of issues，current activities，and opportunities for the Cornell University library[EB/OL]. http:// ecommons.library.cornell.edu/bitstream/1813/10903/1/DaWG_WP_final.pdf，2008-01-01.

[35]]Tenopir C，Birch B，Allard S. Academic libraries and research data services：current practices and plans for the future：an ACRL white paper[EB/OL]. http://www.ala.org/acrl/sites/ala.org.acrl/files/content/publications/whitepapers/Tenopir_Birch_Allard.pdf，2012-08-01.

[36]Tenopir C，Sandusky R J，Allard S，et al. Academic librarians and research data services：preparation and attitudes[J]. IFLA Journal，2013，（39）：70-78.

[37]Corrall S，Kennan M，Afzal W. Bibliometrics and research data management services：emerging trends in library support for research[J]. Library Trends，2013，61（3）：636-674.

[38]Rice R，Haywood J. Research data management initiatives at University of Edinburgh[J]. International Journal of Digital Curation，2011，6（2）：232-244.

[39]Wilson J A J，Martinez-Uribe L，Fraser M A，et al. An institutional approach to developing research data management infrastructure[J]. International Journal of Digital Curation，2011，6（2）：274-287.

[40]Carlson J R，Garritano J R. E-science，cyberinfrastructure and the changing face of scholarship：organizing for new models of research support at the Purdue University libraries [EB/OL]. http://docs.lib.purdue.edu/cgi/viewcontent.cgi?article=1170&context=lib_research，2010-11-02.

[41]Shen Y，Varvel V E. Developing data management services at the Johns Hopkins University[J]. Journal of Academic Librarianship，2013，39（6）：552-557.

[42]Treloar A, Choudhury G S, Michener W. Contrasting National Research Data Strategies: Australia and the USA[M]. London: Facet Publishing, 2012.

[43]Whyte A, Tedds J. Making the case for research data management[EB/OL]. http://www.dcc.ac.uk/webfm_send/487, 2011-09-21.

[44]Cox A M, Pinfield S. Research data management and libraries: current activities and future priorities[J]. Journal of Librarianship and Information Science, 2014, 46(4): 299-316.

[45]Hamelers R. Delivering research data management services: fundamentals of good practice[J]. Reference & User Services Quarterly, 2014, 54(1): 54.

[46]Auckland M. Re-skilling for research: an investigation into the role and skills of subject and liaison librarians required to effectively support the evolving information needs of researchers [EB/OL]. http://www.rluk.ac.uk/wp-content/uploads/2014/02/RLUK-Re-skilling.pdf, 2013-08-14.

[47]Delserone L M. At the watershed: preparing for research data management and stewardship at the University of Minnesota libraries[J]. Library Trends, 2008, 57(2): 202-210.

[48]Henty M. Dreaming of data: the library's role in supporting e-research and data management [EB/OL]. http://apsr.anu.edu.au/presentations/henty_alia_08.pdf, 2008-12-29.

[49]Lewis M J. Libraries and the Management of Research Data[M]. London: Facet Publishing, 2010.

[50]Corrall S. Roles and Responsibilities: Libraries, Librarians and Data[M]. London: Facet Publishing, 2012.

[51]Cox A M, Verbaan E, Sen B A. Upskilling liaison librarians for research data management [EB/OL]. http://www.ariadne.ac.uk/issue70/cox-et-al, 2013-08-02.

[52]Lyon L. The informatics transform: re-engineering libraries for the data decade[J]. International Journal of Digital Curation, 2012, 7(1): 126-138.

[53]Procter R, Halfpenny P, Voss A. Research Data Management: Opportunities and Challenges for HEIs[M]. London: Facet Publishing, 2012.

[54]Jones S, Pryor G, Whyte A. How to develop RDM services: a guide for HEIs[EB/OL]. http://www.dcc.ac.uk/resources/how-guides/how-develop-rdm-services, 2013-03-25.

[55]Pryor G, Jones S, Whyte A. Delivering Research Data Management Services: Fundamentals of Good Practice[M]. London: Facet Publishing, 2014.

[56]Mayernik M S, Choudhury G S, DiLauro T, et al. The data conservancy instance: infrastructure and organizational services for research data curation[EB/OL]. http://www.dlib.org/dlib/september12/mayernik/09mayernik.html, 2012-09-01.

[57]Stuart D. Facilitating Access to the Web of Data[M]. London: Facet Publishing, 2011.

[58]Perry G J, Roderer N K, Assar S. A current perspective on medical informatics and health sciences librarianship[J]. Journal of the Medical Library Association, 2005, 93(2): 199-205.

[59]Hswe P，Holt A. A new leadership role for libraries[EB/OL]. http://old.arl.org/rtl/eresearch/escien/nsf/.shtml，2015-02-11.

[60]Federer L. The librarian as research informationist：a case study[J]. Journal of the Medical Library Association，2013，101（4）：298-302.

[61]Seadle M. Library Hi Tech and information science[J]. Library Hi Tech，2012，30（2）：205-209.

[62]Christensen-Dalsgaard B，van den Berg M，Grim R. Ten recommendations for libraries to get started with research data management[EB/OL]. http://libereurope.eu/wp-content/uploads/ The%20research%20data%20group%202012%20v7%20final.pdf，2012-08-24.

[63]Cox A M，Corrall S. Evolving academic library specialties[J]. Journal of the American Society for Information Science and Technology，2013，64（8）：1526-1542.

[64]Carlson J，Fosmire M，Miller C C. Determining data information literacy needs：a study of students and research faculty[J]. Portal：Libraries and the Academy，2011，11（2）：629-657.

[65]Mooney H，Newton M P. The anatomy of a data citation：discovery，reuse，and credit[J]. Journal of Librarianship and Scholarly Communication，2012，1（1）：1-14.

[66]Altman M，Crosas M. The evolution of data citation：from principles to implementation[J]. JASSIST Quarterly，2013，37（1~4）：62-70.

[67]CODATA. Data citation standards and practices[EB/OL]. http://www.codata.org/task-groups/ data-citation-standards-and-practices，2012-12-01.

[68]IASSIST. Quick Guide to data citation[EB/OL]. http://iassistdata.org/sites/default/files/quick_guide_to_data_citation_high-res_printer-ready.pdf，2011-11-16.

[69]Data Citation Synthesis Group. Joint declaration of data citation principles[EB/OL]. http://www.force11.org/datacitation. 2012-02-08.

[70]RECODE. RECODE policy recommendations for open access to research data[EB/OL]. http://recodeproject.eu/wp-content/uploads/2015/01/recode_guideline_en_web_version_full_FINAL.pdf，2015-01-01.

[71]Mooney H. A practical approach to data citation：the special interest group on data citation and development of the quick guide to data citation[J]. IASSIST Quarterly，2013，（37）：71-77.

[72]Peroni S，Gray T，Dutton A. Setting our bibliographic references free：towards open citation data[J]. Journal of Documentation，2015，71（2）：253-277.

[73]Ramírez M L. Opinion：whose role is it anyway? A library practitioner’s appraisal of the digital data deluge[J]. Bulletin of the American Society for Information Science and Technology，2012，37（5）：21-23.

[74]Schield M. Information literacy，statistical literacy and data literacy[J]. IASSIST Quarterly，2004，28（2~3）：6-11.

[75]Bidgood P，Hunt N，Jolliffe F. Assessment methods in statistical education：an international perspective[J]. Computational Mechanics，2010，199（46）：471-489.

[76]Qin J，D'Ignazio J. Lessons learned from a two-year experience in science data literacy education [EB/OL]. http://docs.lib.purdue.edu/iatul2010/conf/day2/5/，2010-08-09.

[77]Mandinach E B，Gummer E S. A systemic view of implementing data literacy in educator preparation[J]. Educational Researcher，2013，42（1）：30-37.

[78]Calzada-Prado J，Marzal M Á. Incorporating data literacy into information literacy programs：core competencies and contents[J]. Libri，2013，63（2）：123-134.

[79]ACRL. Intersections of scholarly communication and information literacy：creating strategic collaborations for a changing academic environment[EB/OL]. http://acrl.ala.org/intersections/，2013-11-02.

[80]Johnson C A. The information diet：a case for conscious consumption[J]. Journal of Evidence-Based Complementary&Alternative Medicine，2015，26（3）：221-222.

[81]Koltay T. Data literacy：in search of a name and identity[J]. Journal of Documentation，2015，71（2）：401-415.

[82]吴立宗，王亮绪，南卓铜. 科学数据出版现状及其体系框架[J]. 遥感技术与应用，2013，（3）：383-389.

[83]Costello M J. Motivating online publication of data[J]. BioScience，2009，59（5）：418-427.

[84]Duke C S，Porter J H. The ethics of data and reuse in biology[J]. Bioscience，2013，63（6）：483-489.

[85]Pampel H，Dallmeier-Tiessen S. Open Research Data：From Vision to Practice，Opening Science[M]. New York：Springer International Publishing，2014.

[86]顾立平. 科学数据权益分析的基本框架[J]. 图书情报知识，2014，（1）：34-52.

[87]杜伟，张静. 科学研究数据的出版与获取[J]. 出版科学，2013（6）：86-90.

[88]刘峰，张晓林，孔丽华. 科研数据知识库研究述评[J]. 现代图书情报技术，2014，（2）：25-30.

[89]Chavan V，Penev L. The data paper：a mechanism to incentivize data publishing in biodiversity science[EB/OL]. https//www.ncbi.nlm.nih.gov/pmc/articles/PMC3287445/，2011-12-15.

[90]邱春艳. 期刊文献与科学数据的关联服务研究[J]. 情报资料工作，2014，（2）：63-66.

[91]Ree J. Recommendations for independent scholarly publication of data sets[EB/OL]. http://sciencecommons.org/wp-content/uploads/datapaperpaper.pdf，2011-09-28.

[92]Gorgolewski K，Margulies D S，Milham M P. Making data sharing count：a publication-based solution[J]. Frontiers in Neuroscience，2013，（7）：9.

[93]Mennes M，Biswal B B，Castellanos F X，et al. Making data sharing work：the FCP/INDI experience[J]. Neuroimage，2013，（82）：683-691.

[94]Huang X，Hawkins B A. Qiao G. Biodiversity data sharing：will peer-reviewed data papers work?[J]. BioScience，2013，63（1）：5-6.

[95]王丹丹. 科学数据规范引用关键问题探析[J]. 图书情报工作，2015，（8）：42-47.

[96]Miller G，Couzin J. Peer review under stress[J]. Science，2007，316（5823）：358-359.

[97]Golden M，Schultz D M. Quantifying the volunteer effort of scientific peer reviewing[J]. Bulletin of the American Meteorological Society，2012，93（3）：337-345.

[98]Pampel H，Pfeiffenberger H，Schäfer A，et al. Report on peer review of research data in scholarly communication[EB/OL]. http://www.alliancepermanentaccess.org/wp-content/uploads/downloads/2012/05/APARSEN-DEL-D33_1A-01-1_0.pdf，2012-12-08.

[99]Callaghan S. Data without peer：examples of data peer review in the earth sciences[EB/OL]. http://www.dlib.org/dlob/januaryis/callaghan.html，2015-02-01.

[100]Silva L. PLOS' new data policy：public access to data[EB/OL]. http://www.plos.org/plos-data-policy-faq，2014-02-24.

[101]Callaghan S，Donegan S，Pepler S，et al. Making data a first class scientific output：data citation and publication by NERC's environmental data centres[J]. International Journal of Digital Curation，2012，7（1）：107-113.

[102]NOAA's National Centers for Environmental Information. Archiving your data at NCEI[EB/OL]. http://www.ncdc.noaa. gov/customer-support/archiving-your-data-ncdc，2015-04-08.

[103]CMIP5. Quality control[EB/OL]. https://redmine.dkrz.de/collaboration/projects/cmip5-qc/wiki，2014-09-22.

[104]Newman P，Corke P. Data papers-peer reviewed publication of high quality data sets[J]. International Journal of Robotics Research，2009，28（5）：587.

[105]欧阳峥峥，青秀玲，顾立平，等. 国际数据期刊出版的案例分析及其特征[J]. 中国科技期刊研究，2015，（5）：437-444.

[106]王丹丹. 数据论文：数据集独立出版与共享模式研究[J]. 情报资料工作，2015，（5）：95-98.

[107]Penev L，Mietchen D，Chavan V，et al. Pensoft data publishing policies and guidelines for biodiversity data[M]. Sofia：Pensoft Publishing，2011.

[108]刘凤红，崔金钟，韩芳桥，等. 数据论文：大数据时代新兴学术论文出版类型探讨[J]. 中国科技期刊研究，2015，25（12）：1451-1456.

[109]Costello M J，Michener W K，Gahegan M，et al. Biodiversity data should be published，cited，and peer reviewed[J]. Trends in Ecology & Evolution，2013，28（8）：454-461.

[110]何琳，常颖聪. 国内外科学数据出版研究进展[J]. 图书情报工作，2014，（3）：104-110.

[111]张静蓓，吕俊生，田野. 国外科学数据引用研究进展[J]. 图书情报工作，2014，（8）：91-96.

[112]张丽丽，黎建辉. 数据引用的相关利益者分析[J]. 情报理论与实践，2014，（7）：44-48.

[113]马建玲，曹月珍，王思丽. 学术论文与科学数据集成出版研究[J]. 情报资料工作，2014，（2）：82-86.

[114]侯经川，方静怡. 数据引证研究：进展与展望[J]. 中国图书馆学报，2013，（1）：112-117.

[115]李丹丹，吴振新. 研究数据引用研究[J]. 图书馆杂志，2013，（5）：65-69.

[116]Australian National Data Service. Cite my data[EB/OL]. http://ands.org.au/guides/cite-my-data.html，2016-04-30.

[117]Ball A，Duke M. Data citation and linking[EB/OL]. http://www.dcc.ac.uk/resources/ briefing-papers/，2011-07-19.

[118]Parsons M A，Duerr R，Minster J B. Data citation and peer review[J]. Eos Transactions American Geographysical Union，2010，91（34）：297-298.

[119]DataCite Metadata Working Group. DataCite metadata schema documentation for the publication and citation of research data，version 4.0[EB/OL]. https://schema.datacite.org/meta/kernel-4.0/doc/DataCite-MetadataKernel_v4.0.pdf，2007-03-01.

[120]Green T. We need publishing standards for datasets and data tables[J]. Learned Publishing，2009，22（4）：325-327.

[121]Rohlfing T，Poline J B. Why shared data should not be acknowledged on the author byline[J]. Neuroimage，2012，59（4）：4189-4195.

[122]Chavan V. Recommended practices for citation of data published through the GBIF network [EB/OL]. http://links.gbif.org/gbif_best_practice_data_citation_en_v1，2012-06-28.

[123]Wynholds L. Linking to scientific data：identity problems of unruly and poorly bounded digital objects[J]. The International Journal of Digital Curation，2012，6（1）：214-225.

[124]Altman M，King G A. Proposed standard for the scholarly citation of quantitative data[EB/OL]. http://www.dlib.org/dlib/march07/altman/03altman.html，2007-03-11.

[125]Corti L，Bolton S. Data identifiers：how to ensure your data is cited properly[EB/OL]. http://www.jisc.ac.uk/media/documents/events/2012/JISC_WEBINAR_DOIs_FINAL.pdf，2010-10-08.

[126]Buneman P. How to cite curated databases and how to make them citable[C].18th International Conference on Scientific and Statistical Database Management，Vienna，Austria，2006.

[127]ANGAEA. Data publisher for earth & environmental science[EB/OL]. http://www.pangaea.de/about/，2017-03-15.

[128]Ball A，Duke M. How to cite datasets and link to publications，digital curation centre[EB/OL]. http://www.uis.unesco.org/Library/Extra%20Documents%20for%20Document%20Library/How_to_Cite_Link.pdf，2012-02-02.

[129]Robertson T，Döring M，Guralnick R，et al. The GBIF integrated publishing toolkit：facilitating the efficient publishing of biodiversity data on the internet[EB/OL]. http://journals.plos.org/plosone/article?id=10.1371/journal.pone.0102623，2014-08-06.

[130]Flanagin A，Lawlor B，Gillikin D，et al. Recommended practices for online supplemental journal article materials[EB/OL]. http://www.niso.org/apps/group_public/download. php/10055/RP-15-2013_Supplemental_Materials. Pdf，2013-04-15.

[131]Maunsell J. Announcement regarding supplemental material[J]. The Journal of Neuroscience，2010，30（32）：10599-10600.

[132]Macrina F L. Teaching authorship and publication practices in the biomedical and life sciences[J]. Science and Engineering Ethics，2011，17（2）：341-354.

[133]Mooney H. Citing data sources in the social sciences：do authors do it?[J]. Learned Publishing，2011，24（2）：98-108.

[134]Lane M A. Data citation in the electronic environment[EB/OL]. http://www.recibio.net/wp-content/uploads/2012/02/Citationintheelectronicera.pdf，2012-02-17.

[135]Digital Curation Center. List of UK institutional RDM policies[EB/OL]. http://www.dcc.ac.uk/resources/policy-and-legal/institutional-data-policies，2010-10-25.

[136]Jones S. DCC research data policy briefing[EB/OL]. www.dcc.ac.uk/webfm_send/705，2011-11-01.

[137]Digital Curation Center. Examples of RDM policies from institutions in the USA and Australia[EB/OL]. www.dcc.ac.uk/resources/policy-and-legal/policy-tools-and-guidance/policy-tools-and-guidance.

[138] JISC. Details of the collaboration between Oxford and Melbourne can be seen in the workshop report from the institutional policy and guidance for research data event[EB/OL]. http://eidcsr.oucs.ox.ac.uk/policy_workshop.xml，2011-09-11.

[139]Digital Curation Center. List of UK institutional RDM roadmaps or strategies[EB/OL]. www.dcc.ac.uk/resources/ policy-and-legal/epsrc- institutional-roadmaps，2014-04.

[140]University of Edinburgh. Research data management（RDM）roadmap[EB/OL]. http:// www.ed.ac.uk/information-services/about/strategy-planning/rdm-roadmap，2014-08-01.

[141]RDMF. Special event：funding research data management[EB/OL]. http://www.dcc.ac.uk/events/research-data-management-forum-rdmf/rdmf-special-event-funding-research-data-management，2013-04-25.

[142]University of Hertfordshire. University guide to research data management[EB/OL]. http://www.herts.ac.uk/rdm/ planning/data-management-plans/uh-dmp-template，2017-06-21.

[143]van Selm M. Research360 postgraduate data management plan template[EB/OL]. https://www.surfspace.nl/artikel/ 1297-research360- data-management-plan-templates/，2013- 07-31.

[144]University of Wisconsin-Madison. Data manage plans [EB/OL]. http://researchdata.wisc.edu/data-management-plans，2017-07-21.

[145]ICPSR. ICPSR framework for creating a data management plan[EB/OL]. http://www.icpsr.umich.edu/icpsrweb/ content/datamanagement /dmp/framework.html，2017-07-31.

[146]University of Edinburgh. Research data MANTRA training course[EB/OL]. http://datalib.edina.ac.uk/mantra，2017-08-03.

[147]University of Virginia. University of Virginia library data management consulting group[EB/OL]. http://dmconsult.library. virginia.edu，2017-01-30.

[148]Lyon L. Dealing with data：roles，rights，responsibilities and relationships[EB/OL]. http://www.jisc.ac.uk/media/documents/programmes/digitalrepositories/dealing_with_data_report-final.pdf，2007-06-19.

[149]Jones S. Comparison of funder requirements[EB/OL]. http://www.dcc.ac.uk/resources/data-managementplans/funders-requirements，2014-04-28.

[150]Digital Curation Center. Checklist for a data management plan[EB/OL]. http://www.dcc.ac.uk/resources/data-management-plans/checklist，2011-03-17.

[151]Aitken B，McCann P，McHugh A，et al. Digital curation and the cloud[EB/OL]. http://eprints.gla.ac.uk/60659/，2012-06-17.

[152]JISC. JANET Brokerage[EB/OL]. https://www.ja.net/products-services/janet-cloud-services，2017-02-04.

[153]Winn J. OwnClound：an “academic dropbox”[EB/OL]. http://orbital.blogs.lincoln.ac.uk/2012/08/06/owncloud-an-academic-dropbox，2012-08-06.

[154]Fletch R. What is DataStage and what does it do? [EB/OL]. https://github.com/dataflon/DataStage/wiki/1.-whati-s-DataStage-and-what-does-it-do%3F，2013-03-22.

[155]Digital Curation Center. MaDAM project[EB/OL]. http://www.dcc.ac.uk/news/madam-project/www.library.manchester.ac. uk/aboutus/projects/madam，2011-12-09.

[156]Swedlow Lab. OMERO[EB/OL]. http://www.openmicroscopy.org/site/products/omero，2017-06-30.

[157]National Institute for Health Research. Biomedical research infrastructure software service kib[EB/OL]. http://www.brisskit.le.ac.uk，2013-09-21.

[158]Research Council UK. RCUK common principles on data policy[EB/OL]. http://researchdata.wp.st-andrews.ac.uk/ rcuk-common-principles-on-data-policy/，2011-04-01.

[159]Whyte A，Wilson A. How to appraise and select research data for curation [EB/OL]. http://www.dcc.ac.uk/resources/how-guides/appraise-select-data，2010-10-25.

[160]Hatural Environment Research Council. NERC data value chesklist[EB/OL]. http://www.nerc.ac.uk/ research/sites/data/dmp.asp，2017-07-02.

[161]UK Data Service. Data publishing，peer review and repository accreditation：everyone a winner[EB/OL]. http://www.dcc.ac. uk/events/idcc13/workshop#Datapub，2017-01-17.

[162]Earth Resources Observation and Science. Records appraisal tool[EB/OL]. http://eros.usgs.gov/ governemnt /ratool/view_questions.php，2017-04-18.

[163]UK Data Service. UK data service deposit guidelines[EB/OL]. http://ukdataservice.ac.uk/ deposit-data/how-to/regular/regular-depositors，2015-12-10.

[164]The University of Edinburgh. Edinburgh datashare depositor agreement[EB/OL]. http://www. ed.ac.uk/schools-departments/information-services/services/research-support/data-library/data-repository/ depositor-agreement，2016-12-06.

[165]The University of Oxford. DataFlow project[EB/OL]. http://www.dataflow.ox.ac.uk，2012-02-20.

[166]University of California Curation Center. Dash[EB/OL]. http://uc3.cdlib.org/2014/09/12 dataup-is-merging-with-dash/，2014-09-12.

[167]University of Cuinois at Urbana-Champaign. Databib list of repositories[EB/OL]. http:// databib.org，2014-02-14.

[168]Digital Curation Center. List of RDM guidance websites produced by UK universities[EB/OL]. http://www.dcc.ac. uk/resources/policy-and-legal/rdm-guidance-webpages/dmp-guidance- webpages，2017-07-03.

[169]van den Eynden V，Corti L，Woollard M，et al. Managing and sharing data：best practice for researchers[EB/OL]. http://data-archive.ac.uk/media/2894/managingsharing.pdf，2011-05-01.

[170]Freiman L，Ward C，Jones S，et al. Incremental：scoping study and pilot implementation plan[EB/OL]. http://www.academia.edu/18151994/Incremental_scoping_study_and_implementation_plan.

[171]University of Exeter. Open exeter project[EB/OL]. http://ore.exeter.ac.uk/repository/handle/ 10036/3366，2012-12-06.

[172]Cambridge University. DataTrain project[EB/OL]. http://www.lib.cam.ac.uk/preservation/ datatrain，2010-10-04.

[173]MIT Libraries. The lifecycle of a dataset presentation[EB/OL]. http://libraries.mit.edu/guides/ subjects/data-management/Managing%20Research%20Data%20101.pdf，2016-08-17.

[174]Australian National University. ANU data management mannual v.6[EB/OL]. http://anulib. anu.edu.au/_resources/training-and-resources/guides/DataManagement.pdf，2012-11-29.

[175]Cope J. Doctoral training centres as catalysts for research data management[EB/OL]. http://irg.ukoin.ac.uk/tag/doctoral-training-center/index.html，2011-12-15.

[176]Cox A，Verbaan E，Sen B. Upskilling liaison librarians for research data management[J]. Ariadne，2012，（70）：1-12.

[177]Digital Curation Center. Examples of RDM training for librarian[EB/OL]. http://www.dcc.ac.uk/training/RDM-librarians，2012-12-13.

[178]Ricky E，Horton L，Nurnberger A，et al. Building blocks：laying the foundation for a research data management program[EB/OL]. http://www.oclc.org/content/dam/research/publications/ 2016/oclcresearch-data-management-building-blocks-2016.pdf，2016-10-03.

[179]ACRL Research Planning and Review Committee. Top ten trends in academic libraries：a review of the trends and issues affecting academic libraries in higher education[J]. College and Research Libraries News，2014，75（6）：294-302.

[180]Rice R，Southall J. The Data Librarian's Handbook[M]. London：Facet Publishing，2016.

[181]Stanford Libraries. About data management plan[EB/OL]. https://library.stanford.edu/research/data-management-services/data-management-plans，2015-12-22.

[182]Parham S W，Doty C. NSF DMP content analysis：what are researchers saying?[J]. Wiley Online Library，2012，39（1）：37-38.

[183]Parham S W，Carlson J，Hswe P，et al. Using data management plans to explore variability in research data management practices across domains[J]. International Journal of Digital Curation，2016，11（1）：53-67.

[184]Nicholls N H，Samuel S M，Lalwani L N，et al. Resources to support faculty writing data management plans：lessons learned from an engineering pilot[J]. International Journal of Digital Curation，2014，9（1）：242-252.

[185]Rolando L，Carlson J，Hswe P，et al. Data management plans as a research tool[J]. Bulletin of the American Society for Information Science and Technology，2015，41（5）：43-45.

[186]Samuel S M，Grochowski P F，Lalwani L N，et al. Analyzing data management plans：where librarians can make a difference[C]. 2015 ASEE Annual Conference & Exposition，Seattle，Washington，2015.

[187]van Loon J E，Akers K G，Hudson C，et al. Quality evaluation of data management plans at a research university[EB/OL]. http://journals.sagepub.com/doi/abs/10.1177/0340035216682041?journalCode=iflb，2017-03-01.

[188]Sallans A，Lake S. DMVitals：a data management assessment recommendations tool[EB/OL]. http://libraprod.lib.virginia.edu/catalog/libra-oa:469，2017-06-13.

[189]Carlson J. The data curation profiles toolkit: the profile template[EB/OL]. http://docs.lib.purdue.edu/cgi/viewcontent. cgi?article=1003&context=dcptoolkit，2016-12-12.

[190]Purdue University. Data curation profiles directory[EB/OL]. http://docs.lib.purdue.edu/dc. 2016-12-12.

[191]Wright S J, Kozlowski W A, Dietrich D, et al. Using data curation profiles to design the datastar dataset registry[EB/OL]. http://www.dlib.org/dlib/july13/wright/07wright.html, 2013-07-01.

[192]Williams S C. Data sharing interviews with crop sciences faculty: why they share data and how the library can help[EB/OL]. http://www.istl.org/13-spring/refereed2.html, 2013-05-25.

[193]Maria B, Pecoskie C. The library and the lab: exploring research data management at the University of Toronto, s faculty of dentistry[EB/OL]. https://tspace.library.utoronto. ca/bitstream/1807/73697/1/DentistryLibrary_DataManagementReport2016.pdf.

[194]Monica L, Johnsson M. Research data services: an exploration of requirements at two Swedish universities[J]. IFLA Journal, 2016, 42（4）: 266-277.

[195]McLure M, Level A V, Cranston C L, et al. Data curation: a study of researcher practices and needs[J]. Portal: Libraries and the Academy, 2014, 14（2）: 139-164.

[196]Akers K G, Doty J. Disciplinary differences in faculty research data management practices and perspectives[J]. International Journal of Digital Curation, 2013, 8（2）: 5-26.

[197]Weller T, Monroe-Gulick A. Understanding methodological and disciplinary differences in the data practices of academic researchers[J]. Library Hi Tech. 2014, 32（3）: 467-482.

[198]Beagrie N, Beagrie R, Rowlands I. Research data preservation and access: the views of researchers[EB/OL]. http://www.ariadne.ac.uk/issue60/beagrie-et-al, 2009-07-03.

[199]van Tuyl S V, Michalek G. Assessing research data management practices of faculty at Carnegie Mellon University[J]. Journal of Library and Scholarly Communication, 2015, 3（3）: eP1258.

[200]Whitmire A L, Boock M, Sutton S C. Variability in academic research data management practices: implications for data services development from a faculty survey[J]. Program: Electronic Library and Information Systems, 2015, 49（4）: 382-407.

[201]Averkamp S, Gu X, Rogers B. Data management at the University of Iowa: a university libraries report on campus research data needs[EB/OL]. http://ir.uiowa.edu/lib_pubs/153/, 2014-02-28.

[202]Marchionini G. Research data stewardship at UNC: recommendations for scholarly practice and leadership[EB/OL]. https://sils.unc.edu/sites/default/files/general/research/UNC_Research_Data_Stewardship_Report.pdf, 2012-02-15.

[203]Steinhart G, Chen E, Arguillas F, et al. Prepared to plan? A snapshot of researcher readiness to address data management planning requirements[EB/OL]. http://www.diw.de/sixcms/detail.php?id=diw_01.c.456936.de, 2012-07-26.

[204]Tenopir C，Allard S，Douglass K，et al. Variability in academic research data management practices：implications for data services development from a faculty survey[J]. Program：Electronic Library and Information Systems，2015，49（4）：382-407.

[205]Rolando L，Doty C，Hagenmaier W，et al. Institutional readiness for data stewardship：findings and recommendations from the research data assessment[EB/OL]. https://smartech.gatech.edu/bitstream/handle/1853/48188/Research%20Data%20Assessment%20Final%20Report.pdf?sequence=4&isAllowed=y，2013-08-10.

[206]Henty M，Weaver B，Bradbury S J，et al. Investigating data management practices in Australian Universities[EB/OL]. http://apsr.anu.edu.au/orca/investigating_data_management.pdf，2013-11-25.

[207]Michener W K. Ten simple rules for creating a good data management plan[EB/OL]. http://journals.plos.org/ploscompbiol/article?id=10.1371/journal.pcbi.1004525，2015-10-22.

[208]Raboin R，Reznik-Zellen R C，Salo D. Forging new service paths：institutional approaches to providing research data management services[J]. Journal of eScience Librarianship，2013，1（3）：2.

[209]Witt M. Co-designing，co-developing，and co-implementing an institutional data repository service[J]. Journal of Library Administration，2012，52（2）：172-188.

[210]王辉， Witt M，窦天芳. 普渡大学研究仓储及其支持的科学数据管理服务[J]. 现代图书情报技术，2015，（1）：9-12.

[211]胡卉，吴鸣，陈秀娟. 英美高校图书馆数据素养教育研究[J]. 图书与情报，2016，（1）：62-69.

[212]E-Science Institute. About us[EB/OL]. http://escience.washington.edu/about-us/，2016-12-23.

[213]Emory Libraries. Emory libraries and technology，research data management：faculty survey results[EB/OL]. http://guides.main.library.emory.edu/datamgmt/survey，2013-07-26.

[214]Mayernik M S，Choudhury G S，Duerr R. The data conservancy instance：infrastructure and organizational services for research data curation[EB/OL]. http://www.dlib.org/dlib/september12/mayernik/09mayernik.html，2012-09-01.

[215]Choudhury G S. Delivering Research Data Management Services：Fundamentals of Good Practice[M]. London：Facet Publishing，2014.

[216]Pralle B. Data curation services models：Johns Hopkins University[EB/OL]. http://www.slideshare.net/asist_org/data-curation-models-jhu-barbara-pralle-rdap12，2012-10-25.

[217]Block W C，Chen E，Cordes J，et al. Meeting funders' data policies：blueprint for a research data management service group[EB/OL]. https://ecommons.cornell.edu/bitstream/handle/1813/28570/ RDMSG1007.pdf?sequence=2，2013-12-26.

[218] Verhaar P，Schoots F，Sesink L，et al. Fostering effective data management practices at Leiden University[J]. Liber Quarterly，2017，27（1）：1-22.

[219]Purdue University. Data curation profiles directory[EB/OL]. http://docs.lib.purdue.edu/dcp/，2016-09-01.

[220]Eaker C. Educating researchers for effective data management[J]. Bulletin of the Association for Information Science & Technology，2014，40（3）：45-46.

[221]Newton M P，Miller C C，Bracke M S. Librarian roles in institutional repository data setcollecting：outcomes of a research library task force[J]. Collection Management，2011（1）：53-67.

[222]Creamer A. Current issues and approaches to curating student research data[J]. Bulletin of the Association for Information Science & Technology，2015，41（6）：22-25.

[223] Ogier A，Hall M，Bailey A，et al. Data management inside the library：assessing electronic resources data using the data asset framework methodology[J]. Journal of Electronic Resources Librarianship，2014，26（2）：101-113.

[224]Davis H M，Cross W M. Using a data management plan review service as a training ground for librarians[J]. Journal of Librarianship & Scholarly Communication，2015，3（2）：1-20.

[225]Varvel V E，Shen Y. Data management consulting at the Johns Hopkins University[J]. New Review of Academic Librarianship，2013，19（3）：224-245.

[226]Knight G. Building a research data management service for the London School of Hygiene & Tropical Medicine[J]. Program：Electronic Library & Information Systems. 2015，49（4）：424-439.

[227]Sykes J. Managing the UK's research data：towards a UK research data service[J].New Review of Information Networking，2008，14（1）：21-36.

[228]JISC. JISC managing research data programme[EB/OL]. http://www.jisc.ac.uk/whatwedo/programmes/mrd.aspx，2016-12-23.

[229]Brown M，Parchment O，White W. Institutional data management blueprint[EB/OL]. http://eprints.soton.ac.uk/196241，2016-09-21.

[230]DDC. Integrated data management planning toolkit & support[EB/OL]. http://www.jisc.ac.uk/whatwedo/programmes/mrd/supportprojects/idmpsupport.aspx，2016-12-23.

[231] University of Southampton. The business model[EB/OL]. http://eprints.soton.ac.uk/196241，2016-09-20.

[232] Archaeology Data Service. Archaeology data service guidelines for depositors[EB/OL]. http://archaeologydataservice.ac.uk/advice/guidelines ForDepositors，2016-09-20.

[233] National Crystallognaphy Centre. eCrystals[EB/OL]. http://ecrystals.chem.soton.ac.uk，2016-09-20.

[234]JISC. DataShare project[EB/OL]. http://www.jisc.ac.uk/whatwedo/programmes/reppres/sue/datashare.aspx，2016-09-20.

[235]Earl G，White W，Wake P. IDMB archaeology case study：summary[EB/OL]. http://eprints.soton.ac.uk/196237，2012-03-22.

[236]White W，Brown M. DataPool：engaging with our research data management policy[EB/OL]. http://eprints.soton.ac.uk/id/eprint/351945，2013-12-05.

[237]Beale G，Pagi H. DataPool imaging case study：final report[EB/OL]. http://eprints. soton.ac.uk/id/eprint/350738. 2014-12-09.

[238]Whitton M，Takeda K. Data management questionnaire results：IDMB project[EB/OL]. http://eprints.soton.ac.uk/196243，2013-04-15.

[239]Hitchcock S. Collecting and archiving tweets：a DataPool case study[EB/OL]. http://eprints.soton.ac.uk/id/eprint/350646. 2012-10-28.

[240]Brown G. Arkivum a-stor storage backend plug-in[EB/OL]. http://bazaar.eprints.org/285，2013-04-15.

[241]Byatt D，Scott M，Beale G，et al. Developing researcher skills in research data management：training for the future—a DataPool project report[EB/OL]. http://eprints.soton.ac.uk/id/eprint/351026，2013-06-17.

[242]Byatt D，De Luca F，Gibbs H，et al. Supporting researchers with their research data management：professional service training requirements—a DataPool project report[EB/OL]. http://eprints.soton.ac.uk/352107，2014-12-12.

[243]National Health and Medical Research Council. Australian code for the responsible conduct of research[EB/OL]. http://www.nhmrc.gov.au/_files_nhmrc/publications/attachments/r39.pdf，2013-08-01.

[244]谢永宪. OAIS 参考模型在数字信息长期保存项目中的应用及启示[J]. 北京档案，2009，（2）：42-47.

[245]ESRC. Research data policy[EB/OL]. http://www.esrc.ac.uk/_images/Research_Data_Policy_2010_tcm8-4595.pdf，2010-08-08.

[246] JISC. JISC managing research data programme[EB/OL]. http://www.dcc.ac.uk/news/jisc-managing-research-data-programme，2017-02-10.

[247]UK Data Service. UK data service collections development policy[EB/OL]. http://ukdataservice.ac.uk/deposit-data.aspx，2016-07-21.

[248]UK Data Serice. UK data service discovery interface[EB/OL]. http://discover.ukdataservice.ac.uk，2017-01-30.

[249]UK Data Service. Communicating for impact[EB/OL]. http://ukdataservice.ac.uk/about-us/impact. aspx，2016-01-04.

[250]National Science Foundation. Grant proposal guide，chapter Ⅱ proposal preparation instructions [EB/OL]. http://www.nsf.gov/pubs/policydocs/pappguide/nsf11001/gpg_2.jsp#dmp，2011-01-01.

[251]王凯，彭洁，屈宝强. 国外数据管理计划服务工具的对比研究[J]. 情报杂志，2014，33（12）：203-207.

[252]Donnelly M，Jones S，Pattenden-Fail J W. DMP Online：the digital curation centre's web-based tool for creating，maintaining and exporting data management plans[J]. International Journal of Digital Curation，2010，5（1）：187-193.

[253]Starr J，Willett P，Federer L，et al. A collaborative framework for data management services：the experience of the University of California[EB/OL]. http://escholarship.umassmed.edu/jeslib/vol1/iss2/7/，2012-10-03.

[254]Sallans A，Donnelly M. DMP Online and DMPTool：different strategies towards a shared goal[J]. The International Journal of Digital Curation，2012，7（2）：123-129.

[255]Digital Curation Center. Checklist for a data management plan[EB/OL]. http://www.dcc.ac.uk/resources/data-management-plans/checklist，2009-06-17.

[256]Digital Curation Center. DMP themes[EB/OL]. http://www.dcc.ac.uk/sites/default/files/documents/publications/DMP- themes.pdf，2016-06.

[257]Curty R，Kim Y，Qin J. What have scientists planned for data sharing and reuse? A content analysis of NSF awardees' data management plans[EB/OL]. http://surface.syr.edu/ischool students/2，2012-11-08.

[258]Bishoff C，Johnston L. Approaches to data sharing：an analysis of NSF data management plans from a large research university[EB/OL]. https://jlsc-pub.org/articles/abstract/10.7710/2162-3309.1231/，2015-09-22.

[259]Parham S W，Doty C. NSF DMP content analysis：what are researchers saying?[J]. Bulletin of the American Society for Information Science and Technology，2012，39（1）：37-38.

[260]Mischo W H，Schlembach M C，O'Donnell M N. An analysis of data management plans in University of Illinois National Science Foundation grant proposals[EB/OL]. http://escholarship.umassmed.edu/jeslib/vol3/iss1/3/，2014-12-19.

[261]Parham S W，Carlson J，Hswe P，et al. Using data management plans to explore variability in research data management practices across domains[J]. The International Journal of Digital Curation，2016，11（1）：53-67.

[262]Antell K，Foote J B，Turner J，et al. Dealing with data：science librarians' participation in data management at Association of Research Libraries Institutions[J]. College & Research Libraries，2014，75（4）：557-574.

[263]Kafel D，Creamer A，Martin E R. Building the New England collaborative data management curriculum[EB/OL]. http://escholarship.umassmed.edu/cgi/viewcontent.cgi?article=1066& context=jeslib，2014-12-01.

[264]Holdren J. White House Office of Science and Technology Policy increasing access to the results of federally funded scientific research[EB/OL]. https://sparcopen.org/wp-content/uploads/2016/01/OSTP-letter-8.29.13.pdf，2013-08-29.

[265]Savage C J，Vickers A J. Empirical study of data sharing by authors publishing in PLoS journals [EB/OL]. http://journals.plos.org/plosone/article?id=10.1371/journal.pone.0007078，2009- 09-18.

[266]Poline J B，Breeze J L，Ghosh S，et al. Data sharing in neuroimaging research [EB/OL]. https://www.ncbi.nlm.nih.gov/pubmed/22493576，2012-04-05.

[267]Michael C W. Data archiving in ecology and evolution：best practices[J]. Trends in Ecology & Evolution，2011，26（2）：61-65.

[268]Grootveld M，Egmond J V. Peer-reviewed open research data：results of a pilot[J]. International Journal of Digital Curation，2012，7（2）：81-91.

[269]Xu H，Russell T，Coposky J，et al. iRODS Primer 2：integrated rule-oriented data system[J]. Synthesis Lectures on Information Concepts，Retrieval，and Services，2017，9（3）：1-131.

[270]Winn J. Open data and the academy：an evaluation of CKAN for research data management [EB/OL]. http://eprints.lincoln.ac.uk/9778/1/CKANEvaluation.pdf，2013-05-30.

[271]余文婷，梁少博，吴丹. 基于 CKAN 的社会科学开放数据服务平台构建初探[J]. 情报工程，2015，1（5）：68-70.

[272] King G. An introduction to the Dataverse network as an infrastructure for data sharing[J]. Sociological Methods & Research，2007，36（2）：173-199.

[273]罗鹏程，朱玲，崔海媛，等. 基于 Dataverse 的北京大学开放研究数据平台建设[J]. 图书情报工作，2016，20（3）：52-60.

[274]Awre C，Cramer T，Green R，et al. Project Hydra：designing & building a reusable framework for multipurpose，multifunction，multi-institutional repository-powered solutions [EB/OL]. http://hdl.handle.net/1853/28496，2009-09-04.

[275]张旺强，祝忠明，卢利农. 几种典型新型开源机构知识库软件的比较分析[J]. 现代图书情报技术，2014，（2）：19-20.

[276]Caffaro J，Kaplun S. Invenio：a modern digital library for grey literature[EB/OL]. http://cds.cern.ch/record/1312678，2017-03-05.

[277]Clements A，McCutcheon V. Research data meets research information management：two case studies using （a） pure CERIF-CRIS and （b） EPrints repository platform with CERIF extensions[J]. Procedia Computer Science，2014，（33）：199-206.

[278]OCLC. New OCLC research report explores the realities of research data management [EB/OL]. http://www.oclc.org/content/dam/research/publications/2017/oclcresearch-research-data-management-service-space-tour-2017. pdf，2017-04-03.

[279]University of Edinburgh. Research data management policy[EB/OL]. http://www.ed.ac.uk/information-services/about/policies-and-regulations/research-data-policy，2017-02-12.

[280]Erway R，Rinehart A. If you build it，will they fund? Making research data management sustainable[EB/OL]. http://www.oclc.org/content/dam/research/publications/2016/oclcresearch-making-research-data-management-sustainable-2016.pdf，2016-10-13.

[281]Elise D，Elizabeth W. Making data management manageable：a risk assessment activity for managing research data[EB/OL]. https://www.ideals.illinois.edu/handle/2142/95768，2017-03-30.

[282]Diederik Stapel[EB/OL]. https://en.wikipedia.org/wiki/Diederik_Stapel#Reaction _by_Stapel，2016-12-12.

[283]McCook A. Whistle blowersues Duke，claims doctored data helped with $200 million in grants [EB/OL]. http://www.sciencemag.org/news/2016/09/whistleblower-sues-duke-claims-doctored-data- helped- win-200-million-grants，2016-09-01.

[284]RUCK. UK concordat on open research data[EB/OL]. http://www.rcuk.ac.uk/media/news/160728/，2016-12-12.

[285]EPSRC. EPSRC expectation[EB/OL]. https://www.epsrc.ac.uk/about/standards/researchdata/expectations/，2014-10-09.

[286]JISC. Overview[EB/OL]. https://research-data-network.readme.io/docs/overview，2016-06-08.

[287]Research Data Network. High level business case[EB/OL]. https://research-data-network.readme.io/ docs/high-level-business-case，2016-06-08.

[288]Research Data Network. Case study[EB/OL]. https://research-data-network.readme.io/docs/case-studies，2016-04-09.

[289]Research Data Network. Advocacy resources[EB/OL]. https://research-data-network.readme.io/docs/ resources，2016-06-08.

附录 主要资助机构的科学数据管理计划指南与评价标准

附表 1 ESRC 的科学数据管理计划质量评价标准

评价标准	评价细则
1.现有数据	（1）是否有证据证明二手数据来源已被考虑和评估？（2）是否有证据表明，当存在可以重复使用的现有数据时，项目不用创建新数据？（3）如果使用现有数据，是否考虑此类数据的版权或知识产权等问题，以及可能获得的版权许可，以便能够共享数据或导出数据？
2.新数据	（1）根据研究和申请中提出的方法，关于数据产生的信息是否足够且符合现实？（2）是否有证据表明该计划涵盖了计划由研究产生的所有数据？（3）是否有足够的信息说明如何收集数据、以什么样的格式分析和存储数据，以及如何记录数据？
3.数据的质量保证	是否对所收集的数据进行有关质量保证程序的说明，包括用于数据验证的方法或在数据收集和数据输入期间应用的标准、遵守研究实践的法则、转录使用的模板等？
4.数据的备份和安全性	（1）是否描述数据备份程序，如考虑所有参与研究的机构的备份程序、备份频率。（2）是否考虑用多个介质和多个副本进行备份？（3）是否考虑采取措施检查备份副本的可用性？（4）是否有机构或本地中心的备份政策？（5）如果收集敏感数据（即详细的个人数据），当处理和存储数据时是否有证据表明考虑根据《数据保护法》采取适当的安全措施，如加密数据、匿名数据？（6）是否有证据表明提议的措施反映了现有的最佳做法？（7）是否描述了版本控制的方法？
5.数据共享的预期困难	（1）是否考虑过共享数据的所有障碍？（2）是否考虑过处理这些问题的策略？例如，与受访者讨论数据共享和重用，并获得参与者的特定同意以共享研究数据；对数据进行匿名化处理以删除个人信息和敏感信息；规定数据访问要求。如果新生成的数据不能共享，应给予充分的理由
6.版权/知识产权	（1）是否有对研究数据（即使用或创建的现有数据源）的版权同意或澄清说明，特别是对于协作研究或各种数据源结合？（2）如果可能，是否有计划为数据共享进行版权许可？
7.责任	（1）是否已将数据管理职责分配给指定个人？（2）是否有证据表明在整个项目过程中将遵循数据管理？（3）是否考虑到研究可能需要的各种数据管理任务？（4）对于协作研究，是否将数据管理职责分配给了每个合作伙伴组织（如果研究需要）或合作伙伴的管理责任的协调是否得到考虑？
8.准备用于共享和归档的数据	（1）计划指出为共享和归档数据所做的准备和记录工作是否合适？（2）是否有证据表明数据将在研究期间得到良好记录，以提供高质量语境信息或可以让用户二次使用的结构化元数据，如记录数据收集、数据来源、数据环境、数据处理与分析方法？

附表 2　地平线 2020 的科学数据管理计划指南

数据管理计划内容	需要解决的问题
1.数据总结	（1）说明数据收集/生成的目的；（2）解释与项目目标之间的关系；（3）说明生成/收集的数据的类型和格式；（4）说明是否重新使用现有数据（如果有的话）；（5）说明数据的来源；（6）说明预期的数据大小（如果已知）；（7）概述数据的价值：对谁有用
2.符合 FAIR 原则的数据 2.1 使数据可发现，包括提供元数据	（1）概述数据的可发现性（元数据提供）；（2）概述数据的可识别性，并参考标准识别机制；（3）使用文件命名规范；（4）概述搜索关键字的方法；（5）概述更新版本的方法；（6）指定元数据创建的标准（如果有的话），如果您的学科没有标准，描述将创建什么类型的元数据，以及如何创建
2.2 使数据可以开放获取	（1）指定哪些数据将开放获取，如果一些数据不开放获取，则说明理由；（2）说明数据将如何提供；（3）说明访问数据需要哪些方法或软件工具，有关访问数据所需的软件的文档是否也应包括在内，是否可以包括相关软件（如开源代码）；（4）指定数据和相关元数据、文档和代码的存放位置；（5）如果有任何限制，说明将如何提供访问
2.3 使数据可互操作	（1）评估您的数据的互操作性，指定您将遵循的，用以促进互操作性的数据、元数据词汇、标准或方法；（2）说明您是否将对数据集中存在的所有数据类型使用标准词汇表，以允许跨学科的互操作性，如果没有，请说明是否会提供到通用本体的映射
2.4 增加数据重用（通过澄清授权许可）	（1）明确使用何种许可协议确保数据可以最广泛地被重用。（2）说明数据何时可重用。如果适用，请指定为什么以及需要的时滞期。（3）说明在项目中生成或使用的数据是否可用于第三方，特别是项目结束后。如果重用一些数据，有何限制，为什么？（4）描述数据质量保证流程。（5）说明数据将保持可重复使用的时间长度
3.资源分配	（1）估算数据管理的费用，描述打算如何支付这些费用；（2）明确地指出项目中的数据管理责任；（3）描述长期保存的成本和潜在价值
4.数据安全	解释如何解决数据恢复及敏感数据的安全存储和传输问题
5.伦理方面	在伦理审查的范围内的内容，包括前面内容没有涵盖的参考文献和相关技术方面
6.其他	请参考您正在使用的其他国家/资助者/地区/部门的数据管理程序（如果有）

附表 3　地平线 2020 的科学数据管理计划评价量表

评价标准	评价水平		
	完全/详细	已解决但不完整	没有找到
1.是否清晰地描述会产生的数据集？	有完整的数据集列表，包括名称、参考、ID	只有一个数据集有名称，或者参考资料不充分	阅读科学数据管理计划很难理解会产生怎样的数据，没有总结
2.有没有完整地描述数据？例如，土壤温度数据通过数据记录器收集并导出为制表符分隔的文本文件，将会产生约 2GB 的数据	解释数据的来源、本质和规模。给出可以重复使用的现有数据的参考信息	给出了部分描述，但是对项目组外的人而言，这一描述模棱两可，难以理解	数据的性质和规模根本没有描述
3.是否使用了合适的标准和元数据？例如，使用达尔文核心存档（Darwin core archive）元数据对数据进行描述，同时附带 readme.txt 文件，提供有关现场方法和过程的信息	指明选用的元数据标准，当有学科具体的元数据标准存在时，说明所抓取的元数据。说明提供的其他说明文件的格式	标准或提出的方法以模糊的方式提到，没有足够的细节来说明该方法	没有提到标准或项目具体的方法。没有考虑互操作性

续表

评价标准	评价水平		
	完全/详细	已解决但不完整	没有找到
4.科学数据管理计划是否指出哪些数据将开放获取？例如，匿名化处理的文稿和 SPSS 数据将开放获取，以便广泛重用。访谈的录音记录是可识别的，因此真正的研究人员可以根据数据共享协议获取	科学数据管理计划清楚地说明访问是开放的还是限定于特定的人群，以及是哪些数据集。如果数据不能共享，则应提及其原因	有些数据是打算共享和开放的，但是目前尚不清楚是哪些数据	科学数据管理计划没有提及哪些数据开放获取
5.是否清楚地说明如何实现数据的共享？例如，数据和相关软件将存入共享数据研究的网络 Zenodo。数据将根据 CC-BY 许可协议获取，代码遵从 MIT 许可。将设置 12 个月的时滞期，以便研究结果予以编写	应该清楚说明，如何实现数据与任何相关的软件或工具的共享。许可协议和所使用数据的时滞期也应该提及	就如何共享有一些描述，但是还需要更详细的信息来说明获取的程序是什么、谁有权获取、何时能够获取	对如何进行数据共享没有任何说明
6.科学数据管理计划是否明确指出了打算存储数据的知识库？例如，由于没有可用的存储库，我们的机构数据存储库只处于试用阶段，我们计划存入 B2SHARE。这项服务由欧盟委员会的倡议运作，得到欧盟委员会的支持	给出了存储库的名称，指明了存储库的类型（机构知识库、学科知识库、综合性知识库）	提出了初步想法，但是没有具体的存储计划	科学数据管理计划中没有提到数据知识库
7.是否描述了保存计划？例如，数据将存入 BODC 用于长期保存和共享，或者已经使用 NERC 数据值清单来评估数据应该保存多长时间（无限期作为一次性环境记录）。没有与存储相关的花费	概述了计划（如存放在存储库中），并提供有关数据量、保存周期和相关成本的详细信息	提及了保存，但仍有更多细节可以有效地提供	数据的保存不包括在内

附表 4　艺术与人文研究理事会的科学数据管理计划评价量表

评价标准	评价水平		
	详细	已解决但不完整/不满意	没有解决
1.数字产品和技术的总结	科学数据管理计划对数字产品、数字技术和设想的访问类型进行了清晰描述。例如，“免费在线获取”总结解释了如何在技术层面实现，评阅者可以评估科学数据管理计划是否合适	有部分描述，如数据的解释，而不是访问计划，或者给出数字产品的规模和重要性的信息太少。没有足够的信息来评估整体计划是否健全	目前还不清楚将要创建什么或如何创建 申请书表明，将产生数字产品，但技术计划与此不符
2a.标准和格式	提供相关统计资料来解释规模、数据量和持续时间 解释了使用哪些格式和标准及原因。这显示了对每一个目的而言，哪些格式是适合的，如提供访问或归档数据	说明了数据量，但是很难解释与数据集有关的文件数量或数据集的大小和复杂程度。格式和标准被命名，但是不清楚这些是否是出于正当理由而做出的选择	描述遗漏了重要信息，关于技术方法，没有给出明确的说明

续表

评价标准	评价水平		
	详细	已解决但不完整/不满意	没有解决
2b.硬件和软件	很清楚地说明（如果有的话）需要哪些额外的硬件和软件。额外的工具包显然是必要的，并与资源合理化的声明保持一致。如果不需要，计划应该明确说明不适用	建议的资源似乎不可信（如已经提供的项目机构或软件似乎与数据没有关系）	这个计划并没有说明这一部分不适用
2c.技术方法	有对有关开发过程的完整描述，包括从数据捕获到数字资源的传送。涵盖针对所有研究环境/情况的质量控制和备份等问题，如内部程序和实地工作 有明确的技术交付时间表，涉及整体项目里程碑的情况支持	由于存在数据丢失的风险，所以需要进行数据质量的检查，可采用多位助理转录和记录资源的方法 没有说明收集和存储数据的备份问题 时间表缺少，所以不清楚技术工作是否符合研究活动	没有明确的技术方法或计划说明数据将如何被采集、处理并使用
3.技术支持和专业知识	该计划解释了需要什么技能，表明团队具备这些，并指明了关键人物 明确指出，在需要的时候，有可能从外面吸引外部合作伙伴寻求建议 技术规划的质量和稳健性都使评论者放心	提供了一些信息，但还不够。例如，系统开发者的角色可能清楚地指出，但是合作伙伴创建和管理数据的职责模糊不清 该项目可能过度依赖一个关键工作人员，没有考虑人员离职的风险	该计划未能提供细节来说明在项目期间技术合作伙伴的职责
4a.数据保存	清楚地说明将保存哪些数据、保存在哪里、保存多久。这与数据的价值和重要性是相匹配的，代表物有所值	提供有关保存计划的一些信息，但需要更多的信息。例如，可能不清楚数据将在哪里存放、谁负责确保保存至少三年	该计划没有说明数据将被保留三年
4b.获取和可持续性	有一个明确的计划来确保项目结束后数字产品保持至少三年的开放获取 提供正确的理由，如果不打算开放获取 审查人员相信机构承诺或其他资源计划确保可以涵盖可持续发展的成本	可持续发展计划未能解决五个关键要素中的一个或多个，即哪些数据将开放获取、在哪里获取、如何获取、开放多长时间、成本是多少 没有给出不能开放获取的正当理由 需要更多的信息来确保访问的可持续性	该计划并没有说明提供数字产品的开放获取

附表5　英国工程与自然科学研究委员会的科学数据管理计划评价量表

评价标准	评分水平		
	详细	已解决但不完整/不满意	没有解决
1.将收集什么类型的数据?	明确定义数据类型，如实验测量、模型、录音、视频、图像、机器日志等	数据类型提到一些，但不是全部	没有说明
2.收集的数据是什么格式?	数据格式明确定义，如csv或xlsx电子表格、tiff或jgp图片；在必要时应说明专有的制造商格式	提到了一些数据格式，但不是全部	没有提到
3.将收集什么规模/数量的数据?	清楚地说明每种类型数据的规模	指出了数据的规模，但是没有按照数据类型给出。不是所有类型的数据都指出了规模大小。数据集的大小不现实（不是总能判断出来）	没有说明数据量
4.如何收集数据?	清楚描述收集数据的方法	提到了部分数据收集的方法	没有提到任何方法
5.数据将附带什么文件?	通过参考社区现有的良好做法或者不存在社区标准的详细的项目特定方法，清楚说明文件	一些文件中提及数据附带文件，但没有关于社区的细节标准或具体项目方法	没有提到文献
6.数据附带什么元数据?	明确元数据策略：参考现有的最佳社区实践或不存在社区标准时的项目具体方法	有些提到元数据，但是没有关于社区标准的细节或项目特定的方法	没有提到元数据
7.是否有考虑道德问题?	对与项目有关的任何道德问题进行评价，或者声明项目没有道德问题需要考虑	有些提到道德问题，但是没有细节	没有提到项目需要考虑的道德问题，也没有声明没有此类问题
8.如何管理道德问题?	明确项目相关的道德问题的管理方法。如果项目不涉及道德相关的问题，可以忽略此部分	有些提到管理伦理问题，但方法论不清楚或不够详细/不合适（这可能很难判断）	没有指出面临的道德问题如何处理
9.版权和知识产权问题如何管理?	明确指出与项目相关的版权和知识产权	提到了版权和知识产权，但是缺乏细节或者只涉及部分的数据	没有提到任何的版权和知识产权
10.如何存储数据?	清楚描述数据存储系统。例如，数据存储在IT部门提供的托管服务器上；数据存储在本地机器和便携式存储器上	提到数据存储系统，但是缺乏细节或明显不合适（可能难以判断）	没有提到数据存储系统
11.如何备份数据?	清晰描述数据备份的程序/协议。例如，每晚自动备份；每周备份到服务器上	提到一些数据备份程序/协议，但缺少细节或明显不合适	没有提到数据备份系统
12.如何获取和安全管理数据?	清楚描述访问和安全程序。例如，数据存储在受密码保护的驱动器上；数据必要时进行加密；当研究员离开时锁好办公室	有些提到数据安全，但是细节缺乏或方法不当	没有提到数据访问和安全控制问题
13.哪些数据将被保留?	明确评估哪些数据会长期保留，如出版物的支持数据；原始数据与清洗的数据（反之亦然）；原始数据和最终版本，但相对于完整记录不是临时版本取消标识的数据；音频录音与抄本	提到了数据保存，但是缺乏细节	没有提到数据保留

续表

评价标准	评分水平		
	详细	已解决但不完整/不满意	没有解决
14.哪些数据将被共享?	明确评价哪些数据会被共享，如支撑发表论文的数据；原始数据与清洗数据（或反之亦然）；原始数据和最终版本，但不是临时的版本；取消标识的数据和完整记录；清楚地声明某些/所有数据不适合分享的理由	提到数据共享，但是缺乏细节，如哪些子集适合共享。声明某些/所有数据不适合共享但未说明理由	没有提到数据共享
15.保存数据的长远计划是什么?	明确长期保存数据集的策略，如存储在适当的机构存储库。清楚说明数据集不会被保留/不适合保存的理由	虽然提到保存策略，但描述不清楚或缺乏细节	没有提到保存数据集
16.如何共享数据?	清楚考虑在哪里、怎么样、向谁提供数据，应符合研究领域的最佳做法（如果能判断！）。如果需要，评估具体的访问机制	有些提到数据的共享方式，但是缺乏细节	没有提到数据集将如何共享
17.何时实现项目组外数据的共享?	显示清晰的时间尺度，如不迟于研究成果的出版时间（资助者期望）、资助结束后3年内。如果延迟共享，给出原因	时间尺度被提及但并不清楚或不清楚其是否涵盖所有数据集。该时间尺度不符合资助者的期望，但是没有给出原因	没有提到数据发布时间
18.数据共享的限制条件是什么?	明确评价了适用于数据共享的任何限制，并提供了原因，如专利申请、道德原因、商业共同资助；或者清楚指出使用数据没有任何限制	提到数据的使用有限制，但是没有给出理由	没有提到数据共享的限制
19.谁对数据管理负责?	清楚指出是谁负责数据管理。这可能不止一个人，如PI总体负责，然后博士后/学生负责日常记录、保存、数据输入和元数据记录	提到了责任，但未详细说明责任人并叙述管理过程	没有提到数据管理的责任
20.交付计划时需要哪些资源?	列出所需资源，或有一个声明指出没有进一步需要的资源。资源要求涉及实施的其余计划	指出需要资源，但是没有提供细节	没有提到所需的资源
21.数据集需要保存多长时间?	清楚给出适当保留的时间表，符合资助者预期（10年从最后访问日期开始）。如果没有遵守资助者的要求，给出了理由	给出了一些数据集的保存时间，但是不是关于所有数据集的。在没有遵守资助者要求的情况下，也没有说明理由	没有提到数据集的保留时间表

附表6　英国生物技术与生物科学研究委员会的科学数据管理计划评价量表

绩效标准	性能水平		
	详细	表示但不完全/不满意	不解决
1.将收集什么类型的数据?	明确定义数据类型，如实验测量、模型、录音、视频、图像、机器日志等	提到一些数据类型，但不是全部	没有详细信息
2.收集数据的规模/数量	提供每个数据类型的数据集大小的清晰估计	描述了数据规模，但没有按数据类型描述数据规模。描述了部分数据类型的规模。所给出的数据类型的规模不合适	没有给出数据量

续表

绩效标准	性能水平		
	详细	表示但不完全/不满意	不解决
3.如何管理数据?	清楚地陈述或提及数据管理方法，如文件命名约定、文件架构等	方法论被描述，但缺乏细节或仅覆盖一个要收集的数据子集	没有提到方法
4.哪些社区的数据标准集合将被使用?	清楚地提及收集或管理标准，如用于描述微阵列数据的MIAME元数据	提及一些集合或行政标准，但缺乏细节或仅覆盖一个要收集的数据子集	没有社区标准并且没有项目特定方法
5.是否指出伴随数据的文档/元数据策略?	清楚指出文档和元数据策略，当详细项目具体方法或社区标准不存在时，参考现有的良好做法。信息也可以包括更宽泛的研究文档等，如那些与生物样品、构造或软件和代码相关的文档	提到了一些文档和元数据，但是缺乏社区标准和具体方法的细节。提供的信息并没有涵盖所收集的所有数据	没有提及文件和元数据
6.数据如何与公共存储库中的其他数据相关?	清楚地描述与已有数据集的关系，或者解释与已有知识库中的数据集没有关系，或者解释公共知识库没有相关数据集	提及已有的数据集，但是没有说明已有数据集的详细信息，如被储存在何处	没有提到现有的数据集
7.数据集在未来有哪些可预见的使用?	清楚描述研究员和其他人可能在未来使用数据集。明确指示数据集不适合未来使用的理由	一些提到未来的使用，但缺乏细节。声明该数据将不适合未来使用，但没有给出理由。仅考虑产生数据的一部分在未来的使用	没有提到可能的未来用途
8.如何共享数据集?	清楚地描述了数据共享的位置、方式，以及被共享的对象。策略与研究领域的实践一致（如果能够判断！）。评估具体访问机制是必要的	有些提到了如何共享数据，但缺乏细节或策略只覆盖了一个要共享的数据子集	没有提到数据集将如何共享
9.数据集要保留多长时间?	有数据保留声明（资助者需要适合学科和数据类型的保留时间，如10年）	有数据保留声明，但不符合资助者要求	没有提到数据的保留时间
10.对数据共享是否有任何限制?	明确评估可能适用于数据共享的任何限制，有明确理由，如专利申请、道德原因、商业共同出资。清楚地说明，不会有任何数据获取的限制	提出需要限制访问数据/数据子集，但不给出理由	没有提到数据共享限制
11.数据集何时公开发布?	有明确的时间刻度，如不迟于主要研究成果发表的时间（资助者推荐），资助结束时，数据集生成后的三年内（没有社区最佳实践的建议）。如果延迟发布，则给出理由	时间被提及，但并不清楚，或者对所有数据集的公开发布时间表述不清楚。时间表不符合资助者的期望。指出延迟发布数据的必要性，但是没有给出原因	没有提到发布数据的时间表
12.最终格式的数据集存储在哪里?	清楚地描述将用于存储数据的文件格式，解释理由或复杂因素。可以给出指示，如需要迁移数据集格式以实现其共享或保存的目的	仅部分描述了将用于存储数据的数据格式，说明了部分理由或复杂因素	没有描述将用于存储数据的数据格式，没有提供理由或讨论复杂因素

附表 7　英国医学研究理事会的科学数据管理计划评价量表

评价标准	评价水平		
	详细	已解决但不完整/不满意	没有解决
提案名称	包括名称	不适用	名称不包括在内
1.1 研究类型	研究类型明确，如临床试验、人口健康研究、患者队列研究、基础研究、长期研究等	不适用	研究类型不清楚
1.2 将收集什么类型的数据?	数据类型明确定义，如定量数据、定性数据、调查数据、临床测量、医疗记录、电子健康记录、行政记录、基因型数据、图像、组织样本等	某些项目/数据集中提到数据类型，但不是全部	没有提到相应的信息
1.3.1 将收集什么格式的数据?	明确描述将用于存储数据的文件格式（和软件），并说明理由或复杂因素。当需要迁移数据集格式以进行共享或预设时，给出指示	仅部分描述将用于存储数据的理由或复杂因素	不描述将用于存储数据的数据格式，不提供理由或讨论复杂因素
1.3.2 将收集什么规模和数量的数据?	对每种数据类型给出数据集大小的清晰估计，这可能包括记录、数据库、扫描、重复等的数量	给定数据集大小，但不会就数据类型分别给出。大小不适用于所有数据类型。数据集大小显然是不现实的（这并不总是可以判断）	没有给出数据量的指示
2.1 如何收集数据，包括使用适当的社区标准	所有部分都清楚地概述了方法论。清楚地叙述了参考收集标准，如用于微阵列数据的 MIAME 或用于数据收集和编码的 ICD-10	部分缺少方法或细节。有些提及收集标准，但缺乏细节或仅涵盖要收集的数据的一部分	没有提到如何收集数据。没有提到社区标准，也没有描述项目特定的方法
2.2 数据收集的质量如何得到控制和记录?	概述了确保数据质量的明确策略。这可能包括仪器校准、重复样品和测量、标准化数据采集或记录、数据录入验证、同行评审数据、使用受控词表	概述了策略，但缺少细节。或者信息仅包括在部分研究中	没有提到数据质量
3.1.1 如何来存储数据?	清楚描述数据存储系统。例如，数据存储在由 IT 服务部门提供的托管存储设备上；数据存储在本机和便携式驱动器上	提及数据存储系统，但缺乏细节或明显不适当（可能难以判断）	没有提到数据存储系统
3.1.2 如何对数据进行备份?	清晰描述数据备份例程/协议。例如，每天晚上自动备份；每周备份到服务器设备上	有些提到数据备份例程/协议，但是缺乏细节或明显不合适	没有提到数据备份系统
3.1.3 数据如何管理和保存?	数据管理方法被明确说明或引用，如文件命名约定、文件架构等。这可能包括对文档标准的引用，如数据文档计划（data documentation initiative，DDI）或微数据管理工具包（microdata management toolkit）	描述了方法论，但缺乏细节或仅覆盖要收集数据的子集	没有提到方法

续表

评价标准	评价水平		
	详细	已解决但不完整/不满意	没有解决
3.2 将记录什么元数据?	通过参考社区现有的良好做法或具体的项目特定方法（不存在社区标准），清楚地说明文件和元数据策略	有些提及文档或元数据，但缺乏关于社区标准或项目特定方法的细节。提供的信息不包括所有要收集的数据	没有提到文献和元数据
3.3.1 长期存储和保存数据的计划是什么?	明确长期保存数据集策略，如存储在合适的经过认证的数据知识库中。清楚地说明数据集不会被保留/不适合保存	提到长期储存和保存，但策略不明确或缺乏细节	没有提到数据集的长期存储和保存
3.3.2 数据的计划保留期是多少?	明确数据保留声明（资助结束后10年）	有数据保留声明，但不符合资助者要求	没有提到数据保留时限
3.3.3 有使用正式的保存标准吗?	描述详细的数据保存标准	提到了数据保存标准，但描述不详细	没有提及数据保存标准
3.3.4 将保存哪些数据?	明确评估哪些数据将被长期保留，如数据支持出版物；原始数据与清洗的数据（反之亦然）；原始数据和最终版本，但不是临时版本；取消识别数据与完整记录；音频录音与录音	提到数据保留，但缺乏细节	没有提到数据保存
4.1 研究符合哪些正式信息标准?	作者确定研究将符合的正式信息安全标准，如ISO27001。如果组织符合ISO标准，作者提供注册号	作者提到正式的数据安全标准，但没有确定哪一个。国家组织是合规的，但不包括注册号	没有提到正式的数据安全标准
4.2.1 参与者信息的保密性和安全性有哪些风险?	详细描述了数据存在的各种风险，如由于设备丢失带来的风险、由于数据传输带来的风险、由于数据未经授权被访问而带来的风险等	对数据的一些风险的总结，但不涵盖所有的可能性或数据集	没有考虑到数据安全的潜在风险
4.2.2 这个风险的程度是多少?	有评估风险水平，这可能是一些因素的组合，如每个违反安全性的可能性有多少概率发生，如果未经授权的一方进入其中，数据将会受到破坏	有一些评估风险水平，但未考虑可能性和损害	没有评估风险的水平
4.2.3 识别风险如何管理?	概述了管理数据风险的策略，如数据访问控制、加密、审核用户符合安全条件等	有人提到风险将被管理，但没有给出详细信息或策略不涵盖所有数据集	没有概述管理数据风险的策略
5.1 数据是否适合共享，为什么?	明确评估哪些数据适合共享，如数据支持出版物；原始数据与清洗的数据（反之亦然）；原始数据和最终版本，但不是临时版本；取消识别数据与完整记录。清楚地说明一些/所有数据不适合分享，并给出理由	提到数据共享，但是其对哪些子集是合适的，缺乏参考。声明某些/所有数据不适合共享，但没有给出理由	没有提到数据共享

续表

评价标准	评价水平		
	详细	已解决但不完整/不满意	没有解决
5.2.1 数据集如何被发现？	概述了数据可发现性的明确计划，如关于出版物数据可用性的声明、使用丰富的元数据描述存储数据在索引良好的存储库中、发布数据集附带的“数据文件”、创建数据目录记录、在项目/机构网站上提供参考、通过MRC网关公布有关社交媒体数据的信息、人口和患者研究数据，应该包括有关信息的广泛使用的一些说明	表明数据可发现的意图，但是没有列出使数据可发现的具体方式	没有提到数据的可发现性
5.2.2 数据共享政策会在研究网站上公布吗？	包括回答这个问题的声明	不适用	没有回答这个问题
5.3.1 确定谁将做出与潜在新用户共享数据的决定	确定谁将扮演做出数据共享决策的人员或角色	表示将会考虑数据共享请求，但没有将个人确定为负责做出决定的人	没有提及谁负责数据共享的决策
5.3.2 如何实施数据访问和共享的独立监督？	确定存储数据的数据存储库。优先考虑专门的存储库（如果存在），如果无法通过存储库共享数据，则对此提供明确的理由	表示使用一个数据存储库，但没有提到是哪一个，或者表示不能通过存储库共享数据，但没有具有说服力的理由	没有指出数据共享的手段
5.3.3（存储库）将研究数据集存储在哪里？	确定存储数据的数据存储库，优先考虑专门的存储库（如果存在）。如果无法通过存储库共享数据，则为此提供明确的理由	表示将使用一个数据存储库，但是没有提到哪一个，或者说是不能通过存储库来共享数据，但是没有具有说服力的理由来说明为什么这是不可能的	没有指出数据共享的手段
5.4 数据集何时与研究团队外的人分享？	指出了一个明确的时间表，如不迟于发布研究的主要发现（资助者推荐），在奖励结束时，在数据集生成后的 3 年内（建议没有社区最佳实践的领域）。如果出现延迟释放，则给出理由	时间刻度被提及但并不清楚，或者对于所有数据集不清楚 时间表显然不符合资助者的期望 指出延迟发布数据的必要性但没有给出原因	没有提到发布数据的时间表
5.5 数据共享有任何限制吗？	明确评估可能适用于数据共享的任何限制，其原因包括专利申请、道德原因、商业共同出资。清楚地说明分享任何数据不会有任何限制	提出需要限制访问数据/数据子集，但没有给出理由	没有提到数据共享限制
6.1 谁负责数据管理？	明确指出由谁负责。这可能是由不止一个人，如 PI 有全面的责任，但博士后/学生每天负责记录保存、数据输入和元数据记录	对数据管理而言，提到责任问题，但没有详细说明哪一个进程	没有提及数据管理的责任人

续表

评价标准	评价水平		
	详细	已解决但不完整/不满意	没有解决
6.2 谁负责元数据的创建？	明确指出由谁负责创建元数据。如果多于一个人，则为每个人定义角色	提到元数据创建责任，但没有详细说明	没有提及负责创建元数据的责任人
6.3 谁负责数据安全？	清楚指出由谁负责数据安全。如果多于一个人，则为每个人定义角色	提到数据安全责任，但没有详细说明	没有提及确保数据安全的责任人
6.4 谁负责数据质量的保证？	明确指出由谁负责数据质量保证。如果多于一个人，则为每个人定义角色	只说明了确保数据质量的原因，但没有指出由谁来保证数据质量、如何保证数据质量	没有提及确保数据质量的责任人

附表 8　英国自然环境研究理事会的科学数据管理计划评价量表

科学数据管理计划大纲	绩效标准	绩效水平		
		详细	已解决但不完整/不满意	没有解决
数据格式	将收集什么类型的数据？	列出数据集的每种类型，如实验测量、模型、录音、视频、图像、机器日志等	某些数据集提到数据类型，但不是全部	没有任何有关数据类型的描述
	使用什么格式？	对于每个数据集，清楚地描述了用于创建/收集和存储数据的文件格式；概述了长期保存所需的任何转换。解释理由（理想地指的是域中使用的标准）或复杂因素。选择的格式在可能的情况下是非专有的	仅部分描述用于创建/收集和存储数据的数据格式；或者理由或复杂因素部分被覆盖。不涵盖所有数据集或长期存储的要求。不选择非专有格式	不描述将用于创建/收集存储数据的数据格式，不提供理由或讨论复杂因素
	收集的数据量是多少？	对每个数据集大小给出清晰估计	给定总体大小，但没有列出每一种数据类型的数据集规模。数据集大小显然是不切实际的	没有有关数据量的说明
整个科学数据管理计划	绩效标准	绩效水平		
		详细	已解决但不完整/不满意	没有解决
角色和责任	谁负责数据收集/创建？	列出数据集，列出负责每个数据集的人名或角色。还提供了一个中心联系点，以提供对各个数据集/工作包的监督	为某些但不是全部数据集列出个人/角色，或未提供中央数据管理联系人	没有指定具体负责数据收集的责任人
	谁负责创建元数据？	列出数据集，列出负责每个数据集的人名或角色。还提供了一个中心联系点，以提供对各个数据集/工作包的监督	为某些但不是全部数据集列出个人/角色，或未提供中央数据管理联系人	没有指定具体负责创建元数据的责任人
	谁负责传输元数据和数据？	指定了负责人并给出了候选人	指定了一个人	没有指定具体负责传输元数据和数据的责任人

续表

整个科学数据管理计划	绩效标准	绩效水平		
		详细	已解决但不完整/不满意	没有解决
数据产生活动	现有的数据集是否（如果有的话）会被重用?	明确界定可能会使用的现有数据集，详细描述现有数据集被重用的条件，或限制现有数据集共享的原因	描述了现有数据集，但是没有说明数据的来源和使用的条件	没有指出是否会重复使用数据集
	收集什么类型的数据?	明确定义列出的数据集的每种类型，如实验测量、模型、录音、视频、图像、机器日志等	某些数据集提到数据类型，但不是全部	没有包含任何细节
	收集数据量是多少?	对每个数据集给出的大小进行清晰估计	给定总体大小但不会被数据集分解。所有数据集没有给出大小。数据集大小显然是不切实际的	没有标明数据量
	何时收集数据?	为每个数据集的生成提供清晰和现实的时间表。确认每个数据集何时将提供给数据中心，以及是否需要发布禁令	给定一般时间框架，但没有对每个数据集分别提及。时间框架模糊（如“3 个月不是日期”）或不现实，以及项目结束后，没有提到是否需要时滞期	没有给出任何关于数据集的时间表的指示
	数据如何收集?	给出了每个数据集的数据收集方法，并明确提及了收集标准	给出了一些但不是所有数据集的收集方法，或者很少有相关细节。有些提及收集标准，但不包括所有收集的数据	没有解释如何对数据进行收集
	使用什么格式?	对于每个数据集，清楚地描述了用于创建/收集和存储数据的文件格式；概述了长期保存所需的任何转换。解释理由（理想地指的是域中使用的标准）或复杂因素。所选择的格式在可能的情况下是非专有的，并且符合数据中心对接受格式的要求	仅部分描述用于创建/收集和存储数据的数据格式；理由或复杂因素仅部分被覆盖。不涵盖所有数据集或长期存储的要求。不选择非专有格式或选择不被数据中心接受的格式	不描述将用于创建/收集存储数据的数据格式，不提供理由或讨论复杂因素
项目过程中数据管理方法	项目进展过程中，数据存储在哪里?	使用满意的存储解决方案清楚地记录数据的存储方式。提及在实际工作中如何保证数据的适当储存	有关于数据存储的一般性说明，而未确认特定要求，如野外工作。提供存储解决方案但其不令人满意（如只是提供私人驱动器，而不是机构驱动器）	没有任何关于项目中数据存储位置的叙述

续表

整个科学数据管理计划	绩效标准	绩效水平		
		详细	已解决但不完整/不满意	没有解决
项目过程中数据管理方法	针对数据存储有哪些安全措施?	提供关于数据访问控制的明确语句和协议，如是否使用加密，以及任何其他安全措施	有些提及安全性（如加密或访问限制），但没有完整的细节或程序	没有指示如何保证数据安全
	项目过程中如何进行数据备份?	提供的备份程序涵盖哪些数据，将被如何和在什么时间框架（小时、每天等）进行	备份程序没有细节，如缺乏时间表，备份过程不能令人满意（如每周）	没有提到如何对数据进行备份
	数据传输和重用存在怎样的挑战?	概述了挑战，指出如何克服这些挑战	概述了挑战，但并未表明如何解决或解决方案不令人满意（如 DropBox 或 USB）	没有挑战或不适用的迹象
元数据和文档	将提供哪些元数据?	通过参考社区现有的良好做法或具体的项目特定方法（不存在社区标准），清楚地说明文件和元数据策略	有些提及文档或元数据，但是没有关于社区标准或项目特定方法的细节，或不适用于所有数据集	没有提到元数据或文档
数据质量	会采取哪些数据质量控制措施?	明确概述确保质量控制的方法（如抽样、元数据检查、审查），以及如何应用	有些提到质量控制，但不清楚如何应用。描述的方法不足	没有提到质量控制
例外或附加服务	数据中心有什么特别的期望?	确认没有特殊的期望。或者，明确说明任何数据集是否特别大或复杂，或要求提供特殊的安全规定，解释原因并指出资源来源的相关细节	提到特殊预期，但没有细节（如提供尺寸估计、解释复杂性、提出所需的安全措施）或不参考资源的理由	没有回应是否有特殊的期望

附表 9　英国惠康基金会的科学数据管理计划评价量表

绩效标准	绩效水平		
	详细	已解决但不完整/不满意	没有解决
您的研究产生什么类型的数据输出?	明确定义数据类型，如实验测量、模型、录音、视频、图像、机器日志、源代码、数据库、物理样本等	提到一些但不是全部数据类型	没有提供数据类型信息
哪些数据对其他人有价值，为什么?	提供数据类型对其他人的潜在价值，并提供关于价值的理由（可能的用户基数/需求的指示）	仅列出有价值的数据类型，但没有提供关于价值的理由	没有提供数据价值信息
以什么样的格式存储和共享数据？是否允许长期保存?	清楚地说明，数据将以开放格式或社区广泛使用的格式存储和共享。如果专有格式用于数据存储和共享，则提供信息，以证明为什么开放格式不合适，并提供了打开和读取这些文件所需软件的参考	提到不同数据类型的文件格式，但没有指出它们适用于长期数据保存和共享	没有提及文件格式及其对共享的适用性

续表

绩效标准	绩效水平		
	详细	已解决但不完整/不满意	没有解决
您将如何描述和记录您的数据？是否有您可以遵守的任何元数据标准以帮助理解，使您的数据可以被重新使用？	通过参考社区现有的良好做法或具体的项目特定方法（不存在社区标准），清楚地说明文件和元数据策略	有些提及文件或元数据标准，没有关于社区标准或项目特定方法的细节	没有提及文档和元数据
什么时候共享您的数据？	对数据共享的时间表进行了清晰的说明，并且与资助者的政策保持一致：数据将不迟于发布时间共享。如果因合法原因（道德或商业原因、社区实践）而导致数据共享被延迟，则提供明确的理由	时间刻度被提及但不清楚，或不包括所有数据集，或时间刻度不符合资助者的期望	没有提到发布数据的时间表
您将在哪里分享您的数据？	确定存储数据的数据存储库，优先考虑专门的存储库（如果存在）。如果无法通过存储库共享数据，则为此提供明确的理由	它表示将使用一个数据存储库，但是没有提到使用哪一个，或者说是不能通过存储库来共享数据，但是没有具有说服力的理由说明为什么这是不可能的	没有指出数据共享的手段
您如何使数据可供其他人使用？	提供数据的每个子集可用的清楚的指示，如公开提供、数据共享协议要求、数据访问委员会批准	提及数据重用条件，但是缺少整体或特定数据子集的细节	未提及数据重用条件
如何使数据可发现？	概述了数据可发现性的明确计划，如关于出版物数据可用性的声明、使用丰富的元数据描述存储数据在索引良好的存储库中、发布数据集附带的“数据文件”、创建数据目录记录、在项目/机构网站上提供参考、宣传社交媒体资料	描述了为何要使数据可发现，但是没有说明如何使数据可发现	没有提到数据可发现性
您如何确保您的数据被正确引用？	指出持久性链接将用于启用数据引用，或者如果使用定制解决方案，将指出如何引用数据的明确方法	提到数据将获得链接以引用，但是没有提及该链接的持久性，或者使用用于数据共享的定制解决方案，却没有指示确定适当引用的机制	没有提到数据引文
数据共享有任何限制吗？如果是有限制，它们是什么？	对任何道德、知识产权或患者保密问题都有明确的评估。还讨论了减轻这些限制的方法，如管理数据访问、明确的同意书、NDA 协议的信息。或者，有一个明确的声明，指明这个数据集没有限制	数据共享的限制或问题被提及和证明是正当的，但没有计划减轻这些限制	没有提及数据共享限制，或者说没有正当理由限制访问

续表

绩效标准	绩效水平		
	详细	已解决但不完整/不满意	没有解决
您将如何保存数据集?	指出研究数据将通过指定的存储库进行共享，并提供对存储库的保存政策或保存承诺的明确引用。或者，如果使用定制的解决方案进行数据共享，则可以提供一个全面的策略，以便进行策划、保存，以及长期存储和数据共享	没有提及资料库的保存政策或承诺，或者如果使用定制解决方案，则没有提及确保策划、保存，以及长期存储和共享研究数据的政策	不提供有关数据保存的重新确认
您是否需要任何资源来实现您的计划?	列出所需的资源及涉及的成本（如人员基础设施成本、活动数据存储的成本、支持数据管理的软件许可成本、存储库中数据摄取的成本、长期保存的成本）和成本（已被正确计算和考虑因素）进入应用程序，或者有一个声明，指明不需要进一步的资源	只说需要资源，但没有提供细节	没有提到所需的资源

附表 10　英国癌症研究中心的科学数据管理计划量表

绩效标准	绩效水平		
	详细	已解决但不完整/不满意	没有解决
最终数据集中将会有什么类型的数据?	明确定义数据类型，如成像数据、基因型数据、临床测量、调查数据等	某些项目/数据集中提到数据类型，但不是全部	数据类型没有被提及
最终数据集中的数据量是多少?	对每种数据类型给出的数据集大小进行清楚估计	给定数据集大小，但未根据数据类型分解。大小不适用于所有数据类型。数据集大小显然是不现实的（不一定可以判断！）	数据集大小没有被提及
最终数据集中的数据格式如何?	明确定义数据格式，如 csv 或 xlsx 中的电子表格、tiff 或 jgp 的显微照片、必要的专有制造商格式	提及一些数据集的数据格式，但不是全部数据集	没有提到数据集格式
在采集数据时将采用什么标准?	清楚地指出并描述收集和/或管理标准	有些提及收集或管理标准，但不包括所有收集的数据	没有提到社区标准，也没有描述项目特定的方法
在数据管理中将采用什么标准?	明确说明或引用数据管理方法，如文件命名约定、文件架构等	对于要收集的数据的子集，提到了方法论	没有提及方法
数据集将附带什么元数据?	参考社区现有的良好做法，清楚概述元数据策略，如用于微阵列的 MIAME 、用于临床研究的 CDISC，或详细描述该学科领域运用的元数据标准	有些提到的元数据没有关于社区标准或项目特定方法的细节	元数据没有被提及

续表

绩效标准	绩效水平		
	详细	已解决但不完整/不满意	没有解决
数据集中是否有附带的支持文档?	明确指出该学科领域运用的数据文档要求或标准；或者说明该学科领域不存在通用的数据文档标准或要求	提及了一些社区标准或研究项目特有的数据描述方法	没有提及附带的文档
数据如何共享?	详细描述了未来数据存放的位置，以及以何方式与何人共享。与此同时，共享的方法符合社区的最佳实践。如果需要，可以评估具体的访问机制。数据可用性是否通过数据引用刊登在应刊登的位置	提到数据如何被共享，但是细节缺失	没有提及数据共享
在什么条件下允许数据重用?	清楚指出每个数据子集如何可用，如公开可用、数据共享协议要求、数据访问委员会的批准。指明数据传输协议规定的限制类型	提及数据重用条件，但是缺少整体或特定数据子集的细节	未提及数据重用条件
数据集什么时候公开发布?	明确指出，将在数据产生后的三年内、最终研究成果发表之前，发布数据。如果无法说明这一承诺，则给出相应原因	时间刻度被提及但刻度不清楚或不包括所有数据集。时间表显然不符合资助者的期望	没有提到数据发布的时间表
公开分享数据有什么限制?	对任何道德、知识产权或患者保密问题都有明确的评估。还讨论了可以减轻这些限制的方法，如物料转让协议（mineral trioxide aggregate，MTA）、限制访问、精心设计的同意程序。或者，有一个明确的声明，指明这个数据集没有限制	提到数据共享限制或问题，但没有任何细节 提到数据共享限制，但是没有讨论减轻这些限制的计划	没有提及数据共享限制
在项目期间如何存储数据集?	清楚描述数据存储系统，如存储在部门服务器、机器、便携式硬盘驱动器上	提及数据存储系统，但缺乏细节或明显不适当（可能难以判断）	没有提到数据集存储
数据集的长期保存计划是什么?	有明确的长期保存数据集策略，如存放合适的经过认证的数据知识库中。清楚说明数据集不会被保留/不适合保存	提到数据保存，但战略不清楚或缺乏细节	没有提到保存数据集

后 记

建立在数据共享基础上的数据开发与利用已成为国际科学界的一项共识。现代科学研究比较发达的国家很早就认识到科研累积数据的宝贵价值，以及对其进行进一步整理、存储、挖掘和利用的重要性。随着大数据时代的到来，科学研究的每一个学科几乎都到了与数据相关联的发展阶段，科研人员只要开展科学研究，都将没有选择地被卷入数据研究中。在这一背景下，面对多种多样的数据格式，如何实现数据共享、使不同地区使用不同计算机和不同软件的用户能够读取他人的数据并进行各种操作运算和分析，成为科学家无法回避的现实问题。科学数据管理成为21世纪研究管理层面临的最具挑战性的问题。

图书馆在推动数据管理方面发挥着重要作用。国内外许多高校图书馆正在积极探索数据管理的实践，强化自身的信息组织和传播职能，强化图书馆作为数字时代信息管理中心的职能，力争在e-science环境中承担起数据管理的任务。有关数据管理，相继出现了一系列理论研究和实践成果。然而随着数据管理服务的不断开展，图书馆也越来越意识到数据管理问题比预想的要大得多也复杂得多。它不单是技术问题，还涉及文化和管理的问题；它不是哪一个图书馆单独就可以完成的，而是需要在多方利益群体之间开展机构内、国家内甚至是世界范围的合作才能完成。正如新媒体联盟预测的那样，越来越多的图书馆逐渐认同实施数据管理是数据密集型科学环境下学术研究型图书馆必须适应的一种不可逆转的趋势，实施只是时间早晚的问题。

2016年受国家留学基金管理委员会资助，笔者有幸到新加坡南洋理工大学图书馆访问学习一年。新加坡南洋理工大学于2016年4月颁布了其科学数据政策，是新加坡第一个颁布科学数据政策的机构，在新加坡科学数据管理服务的推进过程中发挥着引领作用。访问学习期间，笔者在该校图书馆学术交流部的科学数据服务组参与实际的科学数据服务工作，深入了解该校科学数据管理服务的开展情况，以及新加坡图书馆联盟推进新加坡科学数据管理的议程；参加英国数字监管中心针对该校图书馆员开展的科学数据管理培训工作坊，分析该校科研人员提交的科学数据管理计划，参与该校科学数据管理服务的设计和改善工作。鉴于此，对先前科学数据管理服务相关的研究成果、学习经验和实践体验进行整理，形成本书的内容。

但是，正如前面所提到的，科学数据管理是一个相当复杂的问题，在新加坡南洋理工大学的工作实践，也让笔者深深体会到，科学数据管理服务在正确方向上哪怕是推进一小步，对于辛勤耕耘的图书馆人而言也是成功的、有成就感的。对于很多图书馆而言，科学数据管理服务只能说是刚刚起步，还有很长的路要走，还有很多的问题要去思考和探索。因此本书也只是揭示了科学数据管理问题的冰山一角。本书的目的，一方面是梳理科学数据管理服务的主要构建要素，帮助利益相关群体认识主要驱动因素，熟悉科学数据管理服务的组件和流程；另一方面，给出一些最佳实践案例和参考资源，帮助拟开展科学数据管理服务的机构快速有效地借鉴成功的经验，将理论转化为实践，以尽可能少的投入产生有影响力的服务。

在此，特别感谢新加坡南洋理工大学图书馆的同事们给予的支持和帮助。由于时间和能力有限，虽竭尽全力，但仍有许多不足，期盼读者和广大同行斧正。但愿本书能抛砖引玉，成为系统开展科学数据管理服务理论与方法研究的起点，成为国内科学数据管理服务实践的有益参考。

王丹丹

2017年9月